# 以生态保护为主体的林业建设研究

王军梅　刘亨华　石仲原　著

北京工业大学出版社

图书在版编目（CIP）数据

以生态保护为主体的林业建设研究 / 王军梅，刘亨华，石仲原著． — 北京 ：北京工业大学出版社，2021.10重印
ISBN 978-7-5639-7151-0

Ⅰ．①以… Ⅱ．①王… ②刘… ③石… Ⅲ．①林业－生态环境建设－研究－中国 Ⅳ．①S718.5

中国版本图书馆 CIP 数据核字（2019）第 272097 号

## 以生态保护为主体的林业建设研究

**著　　者**：王军梅　刘亨华　石仲原
**责任编辑**：刘卫珍
**封面设计**：点墨轩阁
**出版发行**：北京工业大学出版社
（北京市朝阳区平乐园 100 号　邮编：100124）
010-67391722（传真）　bgdcbs@sina.com
**经销单位**：全国各地新华书店
**承印单位**：三河市元兴印务有限公司
**开　　本**：787 毫米 ×1092 毫米　1/16
**印　　张**：16.75
**字　　数**：335 千字
**版　　次**：2021 年 10 月第 1 版
**印　　次**：2021 年10月第 2 次印刷
**标准书号**：ISBN 978-7-5639-7151-0
**定　　价**：56.00 元

# 前　言

林业是一项重要的基础产业和公益事业，承担着保护和发展森林资源、保护和监管湿地资源、保护和拯救野生动植物、预防和治理土地荒漠化、指导和监督国土绿化、提供物质产品和生态产品的责任，在经济建设、生态建设、文化建设和社会建设中具有重要地位，在实现经济社会科学发展中具有不可替代的独特作用，在全面建设小康社会进程中，发展林业已成为全党全国工作的战略重点。

全书以理论梳理为纲，基层实战研究为细目，坚持与时俱进、科学创新、体系创新，揭示了我国生态环境状况及存在的问题，阐明了我国林业生态环境建设面临的问题及战略对策，阐述了林业生态环境建设的重要性、内涵和理论基础，根据防护林体系建设和各个林种建设面临的问题，详尽介绍了各个林业生态工程建设的一系列要求、工程技术手段、管理措施和典型模式。

全书共十章。阐述了中国林业发展历史及趋势、中国林业制度和主要林业政策、森林资源及其价值评价、我国林业生态环境建设现状、林业生态环境建设的理论基础、林业生态工程的规划与实施、江河上中游水源涵养林业生态工程、山区丘陵区水土保持林业生态工程、平原区农业综合防护林业生态工程、生态经济型林业生态工程等内容。

本书内容丰富、资料翔实、切合实际，理论性、实践性都比较强，在反映新时期林业事业发展所取得的改革成果与成功经验的同时，对当下的热点、难点问题展开了理论与实践的探索，使本书深层次、多元化地反映了林业建设发展的经验与成绩，为从事林业事业研究、林业基层领导以及一线林业工作者提供了借鉴和参考。

本书由王军梅、刘亨华、石仲原共同撰写完成。具体分工如下：刘亨华负责第一章、第二章、第三章、第四章和第五章；王军梅负责第六章、第七章、第八章、第九章和第十章；石仲原参与了本书的统稿工作。

撰者在编写过程中参阅了大量近年来出版的同类著作，借鉴和吸收了许多国内外专家学者、同人的研究成果，在此谨向提供了有益观点和理论的学者表示感谢！由于时间和水平有限，本书难免有疏忽之处，敬请各位读者批评指正，以便今后改进和完善！

# 前言

# 目　录

# 第一章　中国林业发展历史及趋势

## 第一节　中国林业发展历史简述

### 一、新中国成立前的林业发展概况

我国古代是一个多林的国家。据《山海经》《五藏经》等史料记载，远古时代的华北、西北分布着相当数量的森林。从陕西到甘肃的西山，有大小山峰 78 座，其中覆盖树木多的 33 座，占 42%；无木者 7 座，不到 10%。华北地区也分布着大量森林，并不像现在的景观。随着社会的发展和人口的增加，森林受到破坏，林地日益减少。

从秦汉时代直到鸦片战争前的漫长封建社会时期，我国逐渐由一个多林的国家变成少林国家。原来密林遍布的黄河流域，是中华民族经济、文化发展的摇篮，但是，历经数千年的反复摧残破坏，加之人口增多，到处毁林开荒，森林面积日益减少，水土流失日益严重，以致黄河上游到处是秃岭荒坡和千沟万壑；下游河床淤高，水灾频繁。

1840 年鸦片战争以后，由于外国列强的侵略，中国逐渐沦为一个半封建半殖民地的社会。从 1840 年到 1949 年的 100 多年间，随着帝国主义列强的入侵，国内封建地主、官僚资本主义和帝国主义相互勾结，加剧了对我国森林资源的破坏和掠夺。

1894 年，甲午战争后，日本帝国主义霸占了我国领土台湾地区，全岛 200 多万公顷森林落入日本之手。1904 年日俄战争后，日本势力逐渐侵入我国东北，日本帝国主义根据《北京中日会议东北三省事宜条约》的规定，于 1908 年成立了中日两国政府合办的“鸭绿江采木公司”，从此鸭绿江一带的森林又完全陷入日本帝国主义手中。

1912 年（民国元年），农林部公布了《东三省国有林发放规则》（十八条），其中规定发放林场有效期 20 年为限。一次承领面积 200 平方公里为限，从而大部分森林资源落入地主官僚之手。抗日战争前，四川省峨边县发现近 1000 平方公里的森林，宋氏豪门的中国木业公司立即巧取豪夺，据为己有，垄断开发。结果因运输困难半途而废，给整个林区造成了严重损害。

在 1937—1945 年整个抗日战争期间，由于日本法西斯侵略者对我国大部领土实行野蛮的军事占领，疯狂烧杀与大规模掠夺，使我国林业方面的损失约相当于当时我国森林面积的10%（约6亿立方米）。

总之，我国的森林，从盘古开天地、三皇五帝开始，随着大自然的变迁而演化，随着人类的干预而减少，到1949年新中国成立前夕，我国森林覆盖率只有8.6%。

## 二、新中国成立后的林业发展历程

新中国成立60多年来，林业为国民经济建设和人民生活做出了重大贡献，取得了巨大成绩，同样也存在着某些失误。回顾研究新中国林业的发展状况，有利于分析目前的形势总结经验，寻找未来发展之路。

新中国林业发展大致可以分为三个阶段：1949—1978年为第一阶段，1979—1997年为第二阶段，1998年至今为第三个阶段。

1. 林业建设的起步与徘徊阶段（1949—1978年）

新中国成立初期至十一届三中全会是新中国林业发展的第一阶段。这一阶段党和政府针对林业建设方针、森林权属界定、保护森林资源、防止森林火灾、禁止乱垦滥伐等问题先后出台了一系列政策，这一阶段又分为建设起步和徘徊停滞两个时期。

（1）建设起步时期（1949—1958年）

1949年，中国人民政治协商会议做出了“保护森林，并有计划地发展林业”的规定。1950年，党和政府提出了“普遍护林，重点造林，合理采伐和合理利用”的建设总方针。1964年，为进一步完善这一方针，提出要“以营林为基础，采育结合，造管并举，综合利用，多种经营”。林业建设总方针的提出与完善，对保护发展、开发利用森林资源发挥了重要的指导作用。

新中国成立前，我国山林权绝大多数为私有，山林可以自由买卖。1950年通过的《中华人民共和国土地改革法》对山林权属问题做出了界定，确立了国有林和农民个体所有林。1949年中国人民政治协商会议做出了“保护森林，并有计划地发展林业”的规定。1950年第一次全国林业业务会议决定“护林者奖，毁林者罚”，各地政府积极组织群众成立护林组织，订立护林公约，保护森林，禁止乱砍滥伐。同年，政务院还颁布了《关于全国林业工作的指示》，指出林业工作的方针和任务是以普遍护林为主，严格禁止一切破坏森林的行为，在风沙干旱灾害严重地区发动群众有计划地造林。1958年4月，中共中央、国务院发出了《关于在全国大规模造林的指示》，同月，中共中央、国务院发出了《关于加强护林防火工作的紧急指示》等。

林业建设总方针的确立与完善、森林权属界定、保护森林资源政策的出台与实施，有助于保护森林资源，推动了我国林业的发展。据相关统计资料，1949年前后，全国森林覆盖率仅为8.6%。1950—1962年主要林区的森林资源调查显示，全国森林覆盖率为11.81%。森林覆盖率有了较快的增长。

（2）徘徊停滞时期（1958—1978 年）

这一时期，党和政府为推动林业的健康发展，曾出台过一些正确的政策，如 1958 年 9 月，中共中央下发了《关于采集植物种子绿化沙漠的指示》；1961 年 6 月，中共中央做出了《关于确定林权、保护山林和发展林业的若干政策规定（试行草案）》；1963 年 5 月，国务院颁布了《森林保护条例》，这是新中国成立以后制定的第一个有关森林保护工作的最全面的法规；1967 年 9 月，中共中央、国务院、中央军委、中央文革小组联合下发了《关于加强山林保护管理，制止破坏山林、树木的通知》等。这些政策措施，都有利于森林资源的保护和合理开发。

但就总体而言，这一阶段我国林业建设历经曲折。全国范围内出现了毁林种粮的现象，森林资源遭到了严重的破坏，水土流失严重，生态环境问题迅速凸显。1973—1976 年，我国开展了第一次全国森林资源清查工作，结果显示，当时森林面积约 121.9 万平方公里，森林覆盖率为 12.7%。1977—1981 年第二次全国森林资源清查显示，我国森林面积为 115.3 万平方公里，森林覆盖率降至 12.0%，指标较第一次清查时有所下降。

十一届三中全会前，党和政府为推动林业发展出台了一系列政策，就政策的实施效果来看，情况并不理想，林业建设一度停滞，甚至倒退。这与以下几点因素密切相关：

①林业建设缺乏有利的社会环境。1958—1978 年间，我国先后经历了“大跃进”、人民公社化运动、三年自然灾害和“文化大革命”。这一时期森林资源的利用和开发背离了林业可持续发展的要求。尽管 20 世纪 60 年代，党和政府采取了一些补救措施，如制止乱砍滥伐、恢复林业经济正常秩序等，但由于仍受当时社会环境的影响，林业建设依然艰难。

②以木材生产为中心的林业经营实践。受传统林业经营思想的影响，在林业经营实践中，无论是森工企业，还是营林部门，都执行了以原木生产为中心的经营方针。森林仅被作为一种经济资源，林业建设的首要任务被定位为生产木材。随着国民经济的恢复、发展，社会各条战线对木材等林产品的需求不断加大，木材年产量逐年增长，从 1949 年的 5670 万立方米，到 1980 年的 35078 万立方米，增长了 6 倍多。超指标采伐、超期采伐，甚至乱砍滥伐，给林业发展带来了严重危害。

③取之于林多，用之于林少，森林保护不到位。由于对森林保护和营造的重要性认识不足，林业建设的正确思想、方针、政策没能得到有效落实，如林业建设“以营林为基础”，没能得到有效的贯彻。重砍伐，轻营造，“年年植树不见树，岁岁造林难成林”。据相关资料显示，从新中国成立至十一届三中全会前，我国每年平均造林 315 万公顷，累计造林超过 9000 万公顷，但成林面积却只有 2800 万公顷，保存率不到 1/3。

2. 林业建设的恢复与振兴阶段（1979—1997 年）

从 20 世纪 70 年代末到 90 年代后期，即从改革开放之初到 20 世纪末期，是林业发展的第二阶段。大力植树造林、加强森林保护、强调可持续发展，成为这一时期党和政府林业政策措施的重点。这一阶段又可分为三个时期：

（1）恢复发展时期（1978—1983 年）

十一届三中全会以后，伴随着党和国家工作重点的转移，林业建设步入了正常轨道。党和政府就植树造林问题，相继出台了一些政策，如《全国人大常委会关于植树节的决议》（1979）、《关于大力开展植树造林绿化祖国的通知》（1979）、《中共中央关于加快农业发展若干问题的决定》（1979）、《中共中央国务院关于大力开展植树造林的指示》（1980）、《中共中央国务院关于保护森林发展林业若干问题的决定》（1981）等。

由于历史欠账太多，以上政策的出台、实施没能遏制住我国生态失衡的局面。1981 年 7—8 月，我国四川、陕西等省先后发生了历史上罕见的特大洪水灾害。长江、黄河上游连降暴雨，造成洪水暴发、山体崩塌，给人民群众生命财产和国家经济建设造成了巨大损失。专家学者以大量的数据和事实论证了森林植被遭到破坏、生态失去平衡是造成这次洪灾的主要原因。

严峻的生态形势，使党和政府对森林生态效益的重要性的认识不断提升。邓小平指出："最近发生的洪灾涉及林业问题，涉及森林的过量砍伐。看来宁可进口一点木材，也要少砍一点树。"1981 年 12 月 13 日，第五届全国人大第四次会议审议并通过了《关于开展全民义务植树的决议》，从此，植树造林成为我国公民应尽的义务。在党和政府的领导下，全国人民掀起植树造林运动高潮，展开了一场规模浩大的生态建设运动。为了改变我国西北、华北、东北地区风沙危害和水土流失，减缓日益加速的荒漠化进程，党和政府决定在西北、华北北部、东北西部绵延 4480 千米的风沙线上，实施"三北"防护林体系建设工程。1986 年后又陆续开展了绿化太行山、沿海防护林、长江中上游防护林、平原绿化、黄河中游防护林等生态工程。全民义务植树和大型生态工程的上马，体现出党和国家对生态建设的重视程度日益加强。

（2）加强森林保护时期（1984—1991 年）

按照中央部署，为了保护森林，促进林业发展，我国农村广泛实行了林业"三定"政策。但随着经济体制改革的深入，木材市场逐步放开，在经济利益的驱动下，一些集体林区出现了对森林资源的乱砍滥伐、偷盗等现象，甚至一些国有林场和自然保护区的林木也遭到哄抢，导致集体林区蓄积量在 300 万立方米以上的林业重点市，由 20 世纪 50 年代的 158 个减少到不足 100 个，能提供商品材的县由 297 个减少到 172 个。第三次森林资源清查（1984—1988 年）显示，较第二次清查，南方集体林区活立木总蓄积量减少了 18558.68 万立方米，森林蓄积量减少了 15942.46 万立方米。在生产建设需要和人口生存需求的双重压力下，木材年产量居高不下，长期超量采伐、计划外采伐，对森林资源消耗巨大，远远超出了森林的承载能力。

与人祸对应的是天灾。1986 年春，我国多个省份又连续发生森林火灾 1200 多起，烧林 52 万多亩，造成了严重的经济损失。1987 年，大兴安岭林区又发生了特大森林火灾，大火持续了近一个月。据统计，过火林地面积 114 万公顷，其中受害森林面积 87 万公顷，烧毁储木场存材 85 万立方米，死亡 193 人，受伤 226 人。这是新中国成立以来最严重的一次森林大火，损失非常惨重。

面对森林资源出现的危机，党和政府高度重视，先后颁布了一系列林业保护政策。其中主要有《国务院关于坚决制止乱砍滥伐森林的紧急通知》（1980）、《中共中央国务院关于制止乱砍滥伐森林的紧急指示》（1987）、《中华人民共和国森林法》（1987）、《中华人民共和国森林法实施细则》（1987）、《中共中央国务院关于加强南方集体林区森林资源管理坚决制止乱砍滥伐的指示》（1987）、林业部《封山育林管理暂行办法》（1988）、《国务院关于保护森林资源制止毁林开垦和乱占林地的通知》（1988）、《中华人民共和国水土保持法》（1991）、《林业部关于当前乱砍滥伐、乱捕滥猎和综合治理措施报告》（1992）等。

以上政策明确指出，保护森林、发展林业是我国社会主义建设中的一个重大问题，要正确处理当前利益和长远利益、经济效益和生态效益的关系。我国林业建设实行以营林为基础，普遍护林，大力造林，采育结合，永续利用的措施。对森林的保护和管理必须加强，在任何时候都不能有丝毫放松。对乱砍滥伐应当随起随刹，绝不能手软。要彻底改变“木材生产为中心”的理念，坚决调减木材产量，给林业以休养生息的机会。这些政策措施对森林资源的保护，对林业的健康发展，起到了积极的促进作用。其中，《中华人民共和国森林法》及其实施细则的出台，标志着我国林业法制建设跨上了一个新的台阶。

（3）向可持续发展转变时期（1992—1997 年）

1992 年 6 月，巴西里约热内卢联合国环境与发展大会对人类环境与发展问题进行了全球性规划，会议通过的《21 世纪议程》使可持续发展这一模式成为世界各国的共识。会后，我国编制了《中国 21 世纪议程——中国 21 世纪人口、环境与发展白皮书》，成为中国可持续发展的总体战略。作为可持续发展战略的重要组成部分，党和政府把生物多样性资源保护、森林资源保护等放到了突出位置。在《国务院关于进一步加强造林绿化工作的通知》（1993）中，明确指出要坚持全社会办林业、全民搞绿化，总体推进造林绿化工作，切实抓好造林绿化重点工程建设。在随后制定的《中华人民共和国农业法》中明确指出，国家要实行全民义务植树制度，保护林地，制止滥伐、盗伐森林，提高森林覆盖率。1994 年 10 月通过的《中华人民共和国自然保护区条例》，强调要将生物多样性作为重点保护对象。

在 1996 年 9 月出台的《野生植物保护条例》中明确提出以严厉的措施，保护生物多样性，维护生态平衡。

从 20 世纪 70 年代末到 90 年代后期，经过各方努力，林业建设中存在的毁林开垦乱砍滥伐等现象得到了一定程度的遏制，植树造林、封山育林等工作初见成效。1984—1988 年第三次全国森林资源清查显示，我国森林面积为 124.65 万平方公里，森林覆盖率 12.98%，活立木蓄积量 105.72 亿立方米，森林蓄积量 91.41 亿立方米。1989—1993

年第四次清查显示，森林面积 13.70 万平方公里，森林覆盖率 13.92%，活立木蓄积量 117.85 亿立方米，森林蓄积量 101.37 亿立方米。1994—1998 年第五次清查显示，森林面积 158.94 万平方公里，森林覆盖率 16.55%，活立木蓄积量 124.88 亿立方米，森林蓄积量 112.67 亿立方米。可见，我国森林面积和蓄积出现了双增长的良好局面，林业发展取得了阶段性成果。

同时，也需清醒地认识到，由于生产建设对木材的需求居高不下，林业发展形势依然严峻。依据林业年鉴中的统计数据，1986—1991 年，我国每年的木材产量曾一度递减，从 65024 万立方米下降到了 5807.3 万立方米，减少了 695.1 万立方米，减幅为 10.7%。但是，1991 年之后又迅速反弹，至 1995 年，木材产量攀升至 6766.9 万立方米，远远超过了 1986 年的产量。

3. 林业建设的快速发展阶段（1998 年至今）

从 1998 年至今是我国林业建设的第三个阶段。这一时期我国的林业建设初步实现了以木材生产为主向以生态建设为主的历史性转变。这一阶段分别以 1998 年特大洪灾、《关于加快林业发展的决定》的出台和中央林业工作的召开为三个节点。

（1）发展战略开始转型（1998—2002 年）

1998 年特大洪灾后，林业发展向以生态建设为主转变。1998 年我国“三江”（长江、嫩江、松花江）流域发生了特大洪灾。此次灾害持续时间长、影响范围广，灾情特别严重，可谓百年洪灾。据国家权威部门统计，全国共有 29 个省（自治区、直辖市）受到了不同程度的洪涝灾害，农田受灾面积 229 万公顷，死亡 4150 人，倒塌房屋 685 万间，直接经济损失 251 亿元。有专家指出，洪灾与生态环境的破坏有着直接的关系。长期以来，长江流域上游无节制的森林采伐，致使植被减少，森林覆盖率急剧降低，导致流域内水土大量流失，泥沙淤积，河流蓄水能力降低。北方嫩江、松花江流域的洪灾成因也是如此。

洪灾引发了党和政府对林业发展战略的深入思考。时任国务院总理朱镕基在考察洪灾时指出：“洪水长期居高不下，造成严重损失，也与森林过度采伐、植被破坏、水土流失、泥沙淤积、行洪不畅有关。”在灾情还未结束时，国务院就下发了《关于保护森林资源制止毁林开荒和乱占林地的通知》，强调：“必须正确处理好森林资源保护和开发利用的关系，正确处理好近期效益和远期效益的关系，绝不能以破坏森林资源，牺牲生态环境为代价换取短期的经济增长。”在此基础上，党和政府又出台了多项政策，如《国务院办公厅关于进一步加强自然保护区管理工作的通知》（1998）、《中共中央关于农业和农村工作若干重大问题的决定》（1998）等。在这些政策中，党和政府反复强调保护和发展森林资源的重要性、迫切性。同时，党和政府果断采取措施，实行天然林保护工程。进入 21 世纪后，又相继实施了退耕还林还草工程、“三北”防护林建设、长江中下游地区重点防护林体系建设、京津风沙源治理、野生动植物保护及自然保护区建设、重点地区速生丰产用材林建设等工程。林业六大工程的实施标志着我国林业以生产为主向以生态建设为主转变。

（2）新的发展战略确立（2003—2008 年）

《关于加快林业发展的决定》的出台标志着我国林业以生态建设为主的发展战略基本确立。由于林业具有生产周期长、破坏容易、恢复难的特点，进入 21 世纪后，我国生态问题日益凸显。2003 年 6 月，中共中央、国务院出台了《关于加快林业发展的决定》，指出我国生态整体恶化的趋势没能根本扭转，土地沙化、湿地减少、生物多样性遭破坏等仍呈加剧趋势。乱砍滥伐林木、乱垦滥占林地等现象屡禁不止。气候异常、风沙、洪涝、干旱等自然灾害频发，严重制约了经济、社会等各项事业的发展。

随后，在中共中央、国务院出台的一系列政策中，反复强调贯彻林业可持续发展战略的重要性。这些政策主要有：《中共中央国务院关于促进农民增加收入若干政策的意见》（2003）、《中共中央国务院关于进一步加强农村工作提高农业综合生产能力若干政策的意见》（2004）、《中共中央国务院关于推进社会主义新农村建设的若干意见》（2005）、《中共中央国务院关于积极发展现代农业扎实推进社会主义新农村建设的若干意见》（2007）、国务院《中国应对气候变化国家方案》（2007）等。

这些政策体现出党和政府对林业建设、生态建设的认识进一步深化。党和国家对林业建设的认识已经上升到事关国家发展全局、事关应对全球气候变化的战略地位。由此确立了“三生态”林业发展战略思想，即确立以生态建设为主的林业可持续发展道路，建立以森林植被为主体的国土生态安全体系，建设山川秀美的生态文明社会。这一阶段规划了林业建设的目标：力争到 2010 年使我国森林覆盖率达到 20.3%，2020 年达到 23.4%，2050 年达到 28%，基本建成资源丰富、功能完善、效益显著、生态良好的现代林业，最大限度地满足国民经济与社会发展对林业的生态、经济和社会需求，实现我国林业的可持续发展。

（3）跨越式发展新时期（2008 年至今）

中央林业工作会议召开，我国林业建设进入以生态建设为主的新阶段。为了促进传统林业向现代林业转变，2008 年 6 月，中共中央、国务院出台了《关于全面推进集体林权制度改革的意见》，要求用 5 年左右时间基本完成明晰产权、承包到户的改革任务。2009 年 6 月，中央召开了中华人民共和国成立 60 年来首次林业工作会议，研究了新形势下林业改革发展问题，全面部署了推进集体林权制度改革的工作。会上，时任国务院总理温家宝明确指出，林业在贯彻可持续发展战略中具有重要地位，在生态建设中具有首要地位，在西部大开发中具有基础地位，在应对气候变化中具有特殊地位。时任国务院副总理、全国绿化委员会主任回良玉也指出，实现科学发展必须把发展林业作为重大举措，建设生态文明必须把发展林业作为首要任务，应对气候变化必须把发展林业作为战略选择，解决“三农”问题必须把发展林业作为重要途径。这说明党和政府对生态林业建设重要性的认识达到了前所未有的高度。随着我国工业化、城镇化步伐的加快，毁林开垦和非法占用林地的现象日趋严重，社会经济发展需求与林地供给矛盾十分突出。为此，2010 年 6 月 9 日，国务院审议通过了《全国林地保护利用规划纲要（2010—2020 年）》，这是我国第一个中长期林地保护利用规划。纲要从严格保护林地、合理利用林地、节约集约用地的角度提出了适应新形势要求的林地分级、分等保护利用管理新思路，具有里程碑意义，体现了党和国家全面加强生态建设的决心和意志，也标志着我国林业发展政策由以前摸着石头过河，在不断尝试中前进，逐步过渡到对林业发展规律有了深入认识，注重总体规划、顶层设计的新的历史时期。随着以上政策的出台和实施，林业建设获得了健康的发展，森林资源得到了有效保护、发展取得了巨大成就。

总体来看，我国过去长期以木材生产为中心，这段历史时期有着一定合理性甚至是必要性。随着实践的发展和认识的转变，林业生态效益与经济效益相对立的观点逐步被破除，未来林业建设的方向应该是：进一步解放思想，妥善处理林业建设中经济效益与生态效益的关系，积极探索能够实现两者之间共赢的最佳切入点和载体，实现两者之间的良性互动；在坚定以生态建设为主的林业发展战略的同时，推动林业经营方式改革，提高林业生产力水平，最大限度地满足经济社会发展对木材及林产品的需求。

## 第二节　中国林业建设的成就、经验和问题

### 一、林业建设的主要成就

新中国成立 70 年来，我国林业建设在探索中前进，在改革中发展。尤其是最近 30 多年来，林业在管理体制、经营机制、组织形式、经营方式、产业结构等方面进行了富有成效的改革和调整，林业生态体系、产业体系和生态文化体系建设取得了长足的发展。

1. 全面构建林业生态体系，为维护国家和全球生态安全做出了重大贡献

建立完善的林业生态体系，发挥林业巨大的生态功能，是发展现代林业的首要任务，也是维护生态安全、建设生态文明的重要基础。1978 年以来，党中央、国务院采取一系列有效措施，全面加强林业生态体系建设，为维护中华民族生存根基和全球生态安全做出了突出贡献。

①建设和保护森林生态系统使我国成为世界上森林资源增长最快的国家。一是大力发展人工林。目前，我国人工林保存面积达到 5300 多万公顷，占世界人工林总面积的近 40%，居世界首位。2000—2005 年全球年均减少森林面积 730 万公顷，而我国年均增加 405.8 万公顷。我国人工林年均增量占全球的 53.2%。二是大力保护天然林。为了保护我国珍贵的天然林资源，国家实施了天然林资源保护工程，全面停止长江上游、黄河上中游地区天然林商品性采伐，大幅度调减东北、内蒙古等重点国有林区天然林采伐量，有效地保护了 9930 万公顷森林。三是大力实施退耕还林。1999 年以来，退耕还林工程区 25 个省、自治区、直辖市累计完成退耕地造林 905 万公顷、荒山荒地造林 1262 万公顷、封山育林 160 万公顷，占国土面积 82% 的工程区森林覆盖率提高了 2 个多百分点。四是大力

建设长江珠江、沿海等防护林体系。1989 年以来，长江、珠江流域、太行山绿化、沿海防护林体系建设工程分别完成营造林 570 万公顷、71 万公顷、489 万公顷、142.09 万公顷。2008 年，国务院又决定到 2015 年再投资 99.84 亿元，全面加强沿海防护林体系建设。

建设和保护森林生态系统的有效措施使我国森林资源实现了持续增长，森林覆盖率从 1981 年的 12% 增加到了 21.63%（第八次全国森林资源清查 2009—2013 年结果），森林蓄积量达到了 151.37 亿立方米，活立木总蓄积量达到了 164.33 亿立方米。森林资源总量持续增长，使我国吸收二氧化碳的能力显著增加。2004 年，中国森林净吸收了 5 亿吨以上二氧化碳当量，占同期全国温室气体排放总量的 8% 以上。国际著名专家评估表明，中国是世界上森林资源增长最快的国家，吸收了大量二氧化碳，为中国乃至全球经济社会可持续发展创造了巨大的生态价值。

②治理和改善荒漠生态系统，土地沙化趋势得到初步遏制。我国是土地沙化危害最严重的国家之一。为遏制土地沙化，我国坚持科学防治、综合防治、依法防治的方针，实施了三大重点治理工程，土地沙化由 20 世纪 90 年代末期年均扩展 3436 平方公里转变为 21 世纪初期年均缩减 1283 平方公里，总体上实现了从扩展到缩减的历史性转变。一是实施“三北”防护林体系建设工程。工程涉及我国 13 个省、自治区、直辖市的 551 个县（旗），建设期到 2050 年。经过 30 年建设，累计造林保存面积 2374 万公顷，使黄土高原 40% 的水土流失面积得到治理。二是实施京津风沙源治理工程。工程涉及北京、天津等 5 个省、自治区、直辖市的 75 个县（旗）。到 2007 年，累计完成治理任务 669.4 万公顷，实行禁牧 5684 万公顷，生态移民 11.6 万人。工程区林草植被盖度平均提高了 10% ~ 20.4%。三是实施农田防护林体系建设工程。1988—2007 年，全国平原地区累计完成造林 710 万公顷，农田林网控制率由 59.6% 提高到了 74%，3356 万公顷农田得到了保护。

③保护和恢复湿地生态系统，不断增强湿地的生态功能。我国湿地面积 3848 万公顷，居世界第四位、亚洲第一位，保存了全国 96% 的可利用淡水资源。改革开放以来，我国制定了抢救性保护自然湿地、制止随意侵占和破坏湿地等一系列政策，实施了湿地保护工程。2013 年，第三次全国湿地资源调查显示，我国已建立各级湿地公园 468 处、受保护湿地面积达到 232432 万公顷，比第二次调查增加了 525.94 万公顷，湿地保护率由 30.49% 提高到了现在的 43.51%。水源涵养等生态功能不断增强。我国政府先后获得了“献给地球的礼物特别奖”“全球湿地保护与合理利用杰出成就奖”“湿地保护科学奖”“自然保护杰出领导奖”等国际荣誉。

④全面保护生物多样性，使国家最珍贵的自然遗产得到有效保护。物种是最珍贵的自然遗产和生态平衡的基本因子，维护物种安全是可持续发展的重要标志。为了加强野生动植物和生物多样性保护，国家颁布了《中华人民共和国野生动物保护法》等法律法规，建立各类自然保护区 2395 处，覆盖了 15% 以上的陆地国土面积，超过世界 12% 的平均水平。目前，我国已建立野生动物拯救繁育基地 250 多处，野生植物种质资源保育或基因保存中心 400 多处，初步形成了类型齐全、功能完备的自然保护区网络体系。300 多种珍稀

濒危野生动植物和130多种珍贵树木的主要栖息地、分布地得到了较好的保护，大熊猫、朱鹮等濒危野生动物种群数量不断扩大，有效保护了90%的陆地生态系统类型、85%的野生动物种群和65%的高等植物群落。

2. 加快建设林业产业体系，为国民经济发展和农民增收发挥了重要作用

建设发达的林业产业体系，发挥林业巨大的经济功能是现代林业建设的重要任务，也是建设生态文明的重要物质基础。改革开放以来，我国林业产业在曲折中发展、在开拓中前进、在调整中完善，从小变大、由弱渐强，取得了显著成绩。

①产业规模不断扩大。2013年，全国林业产业总产值达到了4.46万亿元，木材、松香、人造板、木竹藤家具、木地板和经济林等主要林产品产量稳居世界第一。同时，产业集中度大幅提升。全国规模以上林业工业企业超过15万家，产值占到全国的70%以上，广东、福建、浙江、山东、江苏等五省林业产业总产值占到全国的一半左右，龙头企业培育初见成效，依托自然资源和具有区域特色的产业集群已逐步形成。

②新兴产业异军突起。近年来，在传统林业产业继续巩固的同时，竹藤花卉、森林旅游、森林食品、森林药材等非木质产业迅速发展，野生动植物繁育利用、生物质能源、生物质材料等一批新兴产业异军突起。2013年，全国木本油料、干鲜果品等特色经济林产量达1.34亿吨，油茶种植面积达5750万亩，花卉种植面积达1680万亩，木材产量达8367万立方米。森林等自然资源旅游达7.8亿多人次。林产品进出口贸易额达1250亿美元，初步确立了我国作为林产品国际贸易大国的地位。

③特色产业不断壮大。不同地区的特色支柱产业不断发展，有力地促进了区域经济繁荣、农民增收和社会就业。2007年，陕西省继苹果形成支柱产业后，花椒产业成为新的经济增长点，韩城市花椒产值占林业总产值的95%以上，有11万农民靠花椒实现了脱贫致富；江苏省邳州市大力培育杨树和银杏产业，林业年产值达到了140多亿元；山东省沾化区仅冬枣一项就实现了年销售收入18亿元，枣农人均收入超过6000元。

3. 大力发展生态文化体系，全社会的生态文明观念不断强化

改革开放以来，在林业生态体系和产业体系建设取得重大进展的同时，党和政府高度重视生态文化发展，生态文化体系建设明显加强，人与自然和谐相处的生态价值观在全社会开始形成。

①生态教育成为全民教育的重要内容。我国发布了《关于加强未成年人生态道德教育的实施意见》。坚持每年开展“关注森林”“保护母亲河”和“爱鸟周”等行动，在植树节、国际湿地日、防治荒漠化和干旱日等重要生态纪念日，深入开展宣传教育活动。在电视频道开办“人与自然”“绿色时空”“绿野寻踪”等专题节目，创办了《中国绿色时报》《中国林业》《森林与人类》《国土绿化》《生态文化》等重要文化载体。树立了林业英雄马永顺、治沙女杰牛玉琴和治沙英雄石光银、王有德等先进模范人物，坚持用榜样的力量推动生态建设。

②生态文化产品不断丰富。举办了“创建国家森林城市”等各种文化活动，极大地丰

富了生态文化内涵。举办了全国野生动植物保护成果展、绿色财富论坛、生态摄影展文艺家采风和生态笔会、绿化、花卉、森林旅游等专类博览会等活动，出版了《新时期党和国家领导人论林业与生态建设》《生态文明建设论》《生态文化建设论》《森林与人类》等专著，形成了一批有价值的研究成果。《中华大典·林业典》编纂和林业史料收集整理工作全面启动。制作播出了 11 集大型系列专题片《森林之歌》，赢得了社会好评，电影《天狗》和电视专题片《保护湿地》荣获 2007 年度华表奖。

③生态文化基础建设得到加强。到 2013 年，我国已建立国家级森林公园 779 处，经营面积 1048 万公顷。确立了上百处国家生态文化教育基地。2007 年，首个生态文明建设示范基地——湄州岛生态文明建设示范基地正式建立，国家级特大型综合植物园——秦岭国家植物园工程竣工。建设了一批森林博物馆、森林标本馆、城市园林等生态文化设施，保护了一批旅游风景林、古树名木和革命纪念林。2007 年，福建省启动了第一批 20 个“森林人家”示范点，重庆市建成了 20 多个农家社区森林公园，河南省建成了生态文化基地 232 个，北京市建成了观光果园 400 多个。这些基础设施建设为人们了解森林、认识生态、探索自然、陶冶情操提供了场所和条件。

④生态文化传播力度明显加大。林业宣传工作纳入了党的宣传工作布局。2013 年以来，为宣传贯彻中共十八大精神，以促进生态林业和民生林业发展为主题，各级林业部门大力宣传林业在生态文明建设中的地位和作用，宣传林业在经济社会发展中的职责和任务，全面推进生态文化体系建设。一方面，天然林保护、退耕还林、湿地恢复、沙漠化治理等 16 项重大生态修复工程的建设情况不断向社会公开，在“两会”、植树节、森林日、爱鸟周、湿地日、防治荒漠化日、森林防火紧要期，广泛组织开展系列宣传活动。另一方面，大力宣传集体林权制度改革的重要意义、重大举措和巨大成就，用典型事例说明改革带给农村社会的发展红利，给广大农民带来的福祉。持续宣传林业产业“倍增计划”和产业基地建设、产业集群发展的态势，引导社会资本投入林业发展。持续宣传林业十大主导产业及其政策要点，特别是林下经济、森林旅游、油茶等木本油料产业和林业生物质能源产业的扶持政策和激励措施。

## 二、林业建设的重要经验

改革开放 40 多年来，我国林业建设实践初步探索出了一条适合中国国情、林情的林业发展道路，为林业在 21 世纪取得更大的发展积累了宝贵的经验。

### 1. 坚持把解放思想作为现代林业发展的重要前提

解放思想、与时俱进是事业不断取得胜利的重要思想武器。改革开放以来，我国林业之所以能够得到持续快速发展，取得巨大成就，创造成功经验，甚至有很多方面在世界上处于领先地位，就在于坚持解放思想、实事求是的思想路线，不断破除阻碍林业发展的旧观念，消除束缚林业发展的思想羁绊，提出了“在发展中保护、在保护中发展”“生态中有产业、产业中有生态”“兴林为了富民、富民才能兴林”等许多新理念，为林业发展打开了广阔的视野。

2. 坚持把深化改革作为现代林业发展的根本动力

只有深化改革，才能激发林业的内在活力，增强林业发展的动力；只有深化改革，才能理顺生产关系，解放发展林业生产力。改革开放以来，各级林业部门坚定不移地推进以林业产权制度改革为重点的各项改革，不断调整完善林业政策和机制，有效激发了林业发展的内在活力。

3. 坚持把建设生态文明作为现代林业发展的战略目标

林业是生态文明建设重要的物质基础，也是重要的文化载体。建设现代林业就是按照建设生态文明的要求，努力构建三大体系，提升三大功能（生态功能、经济功能和社会文化功能），发挥三大效益（生态效益、经济效益和社会效益），以林业的多种功能满足社会的多样化需求，从而使林业发展的方向更好地适应建设生态文明的要求。

4. 坚持把兴林富民作为现代林业发展的根本宗旨

兴林富民是国家、集体和个人多方利益的最佳结合点。只有兴林才能不断夯实富民的资源基础，只有富民才能不断壮大兴林的社会基础。在林业发展实践中，各级林业部门坚持在兴林中富民、在富民中兴林，充分调动广大林农群众和林业职工发展林业的积极性，为林业发展增添动力和活力。

5. 坚持把实施重点工程作为现代林业发展的重要途径

重点工程是国家投资的载体。发展现代林业，必须坚持工程带动战略，带动各种生产要素间林业流动。30年来，国家先后启动实施了一批林业重点工程，优化了林业生产力布局，解决了林业长期投入不足的问题，为林业发展提供了有力保障。

6. 坚持把依法治林和科技兴林作为现代林业发展的重要手段

发展现代林业，必须全面加强法制建设，充分发挥科技的支撑、引领和带动作用。我国林业法制建设不断完善，基本建立了较为完备的林业法律法规体系、行政执法体系、监督检查和普法体系。林业科技支撑能力不断增强，科技对林业发展的贡献率不断提高，已由 1996 年的 27.3% 提高到了“十二五”期间的 48%，其中科技转化率达 55%，为林业又好又快的发展提供了有力支撑。

7. 坚持把国际合作作为现代林业发展的重要力量

我国先后与 70 多个国家（地区）及国际组织建立了长期稳定的林业合作关系，累计争取无偿援助项目 700 余个，受援资金约 7.7 亿美元。林业对外科技交流、经济贸易、对外承包和海外开发森林不断发展。我国加入了《濒危野生动植物种国际贸易公约》《湿地公约》《联合国气候变化框架公约》《生物多样性公约》《联合国防治荒漠化公约》和《国际植物新品种保护公约》等，在促进全球林业发展和生物多样性保护方面发挥了重要的作用。

## 三、林业建设存在的问题

在我国林业建设取得重大成就的同时，仍然需要看到，与全面建设小康社会的要求相比，我国林业发展还很落后，林业供给能力还不充分，难以满足不断增长的多样化需求。林业刚刚从以木材生产为主的发展阶段转向以生态建设为主的发展阶段，这一阶段的特征是：边治理，边破坏，治理速度赶不上破坏，生态环境“局部好转，总体恶化”，并且恶化的趋势还未得到根本扭转。与此相伴随的另一个特点是：中国林业目前处在社会主义初级阶段的较低发展水平，森林资源还没有摆脱农民对其的生存依赖、工业对其的经济依赖。破坏森林资源的原发性动力依然强劲。

与国内经济发展需求和世界先进水平相比，当前我国林业建设的问题主要表现为：

1. 森林资源总量不足、质量低下

我国人均森林面积和蓄积量仅为世界平均水平的1/4和1/7，远不能满足占世界22%人口生产生活的需要。尽管森林清查结果反映，我国已经连续多年实现了森林面积和蓄积的双增长，但增长速度已经开始放缓，第八次全国森林资源清查显示，森林面积增量只有第七次清查的60%，未成林造林地面积比第七次清查减少了396万公顷，仅有650万公顷。同时，现有宜林地质量好的仅占10%，质量差的多达54%，且2/3分布在西北、西南地区，立地条件差，造林难度越来越大、成本投入越来越高，见效也越来越慢，实现森林面积增长目标还要付出艰巨的努力。

2. 严守林业生态红线面临的压力巨大

2009—2013年，各类建设违法违规占用林地面积年均超过200万亩，其中约一半是有林地。局部地区毁林开垦问题依然突出。随着城市化、工业化进程的加速，生态建设的空间将被进一步挤压。严守林业生态红线，维护国家生态安全底线的压力日益加大。

3. 加强森林经营的要求非常迫切

我国林地生产力低，森林每公顷的蓄积量只有世界平均水平131立方米的69%，人工林每公顷蓄积量只有52.76立方米。林木平均胸径只有13.6厘米。龄组结构依然不合理，中幼龄林面积比例高达65%。林分过疏、过密的面积占乔木林的36%。林木蓄积年均枯损量增加量为18%，达到了1.18亿立方米。进一步加大投入，加强森林经营，提高林地生产力、增加森林蓄积量、增强生态服务功能的潜力还很大。

4. 森林有效供给与日益增长的社会需求的矛盾依然突出

我国木材对外依存度接近50%，木材安全形势严峻。现有用材林中可采面积仅占13%，可采面积仅占23%，可利用资源少，大径材林木和珍贵用材树种更少，木材供需的结构性矛盾十分突出。同时，森林生态系统功能脆弱的状况尚未得到根本改变，生态产品短缺的问题依然是制约我国林业可持续发展的突出问题。

# 第三节　林业发展战略

## 一、战略指导思想

林业发展战略是从林业生产的宏观角度出发，制定出符合国民经济发展需要的林业战略目标，总体地研究林业发展过程全局应该采取的方针政策。林业发展战略包括战略指导思想、战略目标、战略重点和战略措施。林业发展战略是林业长期发展必不可少的纲领。回顾新中国成立以来我国林业建设走过的曲折历程，是森林资源经受破坏、恢复和发展的过程，是从以木材生产为中心的林业建设指导思想从不断强化到逐步弱化的过程，是对林业性质、地位、作用的认识不断深化的过程。前30年，我国林业基本上处于大规模开发利用森林资源的时期。这是当时国家经济建设的现实要求，但客观上造成了不少地方森林质量退化，生态功能弱化，生态状况恶化。改革开放以后，林业进入了恢复、发展的时期。这个时期，社会对林业性质和作用的认识发生了变化，但由于体制惯性和投入严重不足，林业整体上还停留在“挖坑栽树砍木头”上，以木材生产为中心的指导思想仍然起主导作用。20世纪末，我国林业开始孕育巨变，特别是进入21世纪，人们对改善生态的愿望越来越迫切，国家综合实力显著增强，我国投入巨资启动六大林业重点工程，催生了我国林业由以木材生产为主向以生态建设为主的历史性转变。

总体上，新中国成立以后我国林业发展战略经历了以木材生产为主、木材生产与生态建设并重、以生态建设为主等三大阶段，具有与时俱进的鲜明特点。基于对我国林业发展所处阶段的判断，为了更好地服务于国民经济总体发展战略，21世纪林业的发展必须置于国民经济和社会可持续发展的全局中统筹考虑，拓宽林业发展空间，不断强化林业的战略地位。2003年6月25日，中共中央、国务院在关于加快林业发展的决定中明确提出了林业发展的指导思想、基本方针、战略目标和战略措施等。

1. 指导思想

林业发展战略的根本问题是战略指导思想。新时期，我国林业发展的指导思想是：以邓小平理论和“三个代表”重要思想为指导，深入贯彻十八大精神，确立以生态建设为主的林业可持续发展道路，建立以森林植被为主体、林草结合的国土生态安全体系，建设山川秀美的生态文明社会，大力保护、培育和合理利用森林资源，实现林业跨越式发展，使林业更好地为国民经济和社会发展服务。

2. 基本方针

林业发展的基本方针是七个坚持：坚持全国动员，全民动手，全社会办林业；坚持生态效益、经济效益和社会效益相统一，生态效益优先；坚持严格保护、积极发展、科学经营、持续利用森林资源；坚持政府主导和市场调节相结合，实行林业分类经营和管理；坚持尊重自然和经济规律，因地制宜，乔灌草合理配置，城乡林业协调发展；坚持科教兴林；坚持依法治林。

3. 战略目标

选择林业发展战略目标是林业发展的核心问题，将会影响到林业发展战略能否顺利进行。目标定得过高，脱离客观条件，容易挫伤积极性；目标定得过低，又会同整个社会经济发展战略不协调。所以，客观合理地确定战略目标对于促进林业健康发展和促进国民经济发展都具有重要意义。我国林业发展战略目标是：通过管好现有林，扩大新造林，抓好退耕还林，优化林业结构，增加森林资源，增强森林生态系统的整体功能，增加林产有效供给，增加林业职工和农民收入。

具体目标是：2010 年，使我国森林覆盖率达到 19% 以上，大江大河流域的水土流失和主要风沙区的沙漠化有所缓解，全国生态状况整体恶化的趋势得到初步遏制，林业产业结构趋于合理；到 2020 年，使森林覆盖率达到 23% 以上，重点地区的生态问题基本解决，全国的生态状况明显改善，林业产业实力显著增强；到 2050 年，使森林覆盖率达到并稳定在 26% 以上，基本实现山川秀美，生态状况步入良性循环，林产供需矛盾得到缓解，建成比较完备的森林生态体系和比较发达的林业产业体系。

4. 战略措施

林业发展战略措施是对战略目标的保证和促进。措施是否得当决定了目标是否能实现。我国林业发展战略措施主要有以下方面：①抓好重点工程，推动生态建设。主要包括：坚持不懈地搞好林业重点工程建设；深入开展全民义务植树运动，采取多种形式发展社会林业。②优化林业结构，促进产业发展。主要包括：加快推进林业产业结构升级；加强对林业产业发展的引导和调控；进一步扩大林业对外开放。③深化林业体制改革，增强林业发展活力。主要包括：进一步完善林业产权制度，加快推进森林、林木和林地使用权的合理流转，放手发展非公有制林业，深化重点国有林区和国有林场、苗圃管理体制改革，实行林业分类经营管理体制。④加强政策扶持，保障林业长期稳定发展。主要是加大政府对林业建设的投入和加强对林业发展的金融支持，以及减轻林业税费负担。⑤强化科教兴林，坚持依法治林。主要是加强林业科技教育工作和林业法制建设。⑥切实加强对林业工作的领导。主要包括：各级党委和政府要高度重视林业工作、坚持并完善林业建设任期目标管理责任制、动员全社会力量关心和支持林业工作。

## 二、战略建设重点

发展现代林业，维护生态安全，建设生态文明，是历史赋予林业的重大使命。目前，林业建设的战略重点是：

1. 积极应对全球气候变化

为充分发挥森林的间接减排作用，减缓全球气候变暖，必须加大植树造林力度，力争到 2020 年森林覆盖率达到 23% 以上、2050 年达到 26% 以上。要加强森林经营，提高森林质量，加大对森林火灾、病虫害、非法征占用林地行为的防控力度和水土流失治理力度，增强森林固碳能力。要加快构建“亚太森林恢复与可持续管理网络”，推动亚太地区森林资源恢复和发展。

2. 建设和保护森林生态系统

继续实施好天然林资源保护、退耕还林、长江流域防护林体系建设、沿海防护林体系建设等重点工程，促进森林生态系统的自然修复和人工修复，减少水土流失、风沙危害、干旱洪涝等自然灾害的发生。

3. 治理和改善荒漠生态系统

坚持发扬“胡杨精神”，坚持科学防治、综合防治、依法防治的方针，加强“三北”防护林工程、京津风沙源治理工程建设管理，加强重点地区防沙治沙和石漠化治理，全面提升沙化土地防治成效，加快推进从“沙逼人退”向“人逼沙退”的历史性转变。

4. 保护和恢复湿地生态系统

力争到 2030 年，使中国湿地自然保护区达到 713 个，国际重要湿地达到 80 个，90% 以上天然湿地得到有效保护，形成较为完整的湿地保护和管理体系。

5. 严格保护生物多样性

继续实施野生动植物保护及自然保护区建设工程，到 2050 年使森林、野生动物等类型自然保护区总数达到 2600 个，总面积 1.54 亿公顷，占国土面积 16%，使全国 85% 的国家重点保护野生动植物种群数量得到恢复和增加，所有的典型生态系统类型得到良好保护。

6. 切实保障木材供应

立足国内保障和改善木材等林产品供给。强化对现有人工用材林的科学经营，力争将每公顷蓄积量提高到 100 立方米左右。切实提高木材综合利用水平，力争到“十二五”末，把木材综合利用率提高到 70% 以上。

7. 大力发展木本粮油

要充分利用好我国土地资源潜力、树种资源潜力、劳动力资源潜力，大力发展木本粮油。力争到 2020 年，使我国人均占有食用木本植物油达到 0.8 千克，人均占有水果达到 50 千克，人均占有木本粮食 10 千克，为维护国家粮食安全、提高国民营养水平做出贡献。

8. 积极开发林业生物质能源

通过发展林业生物质能源，改善能源供应结构，维护能源供应安全，促进节能减排。要积极开发现有森林中能源原料的 3 亿多吨生物量，充分利用现有宜林荒山荒地培育能源林。要积极研发相关配套技术，逐步形成培育、加工、开发的“生物质能一体化”格局。2016 年 5 月国家林业局（现为国家林业和草原局）正式印发《林业发展“十三五”规划》（以下简称《规划》）。《规划》提出了今后 5 年我国林业发展的指导思想、目标指标、发展格局、战略任务、重点工程项目、制度体系等内容。

“十三五”时期，我国林业发展的指导思想是高举中国特色社会主义伟大旗帜，全面贯彻中共十八大和八届三中、四中、五中、六中全会精神，深入贯彻近平总书记系列重要讲话精神，牢固树立创新、协调、绿色、开放、共享的发展理念，深入实施以生态建设为主的林业发展战略，以维护森林生态安全为主攻方向，以增绿增质增效为基本要求，深化改革创新，加强资源保护，加快国土绿化，增进绿色惠民，强化基础保障，扩大开放合作，加快推进林业现代化建设，为全面建成小康社会、建设生态文明和美丽中国做出更大贡献。

推进林业现代化建设的 6 项基本要求是：始终坚持把改善生态作为林业发展的根本方向，始终坚持把做强产业作为林业发展的强大活力，始终坚持把保护资源和维护生物多样性作为林业发展的基本任务，始终坚持把改革创新作为林业发展的关键动力，始终坚持把依法治林作为林业发展的可靠保障，始终坚持把开放合作作为林业发展的重要路径。《规划》提出，“十三五”时期，我国林业要加快推进功能多样化、经营科学化、管理信息化、装备机械化、服务优质化，为到 2050 年基本实现林业现代化奠定坚实基础。到 2020 年，实现“国土生态安全屏障更加稳固”“林业生态公共服务更趋完善”“林业民生保障更为有力”“林业治理能力明显提升”4 个方面目标。《规划》确定了“一圈三区五带”的林业发展格局。“一圈”为京津冀生态协同圈。“三区”为东北生态保育区、青藏生态屏障区、南方经营修复区。“五带”为北方防沙带、丝绸之路生态防护带、长江（经济带）生态涵养带、黄土高原—川滇生态修复带、沿海防护减灾带。《规划》提出了“十三五”时期重点完成的十大战略任务：开展大规模国土绿化行动，做优做强林业产业，全面提高森林质量，强化资源和生物多样性保护，全面深化林业改革，大力推进创新驱动，切实加强依法治林，发展生态公共服务，夯实林业基础保障，扩大林业开放合作。今后 5 年，完成营造林任务 11 亿亩（7335 公顷），其中：造林 5 亿亩（3333 万公顷），包括人工造林、封山育林、飞播造林、退化林修复、人工更新；森林抚育 6 亿亩（4000 万公顷）。新增森林蓄积量 14 亿立方米。完成湿地修复 14 万公顷；沙化土地治理 1000 万公顷。“十三五”时期，实施一批、谋划一批、储备一批林业重点工程项目。在国家层面，谋划和实施对筑牢屏障和富国惠民作用显著、对经济发展和结构调整全局带动性强的 9 项林业重大工程，分别是：国土绿化行动工程、森林质量精准提升工程、天然林资源保护工程、新一轮退耕还林工程、湿地保护与恢复工程、濒危野生动植物抢救性保护及自然保护区建设工程、防沙治沙工程、林业产业建设工程、林业支撑保障体系建设工程。在此基础上，全国规划 100 个区域重点生态保护修复项目。

《规划》确定，建立健全林业资源资产产权、林业资源用途管制、林业自然资源资产债表编制、生态环境损害责任追究、生态保护补偿、公共财政投入、金融保险服务等 7 项制度体系。同时，从落实规划实施责任、健全林业机构队伍、强化规划实施监督 3 个方面对加强组织领导进行了部署。

# 第二章　中国林业制度和主要林业政策

## 第一节　制度的基本内涵

### 一、制度的概念和内涵

“制度”一词在不同学科领域有不同的表述，从语言和词汇字面给出的概念和含义解释往往综合了多个学科的视角，多是一个较为综合的概念。如《辞海》对“制度”的注解包括三条：①要求共同遵守的，按一定程序办事的规程或行为准则，如工作制度；②在一定的历史条件下形成的政治、经济、文化等方面的体系，如社会主义制度；③旧时指政治上的规模法度。与中文“制度”一词对应的英文词汇是“institution”，在《牛津大辞典》中的定义是：一种已经在一个民族的政治生活和社会生活中建立起来或长期形成的法律、风俗习惯、使用习惯、组织或其他因素。它是一种遵从于一个有组织的社团或作为一种文明的总成果有规则的原则或习俗。可以看出，不论是中文还是英文词汇的解释都至少包含了经济学、政治学、管理学和社会学等方面的含义。

不同学科角度的制度含义侧重点各有差别，每一个学科视角的制度也都存在层次范围的区别。本章所指“制度”是从经济学角度出发形成的概念，按照新制度经济学比较一致接受的定义是：制度是在一个特定群体内部得以确立并实施的行为规则，这套行为规则抑制着个人可能出现的机会主义行为，使人的行为变得可预见。制度成为经济学的范畴并流行开来主要归功于制度经济学派优秀经济学家的贡献，其中最为重要的是罗宾斯（L.Robbins）、哈耶克（F.A.Hayek）、科斯（R.Coase）和道格拉斯·诺斯。罗宾斯以推广“机会成本”和以其他“科学的”现代经济分析方法取代古典经济学著名，哈耶克贝以对知识和经济学关系问题分析的贡献获得了诺贝尔经济学奖，这两位学者的上述经济思想对科斯制度经济学思想的形成起到了直接影响，尤其日后著名的“交易费用”概念都可以用罗宾斯的“机会成本”、哈耶克关于知识和经济学的思想进行解释。科斯 1991 年、诺斯 1993 年分获诺贝尔经济学奖之后，制度经济学日益流行，制度一词也连同“交易费用”“产权”成为经济学范畴之一。至此，制度开始专指人们在博弈均衡状态下的行为规范，进而以此打破了新古典经济学一般均衡理论制度既定的假设，在均衡分析中开始引入权利分配的状态。这种关于权利分配的“制度”是围绕稀缺资源选择社会多人博弈的均衡结果，在动态多人博弈中，每一个博弈均衡就表明了一套行为规范，从而定义了一个制度。因此，制度不是静态的、长期不变的，而是随着社会多人博弈的均衡结果变化而变迁。当一个博弈均衡的制度形成时，同时也就产生了稀缺资源个人选择的前提条件，即个人在选择决策时必须遵守特定制度包含的行为规则，由此制度就和预算共同成了选择者面临的约束。

制度的基本内涵包括四个方面：①制度是人们行为选择的约束规则，抑制着人际交往中可能出现的任意行为和机会主义行为。② 一定时期相对稳定的制度是在特定社会文化传统、道德观念、价值观和知识结构背景下通过多人博弈社会选择形成的。③制度具有公共物品的属性。④政府在制度形成过程中只有正式认可和执行保护的作用，但政府并不能完全按照自己的理想供给制度物品，政府也只是制度形成多人博弈的主体之一；非正式规则多数时候并不需要借助政府的强制力来执行和保护。

## 二、制度的构成

制度经济学主流观点认为制度构成包括三个要素：国家制定的正式规则、社会认可的非正式规则和有关规则的实施机制。

1. 非正式规则

非正式规则是人们在长期交往中无意识形成的、代代相传的、具有持久的生命力并能对人们的行为产生非正式约束的规则。

非正式规则多是不成文的规定，在缺乏正式规则的场合起到规范人们行为的作用，是相对于法律等正式制度的概念。非正式规则主要包括习惯习俗、伦理规范、文化传统、价值信念和意识形态等因素。非正式规则不是人为设计的，而是自发演进的结果。人们的交往是为了实现一定的预期目标。由于人类知识和理性的有限性，人们无法做到无所不知、无所不能，只靠个人的知识和努力难以维持生存并实现发展，必须通过集体行动、社会联系交流和传递个人拥有的信息和知识，形成基于共同利益和彼此认同的社会共同体。社会共同体内部具有相似的习惯、思维方式和习俗，这些既是维持社会共同体的纽带，又是个体行为选择和利益实现的要求与规范。

2. 正式规则

正式规则是人们有意识创造的一系列政策法则，一般是由统治共同体的政治权利机构自上而下设计出来、强加于社会并付诸实施的各种规则。

正式规则包括政治规则、经济规则和契约以及由这一系列规则构成的等级结构，如从宪法到其他成文法、不成文法、特殊的细则，最后到个别契约就形成了一个共同约束人们行为的等级结构。正式规则的出现是人为设计的结果，由一个主体设计出来并强加于共同体之上。进行制度设计的主体高居于共同体之上，具有政治意志和实施强制的权力，往往借助国家暴力来实施正式规则。正式规则具有强制性的特征，明确以奖赏和惩罚的形式规定可干和不可干的行为。对社会成员来说，正式规则是一种外在约束，不考虑个体的意愿，这种强制性还体现在利益的差别性上，在正式规则约束的地方，常常会有一部分人获益而另一部分人受损，因而强制成为其实施必不可少的工具。

新制度经济学在论述政治规则与有效产权形成的关系时认为，只有在设计一项规则（产权）的预期收益大于其成本的情况下，才能导致产权的出现；而且在这种规则的等级结构中，政治规则的有效性是产权有效的关键。

3. 制度的实施机制

制度的实施机制是指由一种社会组织或机构对违反制度（规则）的人做出相应惩罚或奖励，从而使这些制度或规则得以实施的条件和手段的总称。制度的实施机制内含了两大功能，即惩罚功能和激励功能。制度惩罚功能可以使违规者的违规成本大于违规所得，从而使违规变得不合算。制度的激励功能是让执行者感觉到执行制度虽然使自身付出了一定的成本，但收益大于成本，执行是划算的，从而产生执行的正效应。当然，也存在具有自我执行机制的制度。制度的实施机制对于制度的功能和绩效的发挥具有至关重要的作用，制度得不到实施，不仅会影响制度的稳定性和权威性，使制度形同虚设起不到应有的作用，而且还会使人们产生对制度的不正常的预期，或者产生藐视制度的文化心理，从而使目无法纪愈演愈烈。

## 三、制度的作用

制度的出现是和资源稀缺性紧密相关的。资源稀缺性意味着人们在选择行为时不得不面临着预算约束，在没有正式规则和资源稀缺加剧的情况下，一些个体甚至会使用粗暴手段以获得超出预算约束的资源，其他相关个体也会选择暴力手段维护自身的财产权益，由此出现竞争稀缺资源的“丛林法则”。粗鲁暴力的“丛林”秩序作为一种产权和合约权益保护机制，在正式司法不可靠或者缺乏的情况下，能在一定情况下促进经济交易的发生和市场的发展。但这种以粗鲁暴力建立的“丛林规则”及其相应秩序往往是一种“多极”的低效秩序，它只能支持市场经济发展到一定程度，无法让一个经济发展深化。为了让经济发展深化，这也是符合绝大多数人利益的，就需要某种正式司法支持下的“单极”秩序，因此制度也就应运而生了。具体来看，制度对经济发展的积极作用表现为以下几个方面：

1. 制度能够促进合作和竞争

在一个经济社会中，每个人、每个集团和每个阶层都有自己的特殊利益，都想通过某种行动谋求自身利益的最大化，进而形成不同经济主体之间的竞争关系。竞争是在市场经济模式下保证资源配置效率的重要条件，最为理想的市场结构是完全竞争市场。由于不同经济主体的禀赋差异和信息不够充分并且缺乏对称，不完全竞争是更为多见的情态，某些经济主体甚至会借助已有优势进一步扩大不充分竞争的程度，以谋取自身更大的利益。这会损害经济的持续增长和威胁集体的社会福利。另外，加强彼此间的合作可以大大节约交易费用，减少市场中的不确定性。但如果没有可靠的机制保证合作关系中的契约得到充分履行，同时对违约行为进行惩罚，就很难形成合作博弈的均衡。这两种情况都对制度的产生提出了直接的要求。通过对市场中阻碍竞争的行为进行限制，保护正当竞争形成的合法财产；充分保障合作契约的履行，对违约行为进行惩罚，制度就可以有效促进经济发展中的合作与竞争关系。

2. 制度是获取集体行动收益的手段

个人理性并不是必然和集体理性相一致的，个人在追求自身利益最大化的时候可能会与集体利益最大化产生冲突。另外，个人常常不得不对其他人的工作质量或贡献做出评价，而在很多情况下，有关质量的信息是昂贵、不确定甚至不可获得的。为了使集体行动达到预期的目的，解决单独工作时存在的问题，必须有一些制度安排以实现监督、强制执行等功能。等级制、合同和法律都是这方面的制度安排。

3. 制度提供激励和约束机制

激励机制是指制度可以对人们的行为产生积极的影响，促使人们按照制度的积极导向目标进行选择并采取相应行动，如促进财产保值增值的活动，或者个人道德品质的自觉完善等。激励功能主要是通过制度保证实施积极行为的人可以充分享有积极行动的收益来实现的，如合法享有资产增值的收益，道德品行获得社会、群体认可和褒奖。约束机制是指制度可以使人们自觉限制自己的某些与制度导向不一致的不良行为，如对属于其他人合法所有资产、公共资产、公共利益的侵犯，或者其他不良道德行为。约束功能主要是通过对违反制度要求的行为进行惩罚实现的，包括法律方面的刑事和民事责任，以及道德方面的社会或群体谴责。诺斯指出："制度确定和限制了人们的选择集合。制度包括人类用来决定人们相互关系的任何形式的制约……制度制约既包括人们对所从事的某些活动予以禁止的方面，有时也包括允许人们在怎样的条件下可以从事某些活动的方面。因此，正如这里所定义的，它们是为人类发生相互关系所提供的框架。它们完全类似于一个竞争性的运动队中的激励规则，也就是说，它们由正规的成文规则和那些作为正规规则的基础与补充的典型非成文行为准则所组成……规则和非正式的准则有时是对犯规和惩罚的规定。因此，制度在发挥其功能中的一个实质性的部分时就是确定犯规和惩罚严厉性的成本。"

## 四、制度产生的原因

引发制度需求的原因早期更多地被归结为了人口对稀缺资源禀赋所带来的压力增加，晚期则更多地归结为了经济发展过程中人力资本的经济价值上升、人口变化和技术变迁引发的相对产品和要素价格变化以及市场规模和宪法秩序变化等，这些因素都可以成为引发制度需求的外生变量，甚至经济发展的初始水平、文化、历史传统等也会影响制度安排的需求。

科斯指出，只有当新的制度安排带来的收益超过了新制度产生的成本或旧制度安排的成本高于新制度的成本时，制度供给才可能发生，即预期超过成本的收益是新制度产生的动力。林毅夫认为，人们需要彼此交换货品和服务，因此出于安全和经济两个方面的原因，制度变得不可或缺。他认为制度来源于人类的交换需求。

卢瑟福阐述的观点具有一般性意义。他在《经济学中的制度》一书中认为，新旧制度主义者都承认制度有可能被精心设计和实施，也有可能在未经筹划或“自发”的过程中演化。人类是有目的的行动者，制度是个人有目的的行为预期或未预期的结果。个人可能（经常通过某种集体选择）设计或修正制度，使之发挥或更好地发挥某种作用。与此同时，制度也可能以未经设计的方式产生和延续，成为人们有意行为的无意结果。在这里，卢瑟福指出了制度产生的两条途径：一是人为设计的结果：二是自发演进的结果。事实上也是如此，在我们现实的社会生活中，约束我们的制度规则往往是我们及上溯一代代人的生活经验和行为习惯的总结，最后发展成为制度而被大家遵守是因为不遵守要付出很大的代价。这种自发演进的制度存在于大量的非正式规则中，也反映在我们的部分正式制度规则之中。而人为设计的制度规则乃是作为社会公共权力的代表（虽然是少数人）以共同意志的名义制定出来强加于全体社会成员的行为准则，比较常见的是统治集团制定的法律制度和各种规章。

## 五、制度变迁

戴维斯和诺斯认为，制度变迁是指制度创立、变更乃至随着时间的推移被打破的方式，其实质是在一系列制度环境下所进行的制度安排。制度环境是指一系列用来确立生产、交换与分配基础的基本政治、社会与法律规则。制度安排则是用于支配经济单位之间的可能的合作和竞争的一种安排。它们认为制度变迁的动因来自预期收益和成本的关系。如果预期收益超过预期成本，一项制度安排就会被创新，即发生制度变迁。

V.W. 拉坦将制度创新或新制度发展定义为：①一种特定组织行为的变化；②这一组织与其环境之间相互关系的变化；③在一种组织的环境中支配行为与相互关系的规则的变化。他认为制度变迁依赖于两个因素：知识基础与创新成本。

林毅夫将制度变迁视同为制度创新。他认为制度变迁通常是指某一制度安排的变化而不是指整个结构中所有制度安排的变迁，是对构成制度框架的规则、准则和实施组合所做的边际调整，而且他认为制度变迁是发展中国家经济发展的一个组成部分。

林毅夫把制度变迁分为强制性制度变迁和诱致性制度变迁两种。诱致性制度变迁指现行制度安排的变更和替代，或者新制度安排的创造，它由个人或一群人在响应获利机会时自发倡导、组织和实行。而强制性制度变迁由政府命令和法律引入实行。但不论哪一种制度变迁，都是一个渐进的过程。在制度变迁过程中，国家会考虑自身的利益，如果变迁会导致统治者的利益受损，即使没有变迁成本的约束，国家也会维持旧有的制度。

关于制度变迁及其诱因，不同学者有不同的意见。综合来看，制度变迁通常具有历史的延续性，不是突然而发的过程。制度变迁的原因主要来自各种利益考虑，当个人和组织的预期利益超过预期成本时，或者人口增加引发了相对资源禀赋紧张时，就会有制度变迁的需求。当政府或统治者预期制度变迁的收益超过成本时，就会有新的制度供给。制度变迁的方式或者是由上而下推进的强制性制度变迁，或者是由下而上的诱致性制度变迁，但后者的实现离不开政府，即制度变迁的关键主体仍然是政府。

# 第二节　中国林业制度

制度包括各种层面的正式和非正式规则，这些规则根据调控人们行为选择的领域又可以分为多种专项制度，如产权制度、财税制度、司法制度和道德规范等，其中最为基础的制度之一是产权制度。财产权利的制度安排直接决定了个人努力程度、经济回报水平及其与社会回报水平一致性的程度，是个人行为选择最为根本的动机。各类制度在林业行业中的应用就是各种林业制度，如林业产权制度、税费制度、森林经营管理制度等，其中最为重要的也是产权制度。一方面因为产权制度的基础地位和重要作用，另一方面因为其他各种制度较为庞杂，所以本节对中国林业制度变迁及其当前林业制度改革发展的讨论主要集中于林业产权制度。

## 一、中国林业制度变迁

林业产权构成中最为核心是林地和林木资产的产权，新中国成立时通过土地改革把封建土地私有制变为了农民私人土地所有制，同时把封建官僚资本所有以及大规模集中连片无主山林划归国家所有，初步建立了我国山林农民私人所有和国家所有的产权格局。自此以后，随着国家政治经济形势的变化，国家围绕农民私人所有的林地和林木资产所有及使用等问题实施了一系列的改革，使得新中国成立初期建立的林地、林木农民私人所有制度大致经历了两个时期：

①新中国成立到21世纪初期，这是集体林权制度多变和频繁调整的时期；②2008年以后至今为集体林权制度全面改革的频繁调整时期，集体林权制度的变迁又可以分为五个发展阶段：第一次是20世纪50年代初期的土地改革，这一时期实现了林地由封建地主所有制到农民私人所有制的转变；第二次是20世纪50年代中期的初级农业合作社，这一时期实行的是初级社集体经营的林地制度；第三次是20世纪50年代中后期至70年代末期的高级农业合作社和人民公社，林地产权制度由农民所有、集体经营转变为集体所有、集体统一经营；第四次是20世纪80年代初期的林业“三定”，实行了家庭联产承包责任制，将集体山林划分为自留山、责任山和统管山，自留山、责任山在不改变林地集体所有的基础上，由集体统一经营改变为农户家庭经营；第五次是林权的市场化运作阶段，森林、林

木和林地流转迅速发展，集体所有的森林资源通过市场进行一次或二次流转。

全面改革推进时期的主要制度目标是全面推行林地家庭承包经营制度，同时把林木随同承包林地划归农户私人所有。接下来首先回顾一下频繁调整时期我国集体林权制度的变迁过程，然后专门介绍新时期集体林权制度全面改革的进展。频繁调整时期，集体林权制度变迁的主要阶段及其改革内容如下：

1. 土地改革时期（1949—1953 年）

这一时期制度的目标是把封建所有制的土地制度改革为农民私有制的土地制度。这时期的制度变迁是通过自上而下强大的政治力量推动实现的，是一种典型的强制性制度变迁。1950 年 6 月 30 日，中央人民政府发布了《中华人民共和国土地改革法》（以下简称《土改法》），这是土地改革中山林权属处理的依据。《土改法》第一条明确规定："废除地主阶级封建剥削的土地所有制，实行农民的土地所有制，借以解放农村生产力，发展农业生产，为新中国的工业化开辟道路。"当时，各地政府依靠政权的力量没收地主的土地，征收祠堂、庙宇、寺院、教堂等封建土地，分配给无地、少地农民。分配土地时，往往按土地数量、土地质量及其位置，用抽补调整方式按人口统一分配，也就是按照"均田"思想，按人平均分配土地。这时林权安排的特点是：农民既是林地、林木的所有者，又是使用者。《土改法》第三十条规定："承认一切土地所有者自由经营、买卖及其出租土地权利。"农民具有收益权的独享权和完整的处分权。土地产权可以自由流动，允许土地买卖出租、典当、赠予等交换活动。但不久以后，这种收益的独享权和完整的处分权发生了变化。

1950 年 1 月 30 日我国对林产品开征货物税，1951 年 8 月政府发布了"节约木材的指示"，对合理采伐做了全面规划，走上了国家统一管理、统一采伐的道路。在产权的保护方面，《土改法》第三十条规定了发放土地所有权证。1951 年，政府发布了《关于适当处理林权、明确管理保护责任的指示》，明确按《土改法》规定分配给农民的山林，由县政府发林权证明，但在实际操作中分配给农民的山林已经有了土地证，山林"四至"基本上是正确的，绝大部分地区没有再颁发林权证明。

在这个阶段，全国还建立了一批全民所有制大林场、森工企业。在农村，农民分得了个体所有的山林，山林所有者可以自由地就自己所有的山林进行采伐、利用、出卖和赠予。林农对个人所有的山林拥有支配权，这极大地激发了林农经营的积极性。

2. 初级农业生产合作社时期（1953—1956 年）

该时期土地产权制度改革的目标是所有权和使用权的分离，即私人拥有林地所有权合作社拥有使用权。

1953 年 12 月 16 日，中共中央通过的《关于发展农业生产合作社的决议》强调指出："为了进一步提高农业生产力，党在农村的最根本的任务，就是逐步实行农业的社会主义改造，使农业能够由落后的小规模生产的个体经济变为先进的大规模生产的合作经济。"1954 年初，农村很快掀起了大办农业合作社的热潮。初级农业生产合作社的基本做法是：在允许社员有小块自留地的情况下，社员的土地必须交给农业生产合作社统一使用，合作社按照社员入社土地的数量和质量，从每年的收入中付给社员以适当的报酬。初级农业合作社建立后，入社农民仍然拥有土地使用权，以入股土地分红成为农民在经济上实现其土地所有权收益的基本形式；土地经营权、使用权成功从所有权中分离出来，统一由合作社集体行使，合作社集体对土地进行统一规划、统一生产、统一收获；农民还拥有土地的处分权，退社自由，退社时可以带走入社时带来的土地。

初级合作社期间，林区的山林与农地一样，农民将土地和山林折价入社，经营权归合作社，所有权归林农，所有权和经营权分离，开始大规模经营，合作造林，谁造谁有，合造共有。因此，初级合作社时期的林权安排如下：个人拥有林地和林木的所有权，合作社拥有部分林木所有权和林地的使用权；收益权在林地所有者和合作社之间分配，所有者获得土地分红，但这种分红必须在做出公积金、公益金扣除后兑现；处分权也受到很大制约，所有者不能再按照自己的意志来处分土地了，社员不能出租或出卖土地，但农户有退社的自由。林木的处分权也受到了限制，1951 年 8 月政府发布的《关于节约木材的指示》对合理采伐做了全面的规划，由国家统一管理、统一采伐，并实行木材的统一调拨。

这个阶段，林农个人仅保留山上的林木及房前屋后零星树木的所有权，林地及成片林木所有权通过折价入社，转为合作社集体所有。社员对入社的林业资产不再享有直接的支配权、使用权和占有处分权，但并没有丧失财产的所有权。制度安排持续时间短，制度能量未得到充分发挥。这个阶段的制度变迁是诱致性的，与强制性制度变迁相呼应。

3. 高级农业生产合作社和人民公社时期（1956—1978 年）

（1）高级农业生产合作社（1956—1958 年）。1955 年 10 月 4 日，中共七届六中全会通过的《关于农业合作化问题的决议》提出："有重点地试办高级的（即完全社会主义性质的）农业生产合作社。有些已经在基本上实现了半社会主义的合作化的地方，可以根据发展生产的需要、群众觉悟程度和当地的经济条件，按照个别试办、由少到多、分期分批地逐渐地发展的步骤，拟订关于出初级社变为高级社的计划。"会后，高级社就由个别试办转向重点试办。1956 年 1 月《中国农村的社会主义高潮》一书由人民出版社公开出版，毛泽东亲自任主编，在书中他开始大力提倡创办高级社和大社。在这一思想的指引下，从 1956 年开始，初级社没来得及巩固，高级社在全国就进入了大发展阶段。高级农业合作社的做法是废除土地私有制，使土地由农民所有转变为合作社集体所有。这是农村土地所有制的又一次重大变革。在高级社里，除社员原有的坟地和宅基地不必入社外，社员私有的土地及地上附属私有的塘、井等水利设施，都无偿转归合作社集体所有。土地由集体统一经营使用，全体社员参加统一劳动。取消土地分红，按劳动的数量和质量进行分配。

高级农业生产合作社时期，林区除少数零星树木仍属社员私有外，大部分森林、林地、林木产权实现了农民私有向合作社集体所有的转变。

集体化完成后，公有产权是唯一的产权类型，农民只有名义上的生产资料，农民的退出权受到极大限制。模糊的产权造成了不合理的分配和激励的严重不足，加上农民的意识形态、传统习惯等非正式制度并没有发生根本变化，公有产权这时已经暴露出一些问题，林农对林权权益分配也非常不满。

（2）人民公社时期（1958—1978 年）。人民公社化的前奏是小社并大社。1958 年 3 月，中共中央政治局成都扩大会议讨论并通过了《关于小型的农业合作社适当地合并为大社的意见》，提出："为了适应农业生产和"文化革命"的需要，在有条件的地方，把小型的农业合作社有计划地适当地合并为大型的合作社是必要的。"同年 4 月，该意见经中共中央政治局正式批准下发，全国各地迅速开始了小社并大社的工作。1958 年 8 月，中共中央政治局在北戴河举行扩大会议，公议讨论通过了《关于在农村建立人民公社的决议》。此后，各地争先恐后，纷纷并社组建人民公社，人民公社运动很快在全国农村范围内广泛展开。通过人民公社化运动，原属于各农业生产合作社的土地和社员的自留地、坟地、宅基地等一切土地，连同牲畜、农具等生产资料及一切公共财产、公积金、公益金，都无偿收归公社所有。公社对土地进行统一规划、统一生产、统一管理，分配上实行平均主义。

林区的山林产权制度也发生了相同的变革。农村土地（山林）的性质在人民公社化的过程中并没有发生根本的改变，农村土地（山林）仍属于集体所有，由集体统一经营，只是集体的规模使小社变成了大社。但高级农业生产合作社仅仅是经济单位，而人民公社既是经济单位又是行政单位，因此人民公社时期的集体所有制带有浓厚的政治色彩。"政社合一"的人民公社奠定了国家以行政权力控制农村经济的制度基础。名义上土地等生产资料归公社所有，但国家通过自上而下的行政体系实现了对公社干部的管理与控制，从而掌握了实际上的土地控制权。

1962 年 9 月中共八届十中全会召开，通过了《农村人民公社工作条例修正草案》（简称"六十条"），确定人民公社实行以生产队为基础的三级所有制；恢复农民的自留地和家庭副业；取消公共食堂和部分供给制。这时候农村土地所有者为"三级所有，队为基础生产队范围内的土地都归生产队所有。生产队所有的土地，包括社员的自留地、宅基地等，一律不准出租和买卖"。1961 年，中共中央发布了《关于确定林权、保护山林和发展林业的若干政策规定（试行草案）》（简称"林业 18 条"），对确定和保护山林的所有权问题做了规定，提出："林木的所有权必须长期固定下来，划清山界，树立标记，不再变动。"这个阶段不仅林木、林地，而且所有重要的生产资料都属于公有（国家或集体所有），国家和集体拥有森林、林木和林地所有权。产权集中化，高度共有。由于产权残缺，高昂的强制成本、劳动组织成本和监督成本，使林业效率没有提高，林业资源受到严重破坏。高级社和人民公社时期林业产权变迁属于强制性制度变迁。

4. 林业"三定"时期（1981 年至 20 世纪 90 年代初）

1979 年 2 月 23 日，第五届全国人大常委会第六次会议通过了《中华人民共和国森林法（试行）》，明确规定保障国家、集体和个人林木所有权不受侵犯，不准将国有林划归集体和非林业单位，不准将集体林划归个人，不准平调社队的林木和社员个人的树木。

1981 年中央布置了全国开展林业"三定"工作，即稳定山权林权、划定自留山和确定林牧业生产责任制。这一时期的集体林产权安排的改革是参照农业的家庭联产承包责任制进行的。家庭联产承包责任制属于诱致性制度变迁，这一制度的推行并非由于事前政府在政策上有一个明确、完整的改革方案，而是出于农民的自发要求。在其有效性得到实践证明以后，政府因势利导，全面实施，形成了规模巨大的变革。1978 年安徽省滁州市的农民首先打破了“三级所有、队为基础”的体制，探索出了包产到组和小宗田间管理负责人的办法；滁州凤阳县小岗生产队首创了包产到户的责任制形式。新的制度安排创造出来的巨大利益使当时部分国家领导人看到了新制度中蕴含的巨大生产力，安徽、四川两省有意识地维持并积极推进了新制度。当制度创新的收益被国家经济决策面深刻理解后，承包责任制对中国整体而言就转变为了诱致性制度变迁，局部地区则转变为了自上而下的制度变迁。

这个阶段集体林区实行开放市场、分林到户的政策，使林农拥有较充分的林地经营权和林木使用权。同时，在国有林区实行以放权让利为主要特征的承包责任制，把部分国有林业企业的经营权转到了经营者手上。但是由于配套政策没有跟上，加上经营者对改革政策缺乏信任，南方部分省（自治区）出现了大范围采伐承包到户林木的现象。这个阶段的制度变迁既有诱致性变迁，也有强制性变迁，总体而言，产权关系仍然不够明晰，激励功能依然不足。

5. 林权市场化运作时期（20 世纪 90 年代初至今）

20 世纪 90 年代初，随着我国市场经济体制改革的深入，林业生产责任制暴露出来的问题日益显现，各地开始探索林业产权改革的新路子，林权市场化运作不断涌现。这一时期产权制度的变革开始于诱致性制度创新，而后政府加以引导。1995 年 8 月，原国家体改委和原林业部联合下发的《林业经济体制改革总体纲要》中明确指出，要以多种方式有偿流转宜林“四荒地使用权”，要“开辟人工活立木市场，允许通过招标、拍卖、租赁、抵押委托经营等形式，使森林资产变现”。1998 年 8 月第九届全国人大常委会第四次会议修订的《中华人民共和国土地管理法》第九条规定：“国有土地和农民集体所有的土地，可以依法确定给单位或个人使用。”1998 年 7 月 1 日施行的《中华人民共和国森林法》第十五条规定：下列森林、林木、林地使用权可以依法转让，也可以依法作价入股或者作为合资合作造林、经营林木的出资、合作条件，但不能将林地改为非林地：

①用材林、经济林、薪炭林；

②用材林、经济林、薪炭林的林地使用权；

③用材林、经济林、薪炭林的采伐迹地、火烧迹地的林地使用权；

④国务院规定的其他森林、林木和其他林地使用权。

这些条款给林权的市场化运作提供了政策和法律依据，林权的市场化运作变得更活跃了。

①“四荒”拍卖。集体林区的荒山大多归集体所有，过去由于荒山利用可能带来的经济效益没有明确的受益者，没有人真正关心荒山的合理使用，也就没有人投资荒山荒地造

林。即使国家或集体拿出一部分投资，并动员群众投工投劳造林，也是“多年造林不见林”。“四荒”使用权的拍卖，以契约化形式授予经营者土地使用权，把“四荒”开发可能带来的效益与购买者的切身利益直接联系起来，吸引了众多的投资者投资开发荒山，大大加快了绿化荒山的步伐。

②活立木转让。活立木转让主要有两种形式：一是转让林木采伐权。林木所有者按照林木生产安排和市场需求以及年度森林采伐限额指标，确定森林采伐作业现场、进行伐区调查设计并依法办理林木采伐许可证后，根据所要采伐的立木质量和数量，参考当地木材价格，制定采伐立木的招标底价，向社会公布伐区状况和招标事项，公开竞标，中标者获得林木采伐权、木材销售权；二是以培育、经营为目的的林木折价转让，即林木经营者将成熟林或者中幼林转让给单位、个人经营管理。这种形式的转让价格根据林木数量、质量议定，转让期限由双方在合同中约定，可以是一个轮伐期，也可能是其他时间。

③林地使用权流转。林地使用权流转是指在不改变林地所有权和林地用途的前提下，将林地使用权按议定的程序以有偿或无偿的方式，由一方转让给另一方的经济行为。参与流转的对象一般不受行政区域、行业、身份的限制。林地使用权流转实际上是林业联产承包责任制的延伸和发展，是适应社会主义市场经济的需要，中心环节是转换经营机制，以吸引更多的社会资金，促进林业产业化进程，实现森林可持续经营。

总之，这一阶段的产权制度也是所有权与使用权分离，按照集体和林农或者其他经营者之间的合同约定权利义务关系，是一种债权关系。这一时期与林业“三定”时期相比，体现了产权主体多元化和产权界定细分化的过程。

这一阶段，一些省份也出现了林业股份合作制的尝试，即按照“分股不分山、分利不分林”的原则对责任山实行折股联营。产权进一步细分，产权形式出现多元化，呈现产权市场化导向。这个阶段既有诱致性制度变迁，也有强制性制度变迁。

以上各个阶段林权制度改革表明，我国集体林权制度改革曲折变迁的过程，与我国特定的社会历史背景和社会发展进程相吻合。林业产权制度改革是要创立以产权安排为基础，以利益机制为纽带，以政府预知农民参与为标志，以优化资源配置、提高林业效率为目标的新型林业发展模式。改革进行到第五个阶段，我国在明晰林业产权界定、林业产权有效分割、林业产权自由流转和规范交易、林业产权权益保障等方面，制度安排仍不完善，制度供给与需求相比仍旧不足，制度激励的功能仍未有效发挥出来，相关利益主体的林业生产经营管理的积极性尚未充分调动起来，需要进一步探索我国林业产权制度的有效安排。

为建立一套符合我国社会主义市场经济的林业产权制度安排，充分调动相关利益主体的积极性，提高林业经营效率，进一步解放林业生产力。中共中央、国务院在试点的基础上，于 2008 年 6 月 8 日颁布了《关于全面推进集体林权制度改革的意见》，由此把我国集体林权制度改革推入了新的历史阶段。

## 二、林权制度改革及其发展

最新一轮在全国全面铺开的集体林权制度改革始于21世纪初，是在福建等地为解决集体林经营长期普遍存在的林农经营积极性缺乏、森林经营水平低、森林经营效益差等问题而开展的改革探索。我国全面确立的生态文明发展道路对林业提出的在生态建设、林产品供给方面新的历史使命，迫切要求我国林业必须有一个大的转变，林业不仅要满足社会经济可持续发展，提出生态改善的第一需求，还要满足基础林产品供给、促进林区群众增收致富和社会发展的需求。为充分解放林业生产力，更好地满足经济社会可持续发展对林业提出的迫切要求，2003年6月25日，中共中央国务院发布了《关于加快林业发展的决定》，明确指出要通过产权制度改革，破解长期束缚林业生产力的制度约束，其中就集体林权制度改革做出了具体部署："进一步完善林业产权制度。这是调动社会各方面造林积极性，促进林业更好更快发展的重要基础。要依法严格保护林权所有者的财产权，维护其合法权益。对权属明确并已核发林权证的，要切实维护林权证的法律效力；对权属明确尚未核发林权证的，要尽快核发；对权属不清或有争议的，要抓紧明晰或调处，并尽快核发权属证明。""经划定的自留山，由农户长期无偿使用，不得强行收回。自留山上的林木，一律归农户所有。""分包到户的责任山，要保持承包关系稳定。""对目前仍由集体统一经营管理的山林，要区别对待，分类指导，积极探索有效的经营形式。"

国家林业局首先正式确定了福建作为本轮集体林权制度改革的先行试点省份，进行了全面试点，随后试点省份逐步扩大到江西、浙江和辽宁。在全面总结4个试点省份经验的基础上，中共中央国务院于2008年6月8日颁发了《关于全面推进集体林权制度改革的意见》（以下简称《意见》），并于6月22—23日在北京开了新中国成立60年来的首次林业工作会议（以下简称"会议"），全面部署和推进集体林权制度改革。《意见》和"会议"提出了本次林权制度改革的总目标：用5年左右时间，基本完成明晰产权、承包到户的改革任务。在此基础上，通过深化改革、完善政策、健全服务、规范管理，逐步形成集体林业的良性发展机制，实现资源增长、农民增收、生态良好、林区和谐的目标。

1. 集体林权制度改革的基本内容

①明晰产权。在坚持林地集体所有不变的前提下，依法将林地承包经营权和林木所有权通过家庭承包方式落实到本集体经济组织的农户，确立农民作为林地承包经营权人的主体地位。对不宜实行家庭承包经营的林地，依法经本集体经济组织成员同意，可以通过均股、均利等其他方式落实产权。村集体经济组织可保留少量的集体林地，由本集体经济组织依法实行民主经营管理。林地的承包期为70年。承包期届满，可以按照国家有关规定继续承包。已经承包到户或流转的集体林地，符合法律规定、承包或流转合同规范的，要予以维护；承包或流转合同不规范的，要予以完善；不符合法律规定的，要依法纠正。对权属有争议的林地、林木，要依法调处，纠纷解决后再落实经营主体。自留山由农户长

期无偿使用，不得强行收回，不得随意调整。承包方案必须依法经本集体经济组织成员同意。

自然保护区、森林公园、风景名胜区、河道湖泊等管理机构和国有林（农）场、垦殖场等单位经营管理的集体林地、林木，要明晰权属关系，依法维护经营管理区的稳定和林权权利人的合法权益。

②勘界发证。明确承包关系后，要依法进行实地勘界、登记，核发全国统一式样的林权证，做到林权登记内容齐全规范，数据准确无误，图、表、册一致，人、地、证相符。各级林业主管部门应明确专门的林权管理机构，承办同级人民政府交办的林权登记造册、核发证书、档案管理、流转管理、林地承包争议仲裁、林权纠纷调处等工作。

③放活经营权。实行商品林、公益林分类经营管理。依法把立地条件好、采伐和经营利用不会对生态平衡和生物多样性造成危害区域的森林和林木划定为商品林，把生态区位重要或生态脆弱区域的森林和林木划定为公林。对商品林，农民可依法自主决定经营方向和经营模式，生产的木材自主销售；对公益林，在不破坏生态功能的前提下，可依法合理利用林地资源，开发林下种养业，利用森林景观发展森林旅游业等。

④落实处置权。在不改变林地用途的前提下，林地承包经营权人可依法对拥有的林地承包经营权和林木所有权进行转包、出租、转让、入股、抵押或作为出资、合作条件，对其承包的林地、林木可以开发利用。

⑤保障收益权。农户承包经营林地的收益，归农户所有。征收集体所有的林地，要依法足额支付林地补偿费、安置补助费、地上附着物和林木的补偿费等费用，安排被征林地农民的社会保障费用。经政府划定的公益林，已承包到农户的，森林生态效益补偿要落实到户；未承包到农户的，要确定管护主体，明确管护责任，森林生态效益补偿要落实到本集体经济组织的农户。严格禁止乱收费、乱摊派。

⑥落实责任。承包集体林地，要签订书面承包合同，合同中要明确规定并落实承包方、发包方的造林育林、保护管理、森林防火、病虫害防治等责任，促进森林资源可持续经营。基层林业主管部门要加强对承包合同工的规范化管理。深化完善集体林权制度改革的政策措施是：

①完善林木采伐管理机制。编制森林经营方案，改革商品林采伐限额管理，实行林木采伐审批公示制度，简化审批程序，提供便捷服务。严格控制公益林采伐，依法进行抚育和更新性质的采伐，合理控制采伐方式和强度。

②规范林地、林木流转。在依法自愿、有偿的前提下，林地承包经营权人可采取多种方式流转林地经营权和林木所有权。流转期限不得超过承包期的剩余期限，流转后不得改变林地用途。集体统一经营管理的林地经营权和林木所有权的流转，要在本集体经济组织内提前公示，依法经本集体经济组织成员同意，收益应纳入农村集体财务管理，用于本集体经济组织内部成员分配和公益事业。加快林地、林木流转制度建设，建立健全产权交易平台，加强流转管理，依法规范流转，保障公平交易，防止农民失山失地。加强森林资源

资产评估管理，加快建立森林资源资产评估制度，规范评估行为，维护交易各方合法权益。

③建立支持集体林业发展的公共财政制度。各级政府要建立和完善森林生态效益补偿基金制度，按照“谁开发谁保护，谁受益谁补偿”的原则，多渠道筹集公益林补偿基金，逐步提高中央和地方财政对森林生态效益的补偿标准。建立造林、抚育、保护、管理投入补贴制度，对森林防火、病虫害防治、林木良种、沼气建设给予补助，对森林抚育、木本粮油林、生物质能源林、珍贵树种及大径材培育给予扶持。改革育林基金管理办法，逐步降低育林基金征收比例，规范用途，各级政府要将林业部门行政事业经费纳入财政预算。森林防火、病虫害防治以及林业行政执法体系等方面的基础设施建设要纳入各级政府基本建设规划，林区的交通、供水、供电、通信等基础设施要依法纳入相关行业的发展规划，特别是要加大对偏远山区、沙区和少数民族地区林业基础设施的投入。集体林权制度改革工作经费主要由地方财政承担，中央财政给予适当补助。对财政困难的县乡，中央和省级财政要加大转移支付力度。

④推进林业投融资改革。金融机构要开发适合林业特点的信贷产品，拓宽林业融资渠道。加大林业信贷投放，完善林业贷款财政贴息政策，大力发展对林业的小额贷款。完善林业信贷担保方式，健全林权抵押贷款制度。加快建立政策性森林保险制度，提高农户抵御自然灾害的能力。妥善处理农村林业债务。

⑤加强林业社会化服务。扶持发展林业专业合作组织，培育一批辐射面广、带动力强的龙头企业，促进林业规模化、标准化、集约化经营。发展林业专业协会，充分发挥政策咨询信息服务、科技推广、行业自律等作用。引导和规范森林资源资产评估、森林经营方案编制等中介服务健康发展。

2. 集体林权制度改革进展

据 2013 年中国林业发展报告，截至 2012 年，全国 29 个省（自治区、直辖市）已确权集体林地 27.02 亿亩，占各地纳入集体林权制度改革面积的 99.05%，确权发证工作基本完成。全国累计发证面积 2604 亿亩，占已确权林地总面积的 96.37%，发证户数 8981.25 万农户，占涉及林改的总农户数的 60.01%。26 个省（自治区、直辖市）建立了地方森林生态效益补偿基金制度。林权抵押面积累计 5780.49 万亩，贷款金额 792.31 亿元。23 个省（自治区、直辖市）开展了森林保险，投保面积 9.5 亿亩，保费 10.92 亿元。全国成立县级及以上的林权交易服务机构 1186 个，林业专业合作组织 11.15 万个。国家级公益林全部纳入了中央财政森林生态效益补偿范围；17 省（自治区、直辖市）的森林保险纳入中央财政森林保险保费补贴范围；中央财政森林抚育补贴面积 5150.18 万亩；中央财政造林补贴试点省（自治区）扩大到全国，内蒙古、宁夏、甘肃、新疆、青海、陕西、山西等省（自治区）灌木林补助标准提高到 200 元 / 亩。

3. 集体林权改革的制度含义

从两个时期、六个阶段集体林权改革的进程看，林权改革的制度含义包括国家权力对农民私有产权的干预和重构两个方面，初级社至人民公社时期，集体化的过程“不是农民自发运动的产物，更不是农民们基于私产的自愿合约，它是国家权力深入农村社会、全面干预和改造农民私人产权的结果；是在落后的农民中国完成工业化现实积累问题和‘社会主义’追求求解的结合”。人民公社时期 1961 年的“林业 18 条”，以及之后的林业“三定”、市场化改革直至当下的全面改革，本质上则是国家放松对林农的控制，试图通过重构林业的私人财产权以调动林农森林资源经营积极性。这次私人财产权的重构，核心是林木的私人所有权，而通过林地承包经营，也使得林农在一定期限内获得了对林地经营排他性的权利，这种承包经营权也就具有了有期限的私权性质。这就为发挥产权的激励和约束功能，调动广大林农的林业经营积极性奠定了产权基础。进而，通过流转、投融资和专业合作组织培育等方面的深化改革，还可有效调动社会资本投资林业经营，提升集体林业发展的产业化和组织化水平，提高森林资源经营的效率。

但由于林地用途制度、森林资源采伐管理政策、公益林政策以及森林生态效益补偿标准低等现实政策限制，广大林农林地承包经营权、私人所有的林木资产收益权和处置权并不完整，受到了国家基于生态林业建设目标考虑的诸多限制，出现了产权的“残缺”，这就使得林农在承包林地上经济努力的回报和社会收益水平不能实现统一。因此，目前广大林农和社会资本对森林经营的积极性仍然没有得到全面调动，需要通过继续深化改革全面保障广大林农拥有完整的权利，这样才能充分激发广大林农和社会资本投资对经营森林的兴趣。

4. 国有林权制度改革

①国有林产权制度发展。新中国成立以后，把成片的原始林区、官僚资本占有的山林、日伪势力占有的山林以及其他无主权人的山林统一收归国有，国家统一规划建立林业（森林）局、营林局、国有林场和采育场进行管理和经营，进而形成了我国东北（内蒙古）、西北西南及其他国有林区。

国有林产权包括森林资源产权和国有林业企业制度两部分，前者是基础，也是本节讨论的重点。国有林产权制度变迁主要是围绕森林资源的经营管理权和企业管理机制发生的，核心的国有林地、林木所有权和使用权没有发生变化和调整，一直都是国家行政主管部门或者国有林业（森工）企业控制使用；企业机制改革的目标是为了更好调动国有林业企业干部职工的经营积极性，提高企业经营效益，推进国有林业（森工）企业开展可持续经营；除了 2006 年黑龙江伊春林管局对少量国有林木资产进行了流转试点探索，国有林地、林木产权制度没有发生显著的变革。

国有林权围绕森林资源的管理权、经营权和企业制度的改革探索经历了“四权合一”“两权分离”和林区综合改革三个阶段。改革开放以前，我国国有林产权制度是“四权合一”体制，是一种高度集中的计划经济体制，国有森林资源的政府行政管理权、国有森林资源所有者管理权、国有森林资源资产经营权及国有森林资源实体经营权四种权能统一掌握在政府手中，由政府全权支配国有森林资源及国有林业企业产权。伴随着改革开放的进程，国有林产权制度改革也在探索中不断深化，经历了以放权让利、所有权与经营权适当分开和以建立现代企业制度为核心的林区综合改革创新。

②国有林产权制度存在的问题。受国有林区开发建设的历史因素、林区区域经济结构和发展水平、国家林业发展战略和政策以及其他多种因素的影响，国有林权改革仍然没能触及核心的林地、林木所有权问题，国有林业（森工）企业以财产权重构为基础的现代企业制度也没有在林区普遍推开，国有林产权制度仍然存在着一些根本性的问题没能彻底解决。

第一，政资不分。政府的行政管理职能和国有森林资产所有权管理职能两种职能不分。长期以来，我国林业行政管理部门既担负着行政管理职能，又担负着所有权管理职能，致使政府习惯性地用行政管理手段行使国有森林所有权，干预林业经济的运行。

第二，政企不分。政府行政管理职能与国有企业经营管理职能合一，企业成为政府附属物。一方面，由于企业没有生产经营自主权和独立的利益，企业的生产积极性受到了很大的限制；另一方面，政府运用财政力量对国有林业企业的直接和间接补贴，扭曲了林业市场中国有与非国有林业企业的公平竞争关系。

第三，企社不分。国有林业企业除从事林业经营活动外，还负责辖区内一切社会事业，包括公检法、文教卫生、商饮服务等。由于财政预算对这些事业内容支出悬空，实际上是由企业承担了这些社会性支出，致使国有林业企业背负着沉重的社会事业性包袱。20世纪90年代以来，结合国有林业企业现代企业制度改革，一部分林区、林业企业也开始探索剥离企业社会职能的林区综合改革尝试，也就是把企业经营性资产和非经营性的社会事业服务资产分离，分别组建独立的经营实体，事业服务实体纳入地方财政预算或者差额、定额补贴，但由于随后实施的天然林资源工程，以及国有林区地方财政缺乏资金来源等因素限制，这一个改革进程目前仍没能取得全面进展。

第四，产权模糊、责任不清。森林资源归国家所有，企业既代表国家管理森林资源，又具有占有权、使用权，结果造成了森林资源产权主体的虚置，对企业行为监督机制效果低下，企业森林可持续经营目标没有得到充分保障，国有林区普遍出现了资源危机、经济危困的“两危”局面。

③国有林权制度改革的目标。2003年中共中央、国务院《关于加快林业发展的决定》明确指出了未来我国国有林权制度改革的方向和目标：深化重点国有林区和国有林场、苗圃管理体制改革。建立权责利相统一，管资产和管人、管事相结合的森林资源管理体制。按照政企分开的原则，把森林资源管理职能从森工企业中剥离出来，由国有林管理机构代表国家行使，并履行出资人职责，享有所有者权益；把目前由企业承担的社会管理职能逐步分离出来，转由政府承担，使企业真正成为独立的经营主体，参与市场竞争。国有森林企业要按照专业化协作的原则，进行企业重组，妥善分流安置企业富余职工。国务院林业主管部门要会同有关省、自治区、直辖市人民政府和国务院有关部门研究制定具体改革方案报国务院批准后实施。深化国有林场改革，逐步将其分别界定为生态公益型林场和商品经营型林场，对其内部结构和运营机制做出相应调整。生态公益型林场要以保护和培育森

林资源为主要任务，按从事公益事业单位管理，所需资金按行政隶属关系由同级政府承担。

商品经营型林场和国有苗圃要全面推行企业化管理，按市场机制运作，自主经营，自负盈亏，在保护和培育森林资源、发挥生态和社会效益的同时，实行灵活多样的经营形式，积极发展多种经营，最大限度地挖掘生产经营潜力，增强发展活力。切实关心和解决贫困国有林场、苗圃职工生产生活中的困难和问题。加快公有制林业管理体制改革，鼓励打破行政区域界限，按照自愿互利原则，采取联合、兼并、股份制等形式组建跨地区的林场和苗圃联合体，实现规模经营，降低经营成本，提高经济效益。

## 第三节　中国主要林业政策

改革开放以来，中国政府十分重视林业建设，制定了一系列适应中国国情、林情的林业建设政策。其中，最主要的两大政策就是林业分类经营政策及林业重点工程建设。林业分类经营作为我国林业经营体制改革的重大举措，是我国全面建设林业生态体系和产业体系的重要手段，而林业重点工程政策的制定和实施则成为新世纪我国林业建设的主要载体，具有划时代的重要意义。

### 一、林业分类经营政策

20 世纪 80 年代末 90 年代初，得改革开放之利的广东省面对巨大的森林资源供求矛盾和日益增长的环境需要，率先提出了森林分类经营设想，1994 年，出台了《广东省森林保护管理条例》，正式以立法形式将全省森林划分为公益林和商品林两大类。1995 年，林业部颁发了《林业经济体制改革总体纲要》，首次提出了“林业分类经营”的政策思路，推出了以分类经营改革为主题的林业经济体制改革总体方案。1996 年，下发了《关于开展林业分类经营改革试点工作的通知》，全国各省（自治区、直辖市）相继开展了森林分类经营改革试点工作。

1999 年，国家林业局出台了《关于开展全国森林分类区划界定工作的通知》，对森林分类经营提出了具体的可操作原则、方法和步骤。到目前为止，全国各省（自治区、直辖市）已完成了森林分类区划界定工作。

1. 林业分类经营的概念和内涵

林业分类经营，是在社会主义市场经济体制下，根据社会对林业生态效益和经济效益的两大要求，按照对森林多种功能主导利用的不同和森林发挥两种功能所产生的产品的商品属性和非商品属性的不同，相应地把森林划分为了公益林和商品林，并按各自特点和规律运营的一种新型的林业经营体制和发展模式。需要指出的是，这一概念包括了如下内涵：①分类是人为的，分类经营是经营和管理森林的方法，不是目的。②分类经营包括了分类区划和分类管理。分类区划是分类经营的前提，分类管理是分类经营的保障。③分类的依据是森林的经营目的，不是森林的功能。森林功能是森林固有的基本特性，任何森林几乎都具有生态功能和经济功能，只有程度不同而已。森林经营目的是森林经营者有针对性地采取相应的措施，充分发挥森林的某种功能，为经营者提供效益。④区划界定是分类经营的基础。各类森林必须有空间定位。没有空间定位，没有边界和范围的分类是不能落实的，不能落实的分类谈不上分类经营。

2. 林业分类经营的政策措施

公益林建设以生态防护、生物多样性保护、国土安全为经营目的，以最大限度发挥生态效益和社会效益为目标，遵循森林自然演替规律，及其自然群落层结构多样性的特性，采取针阔混交，多树种、多层次、异龄化与合理密度的林分结构。封山育林、飞播造林、人工造林、补植、管护并举，封育结合，乔、灌、草结合，以封山育林、天然更新为主辅以人工促进天然更新。商品林是在国家产业政策指导下，以追求最大经济效益为目标，按市场需要调整产业产品结构，自主经营、自负盈亏。可以依法承包、转让、抵押。商品林建设应以向社会提供木材及林产品为主要经营日的，以追求最大的经济效益为目标，要广泛运用新的经营技术、培育措施和经营模式，实行高投入、高产出、高科技、高效益定向培育、基地化生产、集约化规模经营。以商品林生产为第一基地，延长林产工业和林副产品加工业产业链，构建贸工林一体化商品林业。

公益林和商品林的政策区别主要包括：

①资金投入政策不同。1998 年第二次修改的《中华人民共和国森林法》（以下简称《森林法》）对资金投入政策进行了强化："国家设立森林生态效益补偿基金，用于提供生态效益的防护林和特种用途林的森林资源、林木的营造、抚育、保护和管理。"（第八条第六款）这就将国家对公益林进行补偿的政策法定化。而商品林则主要通过市场投入来取得回报。

②使用权流转政策不同。商品林的森林、林木和林地使用权可以依法转让，也可以依法作价入股或者作为合资、合作造林、经营林木的出资、合作条件，但不得将林地改为非林地。而公益林的森林、林木和林地使用权，除了国务院有特殊规定的以外，是不能流转的。

③采伐政策不同。防护林和特种用途林中的国防林、母树林、环境保护林、风景林，只准进行抚育和更新性质的采伐；特种用途林中的名胜古迹和革命纪念地的林木、自然保护区的森林严禁采伐。显然，公益林采伐分为禁伐、抚育和更新采伐两种类型。

④划分和批准的权限不同。国家重点防护林和特种用途林由国务院林业主管部门提出意见，报国务院批准公布；地方重点防护林和特种用途林由省、自治区、直辖市人民政府林业主管部门提出意见，报本级人民政府批准公布；其他的防护林、用材林、特种用途林以及经济林、薪炭林由县级人民政府林业主管部门根据国家关于林种划分的规定和本级人民政府的部署组织划定，报本级人民政府批准公布。省、自治区、直辖市行政区域内的重

点防护林和特种用途林的面积不得少于本行政区域森林总面积的30%。经批准公布的林种改变为其他林种的，应当报原批准机关批准。

⑤权利人的林权不同。商品林的经营者依法享有经营权、收益权和其他合法权益，公益林的经营者有获得森林生态效益补偿的权利。

⑥征用、占用两类林地的审批权限不同。国家重点工程建设需占用或征用防护林或者特种用途林地面积10公顷以上的，用材林、经济林、薪炭林林地及其采伐迹地面积35公顷以上的，其他林地面积70公顷以上的，由国务院林业主管部门审核；占用或者征用林地面积低于上述规定数量的，由省、自治区、直辖市人民政府林业主管部门审核。占用或者征用重点林区的林地的，由国务院林业主管部门审核。

⑦改变林地用途所承担的法律责任不同。未经批准，擅自将防护林和特种用途林改变为其他林种的，由县级以上人民政府林业主管部门收回经营者所获得的森林生态效益补偿，并处所获取森林生态效益补偿3倍以下的罚款。而对将商品林改为公益林的行为则没有这样的法律责任。

实施分类经营，意味着对于以服务社会目标、生态目标为主的公益林，国家必须通过财政强制性地将社会其他部分投入转移到公共项目上，因为生态和环境资源不是企业资产，而是全社会公共资产，所以保护经营生态公益林，从国家到地方政府各级财政必须对生态公益林经营实行经济补偿，实行有偿使用，使生态公益林能持续不断地为国家、为社会提供最大的生态效益和社会效益，来满足人们对生存环境的需要。而以追求最大经济效益为目标的商品林，经营者在按市场规律进行经营生产的同时，必须服从于环境保护目标。这种服从要具体落实到采伐方式、采伐量等森林经营措施的制定和实施上。生态与环境方面的限制，促使经营者一方面经营木材生产，追求经济效益；另一方面充分利用其他资源以短养长，来弥补由于受生态环境限制而经营商品林中用于生产资金的不足。利用森林资源中除木材以外的其他资源的合理开发，来吸引更多的投资者来经营森林、发展森林，整个森林的系统结构才能保持稳定，才能持续不断地为全社会提供所需的物质和木材，来满足社会对林产品的不断增长需要，实现青山常在，森林永续利用。

所以，实施林业分类经营是社会主义市场经济条件下林业发展中带有全局性的改革，是建立林业生态体系和经济体系的客观要求。它对于深化林业改革，合理调整林业产业和产品结构，科学配置林业生产要素，提高林业生产力、管理水平和林业综合效益，具有十分重要的意义。

## 二、林业重点工程政策

森林是陆地生态系统的主体，森林资源是具有多重功能的多资源复合体。依托森林资源可以生产满足人们需要的多种林产品，同时森林生态系统还发挥着多种生态改善功能，提供着经济社会可持续发展的生态支持功能。因此，林业具有公益事业和基础产业的双重属性。随着一系列全球或区域性生态、环境问题的加剧，保护和发展森林也成了全球性主题，越来越受到国际社会的普遍关注。但由于外部性影响，社会资本缺乏投资生态林业建设的积极性，世界各国生态林业建设多由政府投资，并多以专项工程的形式实施，由此出现了各类林业生态工程。

我国历届政府和领导集体也都充分意识到了林业的生产功能和生态功能。20 世纪 50 年代，毛泽东主席先后两次向全国发出了“绿化祖国”和“实行大地园林化”的号召，周恩来总理做出了“越采越多，越采越好，青山常在，永续利用”的指示；新中国成立初期林业工作的基本方针也是“普遍保护现有森林，并大规模进行造林、育林，以保障农田水利，增加产量。合理伐木、合理利用国家森林资源，保证供应国家建设，特别是工业用材”。但由于新中国成立初期支持国家经济恢复和仍在进行的巩固政权战争对木材资源的需要，林业生产的首要任务是木材生产，因此，直到 20 世纪 70 年代中后期，我国林业建设中“普遍护林、大力造林”的方针并没有得到有效贯彻，林业发展主要以木材生产为中心，森林资源消耗和破坏较为严重。加之国家人口的快速增长，工农业、矿产资源开发、交通、水利建设发展的需求，我国生态环境问题也逐渐显现并日趋严重。“文化大革命”结束后，我国社会经济发展秩序恢复正常，国家经济社会发展对林业的需求除了木材以外，也提出了更多生态改善方面的要求，加之生态学理论、经济社会与环境协调发展理念的兴起，我国林业发展也开始采取木材生产和生态建设并重的方针。国家根据经济社会发展需求和经济力量的增强，逐步投资实施了一系列林业生态建设工程，这些工程被统称为林业重点工程，包括：天然林资源保护工程、退耕还林工程、京津风沙源治理工程、“三北”及长江流域等防护林体系建设工程、野生动植物保护及自然保护区建设工程、重点地区速生丰产用材林基地建设工程。

### （一）天然林资源保护工程

1. 政策背景

1998 年我国特大洪涝灾害以后，针对我国天然林资源过度消耗引起了生态环境恶化的现实，国家果断做出了全面停止长江上游、黄河上中游地区天然林商品性采伐，实施天然林资源保护的重大决策。当年国家林业局火速编制了《天然林资源保护工程实施方案（草案）》，1998—2000 年在工程区进行了试点。2000 年 10 月，国务院正式批准了《长江上游、黄河上中游地区天然林资源保护工程实施方案》和《东北、内蒙古等重点国有林区天然林资源保护工程实施方案》。2000 年 12 月，国家林业局、国家计委、财政部、劳动和社会保障部联合下发了《关于组织实施长江上游黄河上中游地区和东北内蒙古等重点国有林区天然林资源保护工程的通知》（林计发〔2000〕661 号），对工程区各省、自治区、直辖市人民政府提出了加强组织领导、认真编制和严格执行天然林停伐和木材减产计划、加强森林资源管护工作、做好富余职工的分流安置工作、做好省级和县（局）级工程实施方案的编制工作、加强天然林资源保护工程资金监督和管理等六项要求，这标志着天然林资源保护工程全面正式启动。

2. 政策内容

天然林资源保护政策的主要内容包括：

①全面停止天然林的商品性采伐。长江上游、黄河上中游地区天然林资源保护工程区要全面停止对天然林的商品性采伐。东北、内蒙古等重点国有林区天然林资源保护工程区内的禁伐区必须停止一切采伐活动；限伐区必须严格选择采伐作业方式和控制采伐数量。对于工程区人工林（包括速生丰产林）的商品性采伐问题，在国务院批准的全国“十五”期间森林采伐限额内，经国家林业局组织力量充分调查研究，有计划、有步骤地加以解决。

②大力推行个体承包，落实森林资源管护责任制。对于国有林的管护，根据工程区森林分布及地理环境特点，对不同区域和地段，采取不同的方式进行森林管护：对交通不便，人口稠密，林、农交错地区的林地，划分森林管护责任区，实行个体承包，用合同方式确定承包者的责任和义务，明确承包者的权益，实行责权利挂钩的管护经营责任制。对于集体林的管护，凡是群众愿意承包管护，又可以进行林下资源开发利用的，可发包给农民个人管护，国家不再投入；凡无林下资源可以开发利用、群众不愿意无偿承包的，国家给予一定数额的管护费，由群众个人承包或当地村组统一组织管护。在天然林资源保护工程区森林管护经费方面，长江、黄河工程区每人管护 380 公顷，每人每年管护费 1 万元；对于东北内蒙古的专业队管护，每人每年 1 万元；个体承包管护的，每人每年 2000 元。

③妥善解决企业富余人员的分流安置。对下岗进入再就业中心的职工，要与再就业中心签订基本生活保障和再就业协议，协议期限最长不超过 3 年，在 3 年内由再就业中心发放基本生活保障费和代缴医疗、养老、失业社会保险费用。下岗职工基本生活保障标准参照企业所在地省会城市国有企业下岗职工基本生活保障标准确定。对在再就业中心协议期满仍未实现再就业的下岗职工，要解除或终止劳动合同，由企业支付经济补偿金或生活补助费，并按国家有关规定享受失业保险待遇直至纳入最低生活保障范畴。下岗职工一次性安置的基本政策是：对自愿自谋出路的职工，原则上按不高于森工企业所在地企业职工年平均工资收入的 3 倍发放一次性安置费。同时，通过法律公证，解除与企业的劳动关系，不再享受失业保险。对于一次性安置费补助，长江、黄河工程区按职工上年平均工资的 3 倍支付；内蒙古、大兴安岭为每人 24000 元，吉林、黑龙江为每人 22300 元。对下岗职工基本生活保障费补助，长江、黄河工程区按有关省规定的标准补助；东北、内蒙古按不同省份标准补助，吉林为每人每月 208 元，黑龙江为每人每月 256 元，内蒙古、大兴安岭为每人每月 284 元。

④企业职工养老保险社会统筹。将森工企业养老保险纳入所在地的社会统筹，实行省级管理。对离退休人员基本养老金实行社会化发放，退休人员由社区管理，暂无条件纳入社区管理的地方，由森工企业退休职工专门机构负责管理。为了保证森工企业按时足额缴

纳基本养老保险费，对实施天然林资源保护工程后，由于天然林停伐和木材减产，造成森工企业缴费能力下降产生的缺口，采取中央和地方财政补助的方式予以解决。对从事森林管护、社会公共事业及下岗分流的职工，企业承担的基本养老费由中央和地方财政给予补助，并纳入工程实施方案的资金总量中。职工养老保险社会统筹费补助情况是：长江、黄河工程区按在职职工应发工资总额的一定比例予以补助；东北、内蒙古按不同省份标准补助，其中吉林为1450元，黑龙江为1500元，内蒙古为1595元。

⑤对长江上游、黄河上中游地区工程区内宜林荒山荒地造林进行补助，其中封山育林每年每公顷补助210元，连续补助5年；飞播造林每公顷补助50元；人工造林长江上游地区每公顷补助3000元，黄河上中游地区每公顷补助4500元。此外，国家还对工程区的种苗基础建设、科技支撑体系等进行一定的扶持。天然林资源保护工程2010年年底到期后，为维护国家生态安全，有效应对全球气候变化，促进林区经济社会可持续发展，2010年12月29日国务院常务会议决定，2011年至2020年，实施天然林资源保护二期工程，实施范围在原有基础上增加了丹江口库区的11个县（市、区）。力争经过10年努力，新增森林面积7800万亩，森林蓄积净增加11亿立方米，森林碳汇增加4.16亿吨，生态状况与林区民生进一步改善。

### （二）退耕还林工程

1. 政策背景

此项政策主要是为了保护和改善生态环境，将容易造成水土流失的坡耕地和容易出现土地沙化的耕地，有计划、有步骤地停止耕种，因地制宜、适地适树、植树造林，恢复森林植被。该项工程于1999年先行在四川、陕西和甘肃三省启动，国家林业局、国家计委和财政部2000年又联合下发了《关于开展2000年长江上游、黄河上中游地区退耕还林（草）试点示范工作的通知》，将退耕工作扩大到长江、黄河流域13个省（自治区）进行试点。针对试点中出现试点范围过大、工作衔接不够、种苗供需矛盾突出、林种结构不合理、经济林比重偏大、部分地区由于干旱以及管理粗放造成成活率较低等问题，国务院2000年9月10日又出台了《国务院关于进一步做好退耕还林（草）试点工作的若干意见》（国发〔2000〕24号）。为贯彻落实国务院精神，加强对退耕还林（草）工作的管理，有关部门制定了《以粮代赈、退耕还林还草的粮食供应暂行办法》（计粮办〔2000〕241号）、《退耕还林还草试点粮食补助资金财政、财务管理暂行办法》（财建〔2000〕292号），下发了《关于退耕还林还草试点地区农业税政策的通知》（财税〔2000〕103号）。总结实践经验，2002年4月，国务院又下发了《国务院关于进一步完善退耕还林还草政策措施的若干意见》（国发〔2002〕10号）。

2. 政策主要内容

①国家向退耕户无偿提供粮食。每亩退耕地补助粮食（原粮）标准，长江上游地区为150千克，黄河上中游地区为100千克。粮食补助的年限先按经济林补助5年、生态林补

助 8 年计算，到期后可以根据农民实际收入情况，需要补多少年再继续补多少年。补助要按照有关规定直接兑现到农户手中。要保证补助粮食的数量、质量和品种结构。

②国家给退耕户适当的现金补助。考虑农民退耕后医疗、教育等必要的日常开支，国家在一定时期内给农民适当的现金补助。按每亩退耕地每年补助 20 元安排。现金补助的期限与粮食补助期限相同。现金补助以户为单位发放到农民手中。

③国家向退耕户提供种苗补助费。退耕地还林还草和宜林荒山荒地造林种草，由国家提供每亩 50 元的种苗补助费，并直接发放给农民，由农民自行采购种苗。

④对前期工作和科技支撑工作给予补助。退耕还林还草基本建设投资的一定比例由国家给予补助，根据工程情况在年度计划中适当安排。

⑤实行税收优惠。对应税的退耕地，自退耕之年起，对补助粮达到原有收益水平的，国家扣除农业税部分后再将补助粮发放给农民；停止粮食补助时，不再对退耕地征收农业税。进行生态林草建设的，按国家有关税收优惠政策执行。

⑥通过财政转移支付方式，对地方财政减收给予适当补偿。实施退耕还林还草试点的县，其农业税等收入减少部分由中央财政以转移支付的方式给予适当补助。

⑦实行个体承包。按照“谁造林（草）、谁管护、谁受益”的原则，将责权利紧密结合起来，调动农民群众的积极性，使退耕还林还草真正成为农民的自觉行动。农民承包的退耕地和宜林荒山荒地植树造林以后，承包期一律延长到 50 年，允许依法继承、转让，到期后还可以根据有关法律和法规继续承包。

⑧协调政策、统筹安排。实施退耕还林还草的地区，将把退耕还林还草与扶贫开发、农业综合开发、水土保持等政策措施结合起来，对不同渠道的资金，可以统筹安排，综合使用。调整农业支出结构，统筹安排使用支农资金。实施退耕还林还草地区的财政扶持资金可重点用于该地区包括基本农田、小型水利在内的基础设施建设和农牧民科技培训、科技推广，提高缓坡耕地和河川耕地的生产能力，提高农民的科技水平，促进退耕还林还草。

### （三）京津风沙源治理工程

#### 1. 政策背景

京津风沙源治理工程是中共中央、国务院为改善和优化京津及周边地区生态环境状况，减轻风沙危害，紧急启动实施的一项具有重大战略意义的生态建设工程。工程区西起内蒙古的达茂旗，东至河北的平泉市，南起山西的代县，北至内蒙古的东乌珠穆沁旗，东西横跨近 700 千米，南北纵跨近 600 千米，涉及北京、天津、河北、山西及内蒙古 5 省（自治区、直辖市）的 75 个县（旗）。工程区总人口 1958 万人，总面积 45.8 万平方公里，沙化土地面积 10.12 万平方公里。一期工程区分为四个治理区，即北部干旱草原沙化治理区、浑善达克沙地治理区、农牧交错地带沙化土地治理区和燕山丘陵山地水源保护区，治理总任务为 1.5 亿公顷，初步匡算投资 558.6 亿元。工程于 2000 年 6 月启动试点，2001 年全面铺开。工程建设期为 10 年，即 2001—2010 年，分两个阶段进行，2001—2005 年为第一阶段，2006—2010年为第二阶段。

2. 政策主要内容

工程采取以林草植被建设为主的综合治理措施。具体有：林业措施，包括退耕还林394万亩，其中退耕地造林2013万亩，匹配荒山荒地荒沙造林1931万亩；营造林7416万亩，其中，人工造林1962万亩，飞播造林2788万亩，封山育林2666万亩。农业措施，包括人工种草2224万亩，飞播牧草428万亩，围栏封育4190万亩，基本草场建设515万亩，草种基地59万亩，禁牧8527万亩，建暖棚286万平方米，购买饲料机械23100套。水利措施，包括水源工程66059处，节水灌溉47830处，小流域综合治理23445平方公里。生态移民18万人。到2010年，通过植被的保护，封沙育林，飞播造林、人工造林、退耕还林、草地治理等生物措施和小流域综合治理等工程措施，使工程区可治理的沙化土地得到基本治理，生态环境明显好转，风沙天气和沙尘暴天气明显减少，从总体上遏制沙化土地的扩展趋势，使北京周围生态环境得到明显改善。

### （四）“三北”和长江中下流地区等重点防护林体系建设工程

这是中国涵盖面最广、内容最丰富的防护林体系建设工程。具体包括“三北”防护林工程、长江中下游及淮河太湖流域防护林工程、沿海防护林工程、珠江防护林工程、太行山绿化工程和平原绿化工程，主要解决的是“三北”地区的防沙治沙问题和其他区域各自不相同的生态问题。

1. “三北”防护林工程

为了从根本上改变我国西北、华北、东北地区风沙危害和水土流失的状况，1978年11月3日，国家计划委员会批准了国家林业总局《西北、华北、东北防护林体系建设计划任务书》。1978年11月25日，国务院以国发〔1978〕244号文件批准了国家林业总局的《关于在西北、华北、东北风沙危害和水土流失重点地区建设大型防护林的规划》，至此，“三北”防护林工程正式启动实施。

按照总体规划，“三北”防护林工程的建设范围东起黑龙江的宾县，西至新疆的乌孜别里山口，北抵国界线，南沿天津、汾河、渭河、洮河下游、布长汗达山、喀喇昆仑山，东西长4480平方千米，南北宽560 ~ 1460平方千米。地理位置在东经73°26′~ 127°50′，北纬33°30′~ 50°12′。包括陕西、甘肃、宁夏、青海、新疆、山西、河北、北京、天津、内蒙古、辽宁、吉林、黑龙江13个省（自治区、直辖市）的551个县（旗、市、区）。工程建设总面积为4069万平方千米，占全国陆地总面积的42.4%。

“三北”防护林工程规划从1978年开始到2050年结束，历时73年，分三个阶段、八期工程进行建设。1978—2000年为第一阶段，分三期工程：1978—1985年为一期工程，1986—1995年为二期工程，1996—2000年为三期工程。2001—2020年为第二阶段，分两期工程：2001—2010年为四期工程，2011—2020年为五期工程。2021—2050年为第三阶段，分三期工程：2020—2030 年为六期工程，2031—2040 年为七期工程，2041—2050 年为八期工程。

目前，四期工程已经全面完成。工程区涉及“三北”地区的 13 个省、自治区、直辖市的 590 个县（旗、市、区），到 2010 年，在有效保护好工程区内现有 2787 万公顷森林资源的基础上，完成造林 950 万公顷，其中人工造林 630.2 万公顷，封沙（山）育林 193.7 万公顷，飞播造林种草 126.1 万公顷，工程建设区内的森林覆盖率由 8.63% 提高到了 10.47%，净增 1.84 个百分点，建成了一批比较完备的区域性防护林体系，初步遏制了“三北”地区生态恶化的趋势。

2. 长江中下游及淮河太湖流域防护林体系建设工程

日前已完成的二期工程建设范围包括：长江、淮河流域的青海、西藏、甘肃、四川、云南、贵州、重庆、陕西、湖北、湖南、江西、安徽、河南、山东、江苏、浙江、上海 17 个省（自治区、直辖市）的 1305 个县（市、区）。

工程建设思路是以长江为主线，以流域水系为单元，以恢复和增长森林植被为中心，以遏制水土流失、治理沙漠化为重点，以改善生态环境为目标，建立起多林种、多树种相结合，生态结构稳定和功能完备的防护林体系。2001—2010 年二期工程规划造林任务 687.6 万公顷，其中人工造林 313.2 万公顷，封山育林 348.2 万公顷，飞播造林 26.5 万公顷，低效防护林改造 629 万公顷。

3. 沿海防护林体系建设工程

二期工程（2001—2010 年）建设范围包括：辽宁、河北、天津、山东、江苏、上海、浙江、福建、广东、广西、海南 11 个沿海省（自治区、直辖市）的 220 个县（市、区）。规划造林 136 万公顷，其中人工造林 68.3 万公顷，封山育林 61.4 万公顷，飞播造林 6.33 万公顷，低效防护林改造 97.93 万公顷。

工程建设思路是以泥岸盐碱地区和台风登陆频繁地区为重点，突出抓好沿海基干林带建设和滨海山地丘陵水土保持建设，使沿海基干林带全面合拢、珍稀红树林资源得到恢复和发展，形成稳定的防护林体系，满足沿海发达地区生态屏障的需要。

4. 珠江流域防护林体系建设工程

1996 年，一期工程首批启动实施了 13 个县，1998 年国家实施积极的财政政策，加大了珠江流域防护林体系建设工程的资金投入和支持力度，又先后试点启动了 34 个县。到 2000 年，一期工程建设共完成营造林 67.5 万公顷，其中人工造林 23.45 万公顷，飞播造林 2.76 万公顷，封山育林 28.19 万公顷，完成低效防护林改造任务 12.88 万公顷，“四旁”植树 1.7 亿株。

二期工程建设范围包括：江西、湖南、云南、贵州、广西和广东 6 个省（自治区）的 187 个县（市、区）。规划造林 227.87 万公顷，其中人工造林 87.5 万公顷，封山育林 137.2 万公顷，飞播造林 3.1 万公顷，规划低效防护林改造 99.76 万公顷。

5. 太行山绿化工程

二期工程累计完成造林295.2万公顷，其中人工造林164.57万公顷，飞播造林30.63万公顷，封山育林100万公顷。此外，还完成"四旁"植树1.7亿株。工程区森林覆盖率从15.30%提高到了21.58%，增加了6.28个百分点。工程区林草植被覆盖度显著提高，活立木蓄积量增加了3000万立方米。工程区水土流失面积已由治理前的61149平方千米减少到了49214平方千米，使水土流失面积占工程区总面积的比重由50%降到了40%。工程建设促进了当地群众脱贫致富和农村经济增长，太行山区初步形成了林产品资源生产基地，以及与之相对应的原产品加工、包装、储运、销售等第三产业的一条龙服务体系。

二期工程建设范围包括：河北、山西、河南、北京三省一市73个县（市、区）。规划造林1462万公顷，其中人工造林67万公顷，封山育林507万公顷，飞播造林28.5万公顷。规划低效防护林改造45.1万公顷。

6. 平原绿化工程

平原绿化工程的主要目的是促进城乡绿化一体化进程，实现农田林网化、城市园林化、通道林荫化、庭院花果化，建成人与自然相和谐的人居生活环境，发挥对平原农业的防护支持作用，同时也可通过资源培育带动区域林业产业发展。

二期工程建设范围包括：北京、天津、河北、山西、山东、河南、江苏、安徽、陕西、上海、福建、江西、浙江、湖北、湖南、广东、广西、海南、四川、辽宁、吉林、黑龙江、甘肃、内蒙古、宁夏、新疆26个省、自治区、直辖市的944个县（市、旗、区）。规划建设总任务552.1万公顷。其中新建农田防护林带折合面积41.6万公顷，荒滩荒沙荒地绿化294.5万公顷，村屯绿化112.7万公顷，园林化乡镇建设30.4万公顷，改造提高农田林网面积72.9万公顷。

### （五）野生动植物保护及自然保护区建设工程

2001年6月由国家林业局组织编制的《全国野生动植物保护及自然保护区建设工程总体规划》得到了国家计委的正式批准，标志着该项工程的正式启动。工程建设的主要指导思想是促进野生动植物保护事业的健康发展，实现野生动植物资源的良性循环和永续利用，保护生物多样性，为我国国民经济的发展和人类社会的文明进步服务。

工程建设总体目标是要拯救一批国家重点保护野生动植物，扩大、完善和新建一批国家级自然保护区和禁猎区。到建设期末，使我国自然保护区数量达到2500个，总面积1.728亿公顷，占国土面积的18%。形成一个以自然保护区、重要湿地为主体，布局合理、类型齐全、设施先进、管理高效、具有国际重要影响力的自然保护网络。加强科学研究，资源监测，管理机构，法律法规和市场流通体系建设和能力建设，基本上实现野生动植物资源的可持续利用和发展。

### （六）重点地区速生丰产用材林基地建设工程

重点地区速生丰产用材林基地建设工程，是新时期六大林业重点工程之一。2002年7月，国家计委以计农经〔2002〕1037号文批复了《重点地区速生丰产用材林基地建设工程规划》；同年8月1日，国家林业局在北戴河召开了工程启动会，宣布速丰林基地建设工程正式开始实施。

按照国家计委批复的工程规划，根据森林分类区划的原则，在现有速生丰产用材林基地建设的基础上，主要选择在400毫米等雨量线以东，优先安排600毫米等雨量线以东范围内自然条件优越，立地条件好（原则上立地指数在14以上），地势较平缓，不易造成水土流失和对生态环境构成影响的热带与南亚热带的粤桂琼闽地区、北亚热带的长江中下游地区、温带的黄河中下游地区（含淮河、海河流域）和寒温带的东北内蒙古地区，具体建设范围涉及河北、内蒙古、辽宁、吉林、黑龙江、江苏、浙江、安徽、福建、江西、山东、河南、湖南、湖北、广东、广西、海南、云南18个省、自治区的1000个县（市、区）。

工程规划的任务。工程建设总规模为133万公顷。其中，浆纸原料林基地586万公顷人造板原料林基地497万公顷，大径级用材林基地250万公顷。总投资为718亿元人民币。

整个工程建设期为2001—2015年，分两个阶段，共三期实施。第一期2001—2005年，重点建设以南方为重点的工业原料林产业带，建设面积469万公顷；第二期2006—2010年，建设面积达到920万公顷；第三期2011—2015年，共建成速丰林1333公顷，完成南北方速生丰产用材林绿色产业带建设。

根据每公顷年平均生长量15立方米计算，全部基地建成后，每年可提供木材13337万立方米，可支撑木浆生产能力1386万吨、人造板生产能力2150万立方米，提供大径级材1579万立方米。能提供国内生产用材需求量的40%，加上现有森林资源的采伐利用，国内木材供需基本趋于平衡。

## 三、森林资源经营管理相关重要政策

1. 林地利用管理

土地作为基本生产要素之一，可以用于多种用途。土地在林业用途上的使用即为林地在没有政策限制情况下，土地用途会受到社会经济发展环境因素的影响而发生动态变化。我国实行土地用途管理制度，《中华人民共和国土地管理法》（以下简称《土地管理法》）（2004年8月28日第十届全国人民代表大会常务委员会第十一次会议第二次修正）第四条明确规定："国家实行土地用途管制制度。国家编制土地利用总体规划，规定土地用途，将土地分为农用地、建设用地和未利用地。严格限制农用地转为建设用地，控制建设用地总量，对耕地实行特殊保护。前款所称农用地是指直接用于农业生产的土地，包括耕地、林地、草地、农田水利用地、养殖水面等；建设用地是指建造建筑物、构筑物的土地，包括城乡住宅和公共设施用地、工矿用地、交通水利设施用地、旅游用地、军事设施用地等；

未利用地是指农用地和建设用地以外的土地。使用土地的单位和个人必须严格按照土地利用总体规划确定的用途使用土地。”因此，林地更多是一个法律概念，其利用管理受到《土地管理法》和《森林法》等有关法律法规的严格限制。

《中华人民共和国森林法实施条例》（以下简称《森林法实施条例》）（2000 年 1 月 29 日中华人民共和国国务院令第 278 号公布自公布之日起施行）对林地的界定是：“林地包括郁闭度 0.2 以上的乔木林地以及竹林地、灌木林地、疏林地、采伐迹地、火烧迹地、未成林造林地、苗圃地和县级以上人民政府规划的宜林地。”当前我国正在施行的直接有关林地利用管理的法律法规除《森林法》及《森林法实施条例》外，还有《占用征收征用林地审核审批管理办法》（2001 年 1 月 4 日国家林业局令第 2 号公布自公布之日起施行）、《林木和林地权属登记管理办法》（2000 年 12 月 31 日国家林业局令第 1 号公布自公布之日起施行）、《林木林地权属争议处理办法》（1996 年 10 月 14 日林业部令第 10 号公布自公布之日起施行）。这些法律法规规定关于林地利用管理的主要方面包括：

①林地权属登记。《森林法实施条例》第四条规定，依法使用国家所有林地的单位和个人必须依法申请权属登记，其中使用国务院确定的国家所有的重点林区（以下简称重点林区）林地的单位，应当向国务院林业主管部门提出登记申请，由国务院林业主管部门登记造册，核发证书，确认林地使用权以及由使用者所有的林木所有权；使用国家所有的跨行政区域的林地的单位和个人，应当向共同的上一级人民政府林业主管部门提出登记申请，由该人民政府登记造册，核发证书，确认林地使用权以及由使用者所有的林木所有权；使用国家所有的其他林地的单位和个人，应当向县级以上地方人民政府林业主管部门提出登记申请，由县级以上地方人民政府登记造册，核发证书，确认林地使用权以及由使用者所有的林木所有权。

集体林地权属登记管理，《森林法实施条例》第五规定：集体所有的林地，由所有者向所在地的县级人民政府林业主管部门提出登记申请，由该县级人民政府登记造册，核发证书，确认所有权。使用集体所有的林地的单位和个人，应当向所在地的县级人民政府林业主管部门提出登记申请，由该县级人民政府登记造册，核发证书，确认林地使用权。

②林地征用占用审核审批管理。按照《土地管理法》有关规定，林地必须按照土地利用总体规划确定的区域和用途使用，严禁非法转换林地用途，如确需转用，必须依法审核审批。《森林法实施条例》第十六、十七和十八条具体规定了征用占用林地的许可事项、申请审批程序、数量限制、收费标准、征用占用林地立木采伐管理、临时占用林地和森林经营单位在所经营的林地范围内修筑直接为林业生产服务的工程设施需要占用林地的事项及审批手续等。

③权属争议处理。林地权属争议是指因森林、林木、林地所有权或者使用权的归属而产生的争议。处理林地的所有权或者使用权争议，主要适用《林木林地权属争议处理办法》。该办法详细规定了争议处罚的机关、依据和程序。

2. 植树造林

关于植树造林、培育森林的法律规范及政策很多，主要包括：

①种子、种苗许可检疫政策。国家鼓励、支持单位和个人从事良种的选育和开发；主要林木品种在推广应用前要通过国家级或省级审定，审定后要公告；应当审定的品种未经审定通过的，不得发布广告，不得经营、推广。

主要林木的商品种子生产实行许可制度。符合条件的申请单位由县级林业主管部门审核，省级林业主管部门发放许可证。生产者按许可证规定的品种、地点以及规定的生产技术和检验检疫程序进行生产。

种子经营实行许可制度。种子经营者必须先取得种子经营许可证后，方可凭种子经营许可证向工商行政主管机关申请办理或者变更营业执照。农民个人自繁自用的常规种子除外。

林业主管部门规定林木种苗的检疫对象，划定疫区的保护区，对林木种苗进行检疫。省、自治区、直辖市可规定木地补充检疫对象，报国务院林业主管部门备案。凡是种子、苗木和其他繁殖材料，不论是否列入应实施检疫的植物及其制品名单，在调运前都必须经过检疫。

②义务植树。1981 年 12 月 13 日，五届全国人大四次会议做出了《关于开展全民义务植树运动的决议》，规定凡是条件具备的地方，年满 11 岁的公民，除老弱病残外，都要每人每年义务植树 3 ~ 5 棵，或者完成相应劳动量的育苗、管护和其他绿化任务。国务院随后又制定了《关于开展全国义务植树运动的实施办法》，要求县级以上各级人民政府均应成立绿化委员会，统一领导本地区的义务植树运动和整个造林绿化工作。各级绿化委员会由当地政府的主要领导同志及有关部门和人民团体的负责同志组成，委员会办公室设在同级人民政府的林业主管部门。各级绿化委员会组织和推动本地区各部门各单位有计划、有步骤地开展植树运动。

③部门单位造林绿化责任制。铁路公路两旁、江河两侧、湖泊水库周围，由各有关主管部门因地制宜地组织造林；工矿区、机关、学校用地，部队营区以及农场、牧场、渔场经营地区，由各单位负责造林。国家对造林绿化实行部门和单位负责制，规定了各类造林任务的责任单位。对未按县级人民政府下达的责任通知书要求完成植树造林的，处造林费用 2 倍以下的罚款，对主要责任人给予行政处分。

3. 森林资源采伐

我国森林资源采伐实施限额管理制度。《森林法》第二十九条明确规定：国家根据用材林的消耗量低于生长量的原则，严格控制森林年采伐量。国家所有的森林和林木以国有林业企业事业单位、农场、厂矿为单位，集体所有的森林和林木、个人所有的林木以县为单位，制定年采伐限额，由省、自治区、直辖市林业主管部门汇总，经同级人民政府审核后，报国务院批准。

采伐限额一般按五年周期进行编制，主要是总量控制；然后依据限额编制年度木材生产计划，具体实施采伐时根据年度生产计划数执行。《森林法》对采伐方式、采伐后的更新造林，不同林种的采伐要求也给予了明确规定。

单位和个人实施采伐前还要先申请采伐许可证，并按许可证的规定进行采伐；农村居民采伐自留地和房前屋后个人所有的零星林木除外。国有林业企业事业单位、机关、团体、部队、学校和其他国有企业事业单位采伐林木，由所在地县级以上林业主管部门依照有关规定审核发放采伐许可证。铁路、公路的护路林和城镇林木的更新采伐，由有关主管部门依照有关规定审核发放采伐许可证。农村集体经济组织采伐林木，由县级林业主管部门依照有关规定审核发放采伐许可证。农村居民采伐自留山和个人承包集体的林木，由县级林业主管部门或者其委托的乡、镇人民政府依照有关规定审核发放采伐许可证。采伐以生产竹材为主要目的的竹林，适用以上各款规定。

4. 木材经营、加工管理

从林区运出木材，必须持有林业主管部门发给的运输证件。依法取得采伐许可证，按照许可证规定采伐的木材，从林区运出时，林业主管部门应当发给运输证件。经省、自治区、直辖市人民政府批准，可以在林区设立木材检查站，负责检查木材运输。对未取得运输证件或者物资主管部门发给的调拨通知书运输木材的，木材检查站有权制止。在林区非法收购明知盗伐、滥伐林木的，由林业主管部门责令停止违法行为，没收违法收购的盗伐、滥伐的林木或者变卖所得，并处违法收购林木的价款 1 倍以上 3 倍以下的罚款；构成犯罪的，依法追究刑事责任。在林区经营（含加工）材，必须经县级以上人民政府林业主管部门批准。

5. 野生动植物资源保护管理

野生动植物资源是森林资源的有机组成部分，是森林自然生态系统的重要组成环节，对生态平衡和生物多样性保存具有重要作用。我国高度重视野生动植物资源及其多样性保护，除了在《森林法》中做出了原则性保护要求，还陆续出台了一系列专门法律法规进步规范，同时加入了有关的国际公约，如《中华人民共和国野生动物保护法》《陆生野生动物保护实施条例》《中华人民共和国野生植物保护条例》《中华人民共和国自然保护区条例》《森林和野生动物类型自然保护区管理办法》《中华人民共和国濒危野生动植物进出口管理条例》等。以上及其他各类法律法规涉及野生动植物资源保护管理的方面包括国家一级保护陆生野生动物特许猎捕证核发，出售、收购、利用国家一级保护陆生野生动物或其产品审批，出口国家重点保护陆生野生动物或其产品审批，进出口国际公约限制进出口的陆生野生动物或其产品审批，外国人对国家重点保护野生动物进行野外考察、标本采集或在野外拍摄电影、录像审批，国家级保护野生动物驯养繁殖许可证核发，外来陆生野生动物物种野外放生审批，科研教学单位对国家一级保护野生动物进行野外考察、科学研究审批，采集国家一级保护野生植物审批，进出口中国参加的国际公约限制进出口野生植物审批，出口国家重点保护野生植物审批，出口珍贵树木或其制品、衍生物审批，引进陆生野生动物外来物种种类及数量审批，在林业系统国家级自然保护区、实验区开展生态旅游方案审批，在林业系统国家级自然保护区建立机构和修筑设施审批等一系列行政许可事项。

此外，《中华人民共和国刑法》中也有专门界定涉及野生动植物违法犯罪行为及量刑准则的条款，全国人大常委会又根据执法情况对《中华人民共和国刑法》中涉及野生动植物的违法犯罪出台了专门司法解释。

# 第三章 森林资源及其价值评价

森林资源是地球上最重要的资源之一，是生物多样性的基础，森林资源不仅能够为生产、生活提供多种宝贵的木材和原材料，还能够为人类经济生活提供多种食品，更重要的是森林能够调节气候，保持水土，防止和减轻旱涝、风沙、冰雹等自然灾害，净化空气，消除噪声等，同时森林还是天然的动物园和植物园，为各种飞禽走兽和林木提供了休养生息的场所。认真研究和利用森林资源，有利于其综合价值的提高和资源的可持续发展。

## 第一节 森林资源及其特征

### 一、森林资源的含义及分类

1. 森林资源的含义

森林资源作为陆地生态的主体，它是自然界中功能最完善的基因库、资源库和蓄水库等，对改善环境、维护生态平衡起着决定性的作用；森林资源因提供木材、非木材林产品，为人类生产生活提供了物质基础，发挥着重要的经济功能；同时，森林可以更新，属于可再生的自然资源，是一种潜在的“绿色能源”。

《森林法实施条例》规定：森林资源，包括森林、林木、林地以及依托森林、林木、林地生存的野生动物、植物和微生物。森林，包括乔木林和竹林。林木，包括树木和竹子。林地，包括郁闭度 0.2 以上的乔木林地以及竹林地、灌木林地、疏林地、采伐迹地、火烧迹地、未成材造林地、苗圃地和县级以上人民政府规划的林地。由此可知，森林资源是包括林区野生动物和植物资源在内的一个生物生态系统。随着人们对环境问题的关注，森林生态服务被纳入了森林资源的范畴。因此，广义的森林资源被定义为：森林资源是以多年生乔木为主体，包括以森林资源环境为条件的林地及动物、植物、微生物等及其生态服务，具有一定生物结构和地段类型并形成了特有的生态环境的总称。从狭义上讲，森林资源仅指以乔木为主体的森林植物的总称。

2. 森林资源的分类

①按起源划分。根据森林资源的起源不同，可将其分为天然林资源、人工林资源、人工天然林资源、天然次生林资源四类。在数量上，我国森林资源以人工天然林资源、天然

次生林资源居多。

②按物质结构层次划分。从森林资源的物质结构层次来划分，可把森林资源分为林地资源、林木资源、林区野生植物资源、林区野生动物资源、林区微生物资源和森林环境资源六类。

③按经营目的划分。《森林法》第四条规定，森林分为以下五类。

防护林：以防护为主要目的的森林、林木和滋水丛，包括水源涵养林，水土保持林，防风固沙林，农田、牧场防护林，护岸林，护路林。

用材林：以生产木材为主要目的的森林和林木，包括以生产竹材为主要目的的竹林。

经济林：以生产果品，食用油料、饮料、调料，工业原料和药材等为主要目的的林木。

薪炭林：以生产燃料为主要目的的林木。

特种用途林：以国防、环境保护、科学实验等为主要目的的森林和林木，包括国防林、实验林、母树林、环境保护林、风景林，名胜古迹和革命纪念地的林木，自然保护区的森林。

## 二、森林资源的特征

系统地认识森林资源的特征，是研究森林资源理论、促进森林资源监督管理以及客观评价森林资源的理论基础。森林资源具有以下几个方面的特征：

1. 森林资源可构成独立的生态系统

在森林资源内部，森林生物资源之间、森林土地资源之间、森林与环境之间表现出来的既相互依存又相互竞争的关系，彼此形成完整的陆地森林生态系统。例如，在“坡地—草本植物—杜鹃—落叶松森林”的生态系统中，生产者为草本植物、杜鹃、落叶松，消费者为雪兔、驯鹿、啄木鸟、鹰，分解者为细菌，雪兔食草，驯鹿以草或下木的嫩叶为食，其排泄物大部分由植物吸收，另一小部分由细菌分解，而其尸体则由细菌分解转换成肥料，由草本植物、杜鹃、落叶松吸收，由此看来它们之间是相互依存，缺一不可的。

如果在单位林地上所生产的草、树木的嫩叶不能满足雪兔和驯鹿所食用，则它们之间就会产生生存竞争，优胜劣汰，最终生态系统趋于平衡。因此森林资源可构成独立的生态系统。

2. 森林资源具有可再生性

森林资源与石油、煤矿、天然气以及其他矿藏资源不同，它是具有生命的资源，通过森林资源内部各个组成部分的物质运动，能量转换以及生物种族的繁衍，森林资源物种不断更新、生物的多样性不断发展、森林资源的面积不断扩大，其质量不断提高，真正实现了森林资源的永续利用和可持续发展。由于森林资源内部各个组成部分的性质、结构、生长发育规律不同，其再生周期有很大的差异，形成了长短不一、错落有序的再生周期序列（森林从生长、发育到成熟过程所经历的时间长短，按物种年龄大小进行的排序）。例如，林木的再生周期最长，野生动物的再生周期较短，而草本植物的再生周期更短。而且不同树种、不同地区、不同立地条件、不同气候条件的林木其再生周期也大不相同。例如，我国的针叶林比阔叶林的生长周期长，寒温带针叶林区比热带雨林区的生长周期长，立地条件较差的比立地条件较好的生长周期长。

3. 森林资源分布广泛

地球这个大系统内部，由于地理位置差异，形成了不同的气候带，经过长期的自然选择，形成了形态各异的自然生态系统。就我国而言，北起大兴安岭，南至海南省；东起台湾地区，西至喜马拉雅山，从低纬度山区到海拔 4200 ~ 4300 米的高峰均分布着森林资源。形成了具有明显地域特征的东北林区（总面积约 60 万公顷，占全国土地面积的 6.3%）、西南高山林区（总面积 94 万公顷，占全国土地面积的 9.8%）、南方低山丘陵林区（总面积 113.5 万公顷，占全国土地面积的 11.8%）和西北山地林区（总面积 8.77 万公顷，占全国土地面积的 0.9%）。在这些林区内，生长着从寒带到热带的各种气候带特征性森林资源。

4. 森林资源具有稳定性

任何一个平衡的生态系统内部都在进行有规律的物质运动和能量转换，从面积累了丰富的有机物和无机物，随着食物链能级的转化，生产者、消费者和分解者之间连接成了一条互通有无的网络，促使生态系统稳定地发挥着正常的生态功能，表现出了森林资源的稳定性。

5. 森林资源生产能力较强

森林通过光合作用，其生产力每年每平方米能形成 2 ~ 8 克（有机物干重）的有机物质。每年的净生长量（干物质的积累）约占全球的一半。如果从陆地生态系统现存的生物量来看，由于经历了上万年的积累，其生物总量约占陆地生物量的 90%。森林每公顷的生物量平均为 100 ~ 400 吨，相当于农田和草原的 20 ~ 100 倍。这就说明森林具有较高的生产能力。

6. 森林资源综合效益显著

森林资源效益也称森林效益，是指森林资源的物质生产总量储备以及对周围环境的影响所表现出来的价值，它包括经济效益、生态效益和社会效益三个方面。经济效益是指人类经营森林而获得的产品（含水材和其他林副产品），并纳入现行货币计量体系，可以直接在市场上进行交换而获得的一切利益。例如，林木的树干为社会提供了木材和薪炭燃烧的能源；林木的种子用来榨油，还可直接食用，林木的干、枝和叶可提取食用的淀粉、维生素、糖类等；林副产品还可提供食用菌类、野果和木耳等；森林动物可提供肉、皮、毛、骨、蛋、角等；还提供了原料和制药原料等。生态效益在是指人类经营森林过程中，对人类生存的环境系统在有序结构维持和动态平衡方面所输出的效益。通过调节和改善森林资源及其周围的环境，可获得促进生物生长发育、繁衍后代的效益。社会效益是指森林资源促进人类身心健康、人类社会结构的发展和人类生存精神文明状态提高的效益。社会效益主要包括：改善水质、净化空气、减弱噪声、美化环境等。

## 第二节　林地资源经济评价

林地资源是国土资源不可分割的组成部分，是森林资源的重要组成部分，更是人类社会赖以生存和发展的宝贵资源。林地的质量及其经济价值的计量将直接影响着森林资源系统中其他资源要素的产出和经济评价。

### 一、林地资源的经济属性

林地是生长林木的物质基础，其经济属性包括以下几个方面：

1. 林地资源的生产性

以林地资源为物质基础，可以生产人类社会生产、生活所需要的林木，产品及各种林副产品。其生产性的表现形式为林地生产力。林地生产力按其性质可分为自然生产力（自然形成的）和劳动生产力（人工施加影响的）两个方面。自然生产力：即林地质量，是林地资源本身的性质。不同质量的林地，其光、热、水、气、营养元素的含量及组合不同，适应不同的林木生长和形成不同的林木产量。劳动生产力是指人类生产的技术水平对林地限制条件的克服、改造的能力，林地利用的集约程度以及林地地理位置的优劣对林业生产的影响。这两个方面的因素共同决定了林地资源的利用水平和利用的经济效果。随着科学技术的进步，林地生产力可以不断提高。

2. 林地资源的有限性

林地资源在平面空间上是有限的。虽然林地生产力和林地市场价格可以成倍提高，但在水平面上林地却不能任意扩张。林地资源数量由地球表面可用于培育林木资源的土地面积所限制，人们不能在这些土地之外创造出新的林地。相反，由于森林资源的不合理利用和生产、建设上的征用、占用林地以及自然灾害等原因，林地资源会日趋减少。林地资源的有限性要求人们要珍惜林地，保护好现有的林地资源，充分合理地利用林地，提高林地利用率和林地生产力。

3. 地域性和不可替代性

地域性也称区位的不可移动性，指任何一块林地都有固定的地理位置，不能搬迁，无法移动，各自按照纬度、经度和海拔高度占据着特定的空间位置。林地区位的不同和交通条件的差别，造成了林地位置的优劣，加之林地在肥沃程度上的差异，决定了林地等级，形成了级差林地生产力。

林地资源作为培育林木的生产要素又是不可替代的，其他任何要素都不能代替林地在林业生产中的作用。近年来，随着科技的进步，虽然工厂化育苗替代了一定的林地，但与林地资源相比，可以忽略不计。林地是森林赖以存在的条件，没有林地，就没有森林，也就没有地球表团生物间的生态平衡和自然界的和谐发展。因此，对于人类社会来说，林地又是不可缺少的资源。

4. 开发利用的可选择性

林地虽有固定的空间位置，人类只能在其所处的地域内加以利用，但对林地的使用是可以选择的，表现为：①同样的用途可选择不同区位的地块。例如，营造杉木用材林，只要具有适于杉木生长的立地条件和气候条件的地块都是选择对象。这些地块的选择在一定区域内有较大灵活性。②同一块林地具有用于多种用途的选择。例如，有的林地由于区位的原因不能用于营造落叶松，但却适于马尾松生长；有的林地由于土质原因不适于栽植杉木，但却适于营造其他树种；有的林地适于多种树木生长，这就要求在利用过程中，要根据适应性、经营目的和经济效果等因素综合考虑，选择最佳用途。

5. 生产经营的排他性

林地资源有多种用途。但当选择一种用途后，就必须放弃其他用途。例如，一块林地既可用来营造杉木，也可用来营造柏木或马尾松。当这块林地用于营造其中某一种树种时，就意味着放弃了对另外两种树种的营造。这种由于选择某一方案而放弃另一方案所丧失的利益价值就成了机会成本。以上面讲的林地为例，假设在相同的经营周期内，投入等量的物化劳动与活劳动，若用于营造杉木林，可生产木材 1000 立方米，价值 70 万元；用于营造柏木林，可生产木材 700 立方米，价值 50 万元；用于营造马尾松林，可生产木材 800 立方米，价值 60 万元，则这块林地用于营造柏木林以及生产 700 立方米柏木商品材的机会成本是 1000 立方米杉木或 70 万元，用于营造杉木林以及生产 1000 立方米杉木商品材的机会成本是 800 立方米马尾松或 60 万元，用于营造马尾松林以及生产 800 立方米马尾松商品材的机会成本是 1000 立方米杉木或 70 万元。由于林业生产的周期长，经营风险性大，因此在使用林地资源时，应综合考虑各方面因素，尽量选择适合自己的经营方案。

6. 使用效益的多样性

与森林资源相似，林地资源的利用，不仅能为社会提供木材、竹材及其他多种林特产品，直接获得经济效益，同时还能为社会提供保持水土、涵养水源、防风固沙、净化空气、美化环境、维护生态平衡等多种非物质产品，产生间接的公益效益。研究资料表明，每公顷有林地比无林地至少能多蓄水 300 立方米，34 公顷森林所含的水量相当于一个容量为 100 万立方米的小组水库；有林地每公顷的泥沙流失量比无林地少 97% 以上；一公顷阔叶林在生长季节，每天能吸收一吨二氧化碳，放出 730 千克氧气；一公顷云杉每年可阻挡吸附浮尘 32 吨；40 米宽的林带可降低噪声 8 ～ 10 分贝。林地利用产生的防护效益在一定程度上对农业的稳产高产起到了保障作用，如森林防风固沙，可以保护农田免遭风沙的侵袭，林地涵养水源减少地表径流，可以增加农田的灌溉水源和减少洪水对农田的危害。林地利用的美化环境效益，为人们提供了较好的户外娱乐去处和必要的旅游场地。同时，利用林地培育林木资源，还为野生动物提供了生存环境，为其他生物资源的发展和保护提供了有利条件，对保存和繁殖野生物种、保护生物多样性具有重要作用。

林地利用具有多种效益。在经营林地资源时，不能单纯追求某一种效益，而必须高度重视为满足社会的多种需要，综合发挥其多种效益。但是公益效益具有外部经济性，林地经营者一般不能直接从受益者那里得到相应的收入，这一特性要求从其他渠道给予林地经营者社会补偿，如国家扶持、社会资助等。在进行林地资源的经济评价时，应视其主要用途评定其经济效益，同时兼顾其他多种效益价值。

## 二、林地资源经济评价的主要理论

林地资源的经济评价就是对某一特定区域内林地资源在某种用途或特定利用方式下的性能进行质量评价。进行林地资源的评价有助于林地资源的合理开发和改良，可以为林业区划提供依据，分析林地利用过程中的投入和产出的效益，以此为依据评估林地利用的优劣等。

1. 级差地租理论

英国古典政治经济学创始人威廉·配第，最先提出了级差地租的概念。他看到维持伦敦或某军队所需的谷物，有的是从距离 40 英里的产地运来的，有的是从距离 1 英里的产地运来的，后者因少付 39 英里的运输费用，便可使谷物生产者获得高于其自然价格的收入，于是他从土地位置的差别上提出了级差地租的概念。亚当·斯密又从土地肥沃程度的不同，进一步论述了级差地租产生的自然条件。他认为，土地、劳动和资本这三种生产要素是相互依赖不可分开的，这三种要素共同创造了新产品的价值。正因为新产品的价值是三种要素共同作用的结果，因此土地所有者应获得地租，地租即为土地的价值。J. 安德森在 1777 年出版的《谷物法本质的研究：关于为苏格兰提出的新谷物法案》一书中，论述了级差地租理论的基本特征，成为级差地租理论的真正创始人。李嘉图依据他的劳动价值原理来研究地租问题，把级差地租理论同劳动价值理论直接地联系起来。马克思对其前人的级差地租理论进行了全面的分析，结合西欧各国，主要是英国 200 年来资本主义制度下级差地租的实际，在批判继承的基础上，科学地全面阐明并确立了资本主义级差地租的理论体系。地租是土地所有权在经济上的实现形式，是土地的使用者为了使用土地本身而支付给土地所有者的超过平均利润以上的那部分价值。地租主要由绝对地租和级差地租两部分构成。级差地租是指经营较优土地所得的，并归土地所有者占有的那一部分超额利润，级差地租形成的前提是土地资源的有限性。绝对地租是土地因有偿使用而支付的最起码或最低界限的价值牺牲，也是土地使用费的最低限，绝对地租量由劣等土地支付的地租量来确定。

2. 生物量评价模型

林地生产力的高低主要是由影响林地自然生产力的生物环境条件和相对稳定的土壤因素来决定的。可以通过测定林地生物量来对林地生产力进行评价。单位面积林地的生物产品数量一般指林木蓄积或重量（林木产量）。林木产量与林地生产力的影响因子之间存在着必然的、稳定的相关关系，用公式表示为

$$P = f(Q)$$

式中：$P$ 为林地生产力；$Q$ 为林木产量。

在该模型中，若单位面积上环境条件（气候因子、土壤质地等）优越，林木生长迅速，林木生物产量高，由此评定林地生产力强；反之，则弱。

3. 纯收入评价模型

我国林地资源类型多样，林地用途具有广泛选择性，不同类型的林地，适宜生长的树种各异；同一块林地，可以适于不同种类的林木生长。若用林木产量鉴定林地生产力的高低，那么不同树种之间的林木产量则无法进行比较，也就是说，如评价的林地之间经营的树种不同，即使它们的产量相同，也不能说明它们具有同等的生产力；产量不同，也不能说明它们的生产力就不相等。例如，有环境条件相似和质量等级相同的两块林地，它们的自然生产力基本相等，若甲地种植杉木，乙地种植马尾松，在消耗等量的活劳动和物化劳动的情况下，甲地产杉木 380 立方米 / 公顷，乙地产马尾松 290 立方米 / 公顷。显而易见，不能用这两个产量来说明这两块林地的生产力是不同的。因为不同种类的树木，其生长特性不一样。

即使自然生产力相等的林地，经营同一树种，若经营的集约水平不同，即单位面积消耗的劳动量不同，也将会获得不同的林木产量。在实际生产中，常常会出现这样的情况，某树种生长快、产量高，但经济价值低，另一树种则相反，生长慢、产量低，而价值高，经营者在进行树种选择时很可能会选择后者，而不是前者。因此，进行林地生产力评价，除采用木材产量指标外，还需用单位面积总产值和纯收入指标。

一般来说，任何经营成果都可用货币单位来衡量，货币价值越高，经营成果越大。数学模型表示为

$$P = f(I)$$

式中：$P$ 为林地生产力；$I$ 为单位面积纯收入。

一般而言，单位面积纯收入越高，林地生产力就越大。但是，由于影响林木产品价格的因素很多，除其本身的价值外，还有供求关系、国家的经济政策等，因此，确认林地生产力时，要进行综合考虑，特别是在评价、比较不同地区林地的生产力时，要着重考虑地区差价的影响。

## 第三节　森林资源社会生态效益经济评价

开展森林生态效益评价的研究不仅是为了改变人们对森林生态功能的认识，重视森林生态功能，还对资源合理配置，为我国产业政策决策提供理论指导，实现林业补偿有着重要的意义。

### 一、森林资源生态效益的内涵

森林资源生态效益是指森林具有的生态效用性总和，是森林涵养水源、水土保持、防风固沙、固碳持氧、净化大气、消除噪声、减轻水旱灾、保护野生生物、增加旅游效益等方面的价值体现。生态系统给人类提供了各种效益，包括供给功能、调节功能、文化功能以及支持功能。供给功能是指生态系统为人类提供各种产品如食物、燃料、纤维、洁净水，以及生物遗传资源等的效益；调节功能是指生态系统为人类提供诸如维持空气质量、调节气候、控制侵蚀、控制人类疾病，以及净化水源等调节性效益；文化功能是指通过丰富精神生活、发展认知、休闲娱乐，以及美学欣赏等方式而使人类从生态系统获得的非物质效益；支持功能是指生态系统生产和支撑其他服务功能的基础功能，如初级生产、创造氧气和形成土壤等。

### 二、森林资源生态效益评价的理论依据

森林资源生态效益的评价是森林效能在特定的社会条件下，可能给社会带来的效益，是一定森林所能产生生态效果的货币表现。森林资源生态效益评价的理论包括：

1. 森林资源协同发展理论

森林资源是生态、经济、社会三个子系统的综合体。系统论科学告诉我们，一个系统某些部分或子系统的最优不等于系统整体功能的最优，一个生态经济社会系统的三种效益——生态效益、经济效益、社会效益在经营过程中一般不可能同时取得最佳发挥，必须综合平衡，或有所侧重，才有可能达到整体效益的最佳和协调。因此，整个系统的最优化，不是三个系统的分别最优化，也不是三个系统的简单叠加，而是三个系统的耦合。整个系统的协同运行以三个子系统的组合为基础，在不断变化和组合的过程中，每个系统都要从整体优化协调的目标出发，不断调整自身与其他系统的关系。最终实现 1+1 ＞ 2 的协同发展思想。

2. 森林资源资产化管理理论

森林、资源、资产化管理就是指将森林资源转化为资产，对其运营按经济规律进行管理的过程。也就是说将森林资源资产纳入固有资产管理体系，按照科学的原则和经济规律进行产权管理，使国家和其他所有者对森林资源的所有权在经济上真正得以体现，并确保国有森林资源资产的保值增值。只有明确森林资源是资产，并且明确解决森林资源资产产权关系，改变过去那种森林资源、无偿占有和无偿使用制度，运用经济手段，才能恢复和发展森林资源产业自身的“造血机能”，才能从根本上建立起抑制森林资源日趋耗竭的内在机制。

3. 森林资源的公共性理论

森林生态资源的公共性又称为非排他性和非竞争性。森林资源的非排他性是指“它一旦被生产出来，生产者就无法决定谁来得到它”，或者说森林资源作为公共物品一旦被生产出来，生产者就无法排斥那些不为此物品付费的人，或者排他的成本太高以致排他成为不可能的事情。森林资源资产的非竞争性是指森林资源作为公共物品消费的非竞争性，即对森林生态资源“每个人对该产品的消费不会造成其他人消费的减少”。共同而又互不排斥地使用森林资源这种公共物品有时是可能的，但由于“先下手为强”式的使用而不考虑选择的公正性和整个社会的意愿，一些森林生态资源如清洁空气、悦人的景观正在变得日益稀缺。结局可能是所有的人无节制地争夺有限的森林生态资源。英国学者哈丁在 1968 年指出了这种争夺的最终结果：如果一个牧民在他的畜群中增加一头牲畜，在公地上放牧，那么他所得到的全部直接利益实际上要减去由于公地必须负担多吃一口所造成整个放牧质量的损失。但是这个牧民不会感到这种损失，因为这一项负担被使用公地的每一个牧民分担了。由此他受到了极大的鼓励一再增加牲畜，公地上的其他牧民也这样做。这样，公地就由于过度放牧、缺乏保护和水土流失而被毁坏掉。毫无疑问，在这件事情上，每个牧民只是考虑自己的最大利益，而他们的整体作用却使全体牧民破了产。每个人追求个人利益最大化的最终结果是不可避免地导致所有人的毁灭——这种合成谬误被哈丁称为“公地的悲剧”。森林资源的公共性理论告诉我们，当人们使用公共物品时，由于产权的不明确性，会造成“无人买单”的后果。

4. 森林资源的外部性理论

所谓外部性，是指某些经济活动能影响他人的福利，而这种影响不能通过市场来买卖。外部性可以分为外部经济（或正外部性）和外部不经济（或称负外部性）。外部经济就是一些人的生产或消费使另一些人受益而又无法向后者收费的现象；外部不经济就是一些人的生产或消费使另一些人受损而前者没有补偿后者的现象。森林资源具有典型的外部性。若不控制，森林资源将被无节制地砍伐，导致环境恶化是负外部效应行为。森林资源的外部性理论解释了引起市场非对称性与市场失灵所导致的环境问题及其通过征税、补贴与明晰产权等消除外部性的对策。

## 三、森林资源生态效益评价的方法

1. 森林资源状况评价

森林资源状况评价包括对植物资源、动物资源、微生物资源和景观资源的评价。这一部分指标反映的是区域内森林资源的数量、质量、分布、结构等。包括森林覆盖率、人均森林面积及其变化率、森林蓄积量及其变化率、森林灾害面积及其比重等指标。

2. 森林生态系统服务功能评价

森林生态系统服务功能评价是诊断由于人类活动和自然因素引起的森林生态系统的破坏和退化所造成的森林生态系统的结构紊乱和功能失调，是森林生态系统丧失服务功能和价值的一种评估。

3. 森林结构评价

系统的结构是指系统内各要素的排列次序、相互关系、分布形式及整体协调形式，系统的结构对系统功能的协调及最优影响很大。

①龄级结构。龄级结构是反映森林生产功能的保持和提高的指标之一，是指可供木材生产的森林面积与蓄积按龄级的分布格局，反映了林分龄级的均衡水平，是森林资源能否实现可持续利用的主要基础指标之一，可初步用中幼龄林与近、成、过热林的比例来反映。

按照可持续利用理论，中幼龄林与近、成、过熟林面积或蓄积比例至少应达到 1 ∶ 1，才能满足可持续利用的要求。

②森林结构。森林结构是反映森林生态系统的健康与活力保持水平的指标之一，是指区域内森林的树种结构或林种结构。森林的树种结构可以用针叶林与阔叶林的比例反映，包括面积比与蓄积比，说明森林树种结构的合理程度。从可持续运营森林资源资产的要求看，合理的树种结构应为 1 ∶ 1。森林的林种结构可以用商品林、公益林及兼容林的比例反映，包括面积比与蓄积比，说明不同林种森林的合理分布情况。从可持续运营森林资源资产的要求看，合理的林种结构应为 5 ∶ 3 ∶ 2。

4. 森林环境评价

森林、环境资源的经济价值体系由两部分组成：利用价值和非利用价值，其中非利用价值又包括选择价值和存在价值，因此，森林公益效能的总经济价值可用公式表达如下：

总经济价值 = 利用价值 + 选择价值 + 存在价值。

如森林中狩猎、钓鱼、野营、野餐、漫步和观光等游憩机会，以及森林涵养水源、保护土壤、增加肥力和改善小气候效能，制造氧气和吸收二氧化碳，生物多样性等属于森林资源环境价值的利用价值，这是当前环境价值计量的范围。选择价值是指森林资源可供未来用途选择的价值；存在价值是指不必明确森林未来用于何种用途，其存在本身所固有的价值。

这两种价值因现有计量方法存在困难，还没有纳入人们的计量研究范围。

## 四、森林生态效益补偿

由于森林的多功能性，它融生态、经济和社会效益于一体。要实现森林的可持续发展，必须对使用者收取一定的生态使用费。

### （一）征收森林生态资源补偿费的理论依据

森林资源是自然资源，也是环境资源，它可以向社会提供以立木资源为主的多种林产品（物质产品），同时也能向社会提供良好的环境服务（非物质产品）。森林资源的物质产品可以通过市场的交换实现其价值，森林资源提供的环境服务（非物质产品）在现阶段应采取征收森林环境资源补偿费的手段实现其价值补偿。

根据《森林法》的有关精神，按照“商品有价，服务收费”和“谁受益，谁负担”的原则，征收森林环境资源补偿费，建立林业生态效益产品补偿机制，确保林业经营顺利进行。

### （二）森林生态资源补偿标准

森林资源经济补偿问题实质上是对公益林（生态产品）给予定价的问题。其买方可以表现为政府部门，也可以表现为某一部分的社会组织和个人，前者通过财政拨款的形式给予补偿，后者则类似于商品。其补偿内容包括：

1. 营林直接投入

营林直接投入包括地租、造林、抚育、管护及基本建设（如林道、管护棚、防火线等）的投入，这是营造林过程中直接发生的成本费用，必须得到全额补偿。其地租反映了公益林立地和地利状况，应与经营商品林时的地租等额。

2. 间接投入

间接投入包括公益材、规划设计、调查、监测、质量管理、工资及其他管理费用等间接投入部分，这也是一项成本费用，应得到补偿。

3. 灾害损失

灾害损失包括病虫害、火灾、洪灾、风灾、崩塌等自然灾害使公益林受到损失而需要恢复生态效能所需的费用，应得到补偿。

4. 利息

使用资金只能用于经营公益材而不能改变用途，投入营利性更大的项目中，因此公益林投入资金的利息也应得到补偿，且应按同期商业利率计算额给予补偿。

5. 非商品林经营利益损失

由于经营公益林而限制商品林经营所造成的经济损失。这种损失也应得到合理补偿，使其获得社会平均营林利润。

### （三）森林生态资源补偿的措施

1. 对生态公益林进行科学划分

①准确界定公益林。《森林法》把森林划分为五种。其中用材林、经济林和薪炭林为商品林，主要发挥经济功能；防护林和特种用途林为公益林，主要发挥生态功能。以此为据确定公益林的范围、面积、权属等。

②落实公益林林地权属。把已确认的公益林进行具体区划落实，签订现场界定书，做到权属、地类清楚，事权划分和经常主体明确，同时确定双方责任，使森林环绕资源补偿工作落实到实处。

2. 制定科学合理的补偿标准

补偿标准的制定，要在各地自然条件的基础上，结合各地的实际财政承受能力，既要考虑当地公益林的数量又要考虑当地公益林的质量，制定一个按面积和按质量相结合，与各地区相适宜的不同水平的补偿标准，并有相应的森林环境资源效益质量检测系统与之配套，以便最大限度地实现森林环境资源补偿的目的。

3. 拓宽补偿资金筹集渠道

①政府。政府直接拨款和征收专门税。可从现有财政支出中安排一定资金，也可征收专门税如森林生态税。

②单位和个人。森林、生态效益的受益单位或个人直接向政府上缴补偿费或直接投资；破坏森林生态效益的单位和个人，对其造成的损失也应进行补偿，缴纳补偿费。

③专项基金。补偿专项基金的发放应通过法制手段进行保障，实行专款专用，补偿渠道应规范化、透明化，提高社会、林地所有者和其他利益相关者对专款发放和使用的监督力度。

4. 建立生态效益监测、评价体系，加强监管机制

通过森林环境资源研究者与经济学家的联合努力，尽可能令人信服地进行定量的森林环境资源、生态影响评价，并以此作为补偿机制建立的基础。《森林法》明确规定了森林环境资源补偿基金的使用范围，应严格按照这一规定准确发放补偿金，同时还要严格执行补偿基金的专款专用。

5. 加大对森林环境资源补偿专项研究的力度

加大对森林环境资源、补偿的专项研究，开展补偿对象、范围、标准以及征收对象等问题的研究。如森林生态效益具有非排他性和非竞争性，其产权边界和效用边界难以确定以至于受益和征收对象难以确定，必须进行深入研究。

6. 借鉴国外森林环境资源补偿的经验，实现补偿的市场化

国际上许多国家实施碳排放权交易机制，将森林环境资源补偿推向市场。碳排放权交易主要方式是：排放二氧化碳的国家或公司，以资金形式，向本国或外国森林拥有者、经营者支付森林生态效益生产成本，协助他们造林，并可将其造林所吸收的二氧化碳量作为

其排放减量成果；森林拥有着、经营者利用其他国家或公司的资金援助进行造林，同时将所吸收的碳汇或抵减量卖给提供资金的国家或公司。在产权明晰条件下，森林生态效益价值可以在市场上实现，政府并不是森林环境资源补偿资金来源的唯一渠道，森林环境资源补偿市场化可以减轻政府的财政压力，解决森林环境资源补偿不足的问题。

# 第四章　我国林业生态环境建设现状

## 第一节　我国林业生态环境建设的目标与原则

### 一、林业生态环境建设的总目标和总方针

林业生态环境建设的总目标是根据我国自然条件和社会经济发展的需要，通过保护、改善、建造森林生态系统，保护野生动物资源，发展森林资源，提高森林覆盖率，维护生物多样性，使我国绝大部分地区的水土流失得到控制和根治，减少或减轻风沙、旱涝、台风、海潮等各种自然灾害的危害，防止沙漠化，提高国土保安能力，保障农牧业稳产、高产，促进区域经济的发展，奠定持续发展的基础，推动全球环境的改善。

林业生态环境建设的总方针是在国民经济、社会发展和自然保护总目标以及林业生态环境建设总目标指导下，因地制宜、因害设防，统一规划、合理布局，保护为主、合理利用，综合治理、突出重点，讲求实效、总体最佳，实现生态效益、经济效益、社会效益的统一。

### 二、林业生态环境建设的基本原则

#### （一）防护林体系建设原则

1. 按照不同区域的自然和经济特点，坚持统一区划，合理布局

各项林业生态工程是国土整治和环境建设的重要组成部分，必须从国家经济与社会总体发展状况和自然环境特点出发，考虑国家、地方和人民在人、财、物上的承受能力，全面规划各项林业生态工程；同时，每项林业生态工程又是一项庞大的系统工程，在工程区域范围内，存在着与农、牧、水、工业等如何协调发展的问题，从自然条件看，存在着气候类型、地质地貌、主要生态灾害差异性大的特点，应依据不同的防护目的和地貌类型，营造各种人工防护林，同时结合其他林种和原有的天然林，形成一个完整的生态系统。

2. 以防为主，防治并重，综合治理，协调共建

切实保护好现有森林资源，特别是江河上游及主要支流现有森林和典型森林生态系统，正确处理好防、治、用的关系，造林绿化与改善不合理的耕作制度和开发利用方式相

结合，实行护、造、管相结合，防止一边治理，一边破坏，破坏大于治理的被动局面，充分认识农、林、水三者的关系，将治山与治水、兴修水利与林业建设、发展农业与振兴林业作为一个整体，坚持生物措施与工程措施相结合，治源与治流相结合，在农业综合开发中做到山水林田路综合治理，建成多层次、多种模式的农林牧水结合的复合生态经济体系。

3. 从实际出发，因地制宜、因害设防，突出重点、兼顾一般，先易后难、分步实施

林业生态工程建设必须遵循工程范围的自然规律，因害设防，因地制宜。针对工程区内生态经济环境中存在的问题，区别突出重点，在以防护林为主的前提下，适当发展用材林、经济林和薪炭林，多林种结合，同时，做到乔、灌、草搭配，片、网、带齐上，封、造、飞并举，造、管、护相结合，有重点、有步骤地按工程区域内不同类型的特点，首先建成一批区域性防护林体系，适当集中建设资金、劳力、种苗和技术等力量，造育一片，成林一片，逐步推进。

4. 遵循自然规律，重视科学技术，大力调整结构，确保工程质量

围绕建设防护林体系的总目标，走科技兴林之路，有计划、有步骤地在工程建设中推广配套实用技术成果，重视示范区建设；实行工程造林，集约经营，强化质量意识，落实质量管理制度，把提高质量贯穿于工程建设的全过程；大力改造不合适的林种结构，改变单一的林业生产经营模式，建成一个既有生态效益，又有经济效益，多树种、多功能、高质量、协调发展的生态经济型或经济生态型防护林体系。

5. 充分调动各方面的积极因素，坚持依靠全社会力量建设防护林体系

林业生态建设实行以群众造林为主，国家、部门、集体、个人一起上的原则。贯彻“各负其责、各受其益”，“谁造、谁有、谁收益”，“长期不变，允许继承，允许折价转让”等有关政策，积极发展国家、集体、联户合作、农户个人和集体入股等多层次、多形式的林业经营模式。这项工程是一项社会性很强的公益事业，投资于林、造福于民、功在当代、利在千秋。

6. 坚持国家投资为辅，地方投入和群众投工投劳为主

在建设资金的投入上，实行国家专项扶持、多方集资、地方财政配套和群众投劳相结合的办法。在生态经济原则指导下，逐步开展生态补偿征收试点。发展多种经营，长短结合增强自我发展能力，确保工程建设顺利开展。加强建立资金管理、资金使用、计划管理等制度。

7. 国土整治与开发利用相结合，发挥优势，繁荣经济，兴林致富

工程建设是以工程区生态环境治理的需要和林业生产的客观现实提出的，因此工程要立足长远，但也必须结合工程区林业基础薄弱、人民群众生活水平不高的实际，把工程建设与当地经济发展、人民脱贫致富结合起来，处理好眼前利益和长远利益的关系，保护资源和开发利用的关系，注重当地资源优势向经济优势的转化，使防护林体系建设达到总体最优，既起到防护效果又增加群众的经济收入。只有将生态和经济效益相结合，让群众既有长远利益可盼，又有近期利益可图，才能引导群众从“要我治”转变到“我要治”的轨道上来。

## （二）天然林保护工程实施原则

天然林保护工程是实现林业生态环境建设的重要组成部分，森林可持续经营是实施天然林保护工程最基本的原则和目标。尽管森林可持续经营的标准和指标体系各国还在探索之中，但是就现有的保护生物多样性、提高林地生产力、水土保护及其他环境社会效益，都应该是天然林保护工程追求的目标和依据。鉴于我国天然林的特点，实施保护工程应遵循以下原则。

1. 积极集约保护原则

天然林保护隶属林业经营范畴，是林业经营的一种措施。仅就森林资源而言，天然林保护绝不是简单的封山、护林。因为我国现有天然林不论是用材林、防护林、薪炭林、经济林、特用林，其存在、分布以及功能、价值都很不完善，如现有天然用材林与“保护水平”相距甚远，必须坚持积极保护的原则，采取一系列营林技术，提高天然林的“质量”，使天然林成为我国森林资源可持续经营的重要组成部分。反之，消极、粗放的保护，形成低质量林分占据珍贵林地的状况，难以实现越保护越多，越保护越好的目标。

2. 分区分类保护原则

天然林广布全国，区域分布不均，林种、林分差异巨大，功能价值各异，实施天然林保护工程必须建立在科学的天然林分类基础上。根据天然林保护目的构筑的分类体系，进行具体的分类保护，设计、实施不同的保护措施。如首先对全国天然林区进行分类，确定重点保护区，再将一个地区的天然林划分重点保护、一般保护和非保护类型，区别对待。对重点林区、重点保护类型（如国家主要国有林区的用材林基地、大型水库的水源涵养林等）加大投入力度，使其起到工程的骨架作用，进而推动全国天然林保护工程的实施。

3. 有序运作原则

天然林保护工程无论是全国还是一个具体实施的单位，都具有工程作业面积大、资金额度大、工期长、效果显示期长的特点，是一项庞大的系统工程。实施运作保护工程存在空间、时间的顺序性，这不仅取决于工程的必要性与迫切性，还受制于工程投资的回报效益、劳动力资源的重新配置、原有依赖天然林资源企业的调整等。实际上天然林保护工程的效益是从有序运作原则开始的，切忌一哄而起、短期行为等无序运作，使保护工程健康发展。

4. 目标标准化原则

为了积极有效地保护天然林，充分发挥天然林多用途、多效益的整体功能，就要制订天然林保护的标准、指标体系和验证体系，以规范天然林保护的行为和保证天然林保护的效果。

由于天然林保护工程涉及面很宽，标准和指标的选择要力求完善，既要包括生物学和环境方面，又要包括社会经济方面和政策法规、监控能力等支撑条件方面。但各标准和指标要切实反映天然林特征或外部条件的真实性，要有明确的含义和可应用性，要有一定的灵活性或时效性和变化趋势，更重要的是各标准和指标要构成一个整体衡量的体系。工程面积大，内容条件变化复杂，除制订国家天然林保护工程标准外，还要对不同的森林类型制订更为详尽的地区性标准和指标体系。

### （三）自然保护区建设原则

1. 统一规划布局，力求齐全合理

我国地域辽阔，森林和野生动物资源丰富，种类繁多，应按照自然地理分布的递变规律，在不同地带选择典型性和代表性的生态系统建立自然保护区，优先保护生物多样性中心和国家重点保护动植物的主要分布区。使自然保护区的类型和布局应尽可能齐全合理，最大限度地使珍稀、濒危和其他保护物种及其生境的精华部分就地保护下来，为保持典型自然生态环境、生物多样性和指导防护林体系建设提供基本的保证。重视湿地、荒漠、高山、热带林自然保护区的建设和人口稠密地区自然保护区建设。

2. 坚持依靠地方，依靠群众，搞好保护区建设

针对我国自然保护区内外群众多，山林资源是他们世代生产生活的重要来源，应采取教育、疏导、扶持等一些切实措施，引导他们靠山养山、劳动致富。解决当地居民的生活和保护的矛盾，调动群众保护自然区的积极性。充分考虑保护区的完整性，划定部分生产用地，积极发展以集约化农业为主的各种种植业、养殖业等产业，改变对资源破坏较大的生产利用方式。核心区是自然保护区的精华，居住在这里的群众必须迁出保护区外，并加以妥善安置。

3. 坚持依法建设，依法管理

依据《自然保护区管理办法》和《自然保护区设计标准》等法规进行自然保护区建设和管理，防止随意改变保护区的原有性质和范围。在建立适当机构的基础上，建立健全管理制度，使管理工作规范化，逐渐向国际标准靠拢。由于保护区类型多，大小不一，条件千差万别，加之山林权属不同，保护区的建设规模、管理体制和组织形式要求在有利于管理的前提下允许多种多样。

4. 坚持多层次、多集道筹集资金，加快保护区特别是国家级保护区的基本建设

在国家、部门、地方给予财力、物力、人力和政策扶持的基础上，增强自然保护区自身的经济活力。积极贯彻“全面规划、积极保护、科学管理、永续利用”的方针，在保证自然保护区目标得以实现的前提下，利用自然保护区的资源优势，在缓冲区或实验区因地制宜、合理开发、适度经营。这样既可以解决自然保护区的部分经费，又可探索创造适应人口、资源、环境与发展协调共进的途径。

### （四）野生动植物保护原则

①认真贯彻执行《野生动物保护法》和各项政策规定，遵守和履行我国加入的各项国际公约。

②在积极保护的基础上，实行科学养殖，合理利用，努力实现科学研究向生产力的转化，确保猎捕利用量不超过资源增长量，加强珍稀濒危物种的保护。

③广泛开展爱护野生动物的宣传教育，增强全民保护野生动物的积极性和自觉性。

## 第二节　我国林业生态环境建设的区域布局

我国林业生态环境建设从布局上可分为流域林业生态工程、区域林业生态工程以及跨区域林业生态工程。目前，流域林业生态工程包括：黄河中游防护林工程、长江中上游防护林体系建设工程、淮河太湖流域综合治理防护林体系建设工程、辽河流域综合治理防护林体系建设工程、珠江流域综合治理防护林体系建设工程；区域林业生态工程包括：沿海防护林体系建设工程、太行山绿化工程；跨区域林业生态工程包括“三北”防护林体系建设工程、平原绿化工程、防沙治沙工程。

区域内发展布局林业生态工程，首先是因地制宜。应考虑森林植被的生长发育所需求特定的水热组合。同样，特定的水热组合又可以满足特定的植被群落。影响水热组合的因素很多，必须先从气候条件、土壤条件、植被条件、土质地貌等方面进行综合分析。其次是因害设防。针对区域内存在的自然灾害与环境问题，充分发挥森林植被保持水土、涵养水源、净化水质、改变和影响区域气候等生态功能，达到减灾防灾、改善环境的目的。再次是获取最佳生态效益、经济效益和社会效益。对于我们这样一个农业人口多，土地生产压力大，经济相对不太发达的国家而言，尤其重要。也就是说，林业生态工程的发展布局，应与社会经济发展水平相适应。最后，林业生态工程规划与布局要充分注意到地域完整性，以便于工程管理。

我国幅员辽阔，自然地理条件复杂，林业生态建设的发展布局既要考虑全国的气候、土壤、植被、地形、地质的分异分区及存在的自然灾害与主要环境问题，又要考虑区域和社会经济条件，同时，还要考虑林业生态工程的管理运行。由于各区城的情况不同，生态环境问题的外在表现及治理建设内容不同。根据各种不同类型的生态环境区划、农业区划、林业区划及国土整治的要求，参照 1960 年中国综合自然地理区划（将全国分为 3 个大自然区，33 个小自然区）、1981 年中国综合农业区划（将全国分为 10 个农业区，38 个二级区）、自然地理区划（将全国分为 8 个自然区，30 个自然亚区，71 个自然小区）、经济地理分区（把全国（包括香港）分为 12 个区）及全国生态环境分区（全国分为 9 个区），结合林业生产建设特点，按照工程建设因害设防、因地制宜、合理布局、突出重点、分期实施、稳步发展的原则，分 8 个区对各区域的林业生态建设布局作简要的阐述。

### 一、东北区

东北区（包括辽宁、吉林、黑龙江和内蒙古东部）不仅是我国重要的工业基地，还是全国林业、农业、牧业基地。总面积 124.3 万 $km^2$，全区总人口 11533 万。1995 年，全区总耕地面积为 190 万 $hm^2$，约占全区总土地面积的 15.4%，占全国耕地面积的 1/5；林地面积 5333 万 $hm^2$，占全区面积的 40%；草地 4113 万 $hm^2$，占全区面积的 33%，此外，还有内陆水面和辽阔的海洋。本区的森林、水、土地资源丰富，但热量资源不足。由于重工业和森林采运业的发展，森林与环境破坏严重，欠账太多。因此，在兴安岭林区和长白山林区主要是保护现有天然林，加强自然保护区的管理，绿化荒山荒地，恢复迹地森林，建设保护改造型林业生态工程；在松嫩一三江平原和辽西平原大力营造农田防护林，搞好农林复合经营，注重发展经济林，建设生态经济型复合林业生态工程；在内蒙古东部发展牧业防护和林牧结合的林业生态工程体系；同时，加强辽西地区工矿区的植被恢复和绿化工作，把沿黄海、渤海湾地区的城市绿化与海岸防护林结合起来。

## 二、黄淮海地区

黄淮海地区（包括北京、天津、山东、河北及河南大部，以及江苏、安徽的淮北地区）总土地面积 46.95 万 $km^2$，总人口 2.78 亿（1995 年），分别占全国总土地面积的 4.89%，总人口的 22.95%，人口密度 592 人 /$km^2$，全区总耕地面积 2091 万 $km^2$，占全国总耕地面积的 22.02%，是全国重要的商品粮、棉、油、肉生产基地。该区城镇密集，交通发达，地位优势突出，资源丰富，工业基础雄厚，基础设施完善，科技教育发达，是我国的政治、经济、文化中心。黄淮海地区地处中纬度季风气候区，海拔低（一般在 100m 以下），旱涝灾害频繁，土地盐渍化严重，夏季的干热风对作物危害较大；此外，还存在黄泛区的风沙和风蚀及沿海地区的风暴潮和海水入侵。同时，城市化和工业化带来的负面影响使该区的环境问题（包括水资源短缺、水污染、海洋污染、采煤塌陷等）日趋加剧。因此，在平原农业区应在原有的农田防护林基础上，扩大农田林网的面积，加强农林渔复合经营，注重发展经济林及种植园防护林，并注意村镇和四旁绿化建设，建立以农田防护为主的复合林业生态工程体系；在低洼平原及沿海地带，应加强河滩地、滨海滩地、盐碱沙荒地、黄泛沙地的劣地改良林业生态工程的建设，并与沿黄海、渤海湾地区的城市绿化与海岸防护林结合起来，形成环境改良、防灾减灾的林业生态工程体系；同时，加强北京、天津、唐山、石家庄、邯郸、济南、青岛、徐州、焦作等大城市的绿化和工矿区的植被恢复与绿化工作。

## 三、黄土高原区

黄土高原区位于黄河中上游和海河上游地区，作为地理学上的确切概念尚无定论，根据中国科学院黄土高原综合考察队确定的区域，其东起太行山，西至乌鞘岭，南达秦岭，北止阴山，包括黄土高原全部和鄂尔多斯高原的阴山、贺兰山与长城之间地区。其地理位置为东经 100°54′~ 114°33′，北纬 33°43′~ 41°16′，土地总面积 62.8 万 $km^2$，占全国总土地面积的 6.54%（若扣除乌拉特中旗与乌拉特后旗，则为 627 万 $km^2$，占全国土地总面积的 6.53%）。行政区域包括山西和宁夏，陕西秦岭以北的关中与陕北地区，甘肃乌鞘岭以东的陇中和陇东地区，河南豫西地区，青海青东地区，内蒙古蒙南地区。根据资料推算，1995 年黄土高原地区人口总数约为 1 亿人，占同年全国人口总数 8% 左右。根据 1985 年遥感普查，区内耕地面积为 1693.33 万 $hm^2$，占全区总土地面积的 27%；林地面积 780 万 $hm^2$，占 12.5%；草地 2393.3 万 $hm^2$，占 38.3%。整个地区黄土广布、沟壑纵横、地形破碎，森林覆盖率低，土地、草场退化严重，水资源匮乏，干旱、水土流失和荒漠化日趋加剧。此外，晋陕蒙接壤区、晋豫接壤区等能源重化工基地的环境破坏十分严重，生态环境建设的任务相当艰巨。

## 四、长江中下游地区

长江中下游地区是指淮河—伏牛山以南，福州—梧州一线以北，鄂西山地—雪峰山一线以东地区，包括豫东及苏、皖、鄂、湘大部，沪、浙、赣全部，闽、粤、桂北部，共 523 个县市，总土地面积 969 万 $km^2$，农业人口 288 亿（1995 年推算值），人均耕地 0.06$hm^2$，人多地少，水热资源丰富，农、林、渔业发达，农业生产水平高。全区属北亚热带及中亚热带，气候温暖湿润，年降水量达 800 ~ 2000mm，活动积温为 4500℃ ~ 6500℃，无霜期 210 ~ 300 天。全区平原占 1/4，丘陵占 3/4。土地平坦肥沃，水网密布，湖泊众多，为我国主要农业区和淡水水产区。

平原区在原有农田防护林完善的基础上，积极营造海岸防护林，并向内陆延伸，与渔业防护林、堤岸滩岸防护林、种植园防护林、村镇绿化、城市绿化、道路绿化、农林水复合经营一起形成了水网综合林业生态工程体系。鄂豫皖低山丘陵区、江南山地丘陵区、浙闽丘陵山地区、南岭丘陵山地区，因地制宜地发展茶园、柑橘园、桑园、油茶园、柚园、香燕园等经济林园及种植园防护林，搞好农、林、水复合经营。在水土流失地区大力营造水土保持林，保护和营造江河上游的水源涵养林，形成生态防护林与经济林相结合的林业生态工程体系。

## 五、西南区

西南区指秦岭以南，百色、新平、盈江一线以北，宜昌、淑浦一线以西，川西高原以西的地区，包括陕甘东南部、川滇大部、贵州全部及湘鄂西部、桂北等 430 个县市，土地面积 100 万 $km^2$ 以上，山地丘陵占 95%，河谷盆地占 5%，最大的成都平原 700$km^2$，其他为山间盆地或小块河谷平原。全区为亚热带地区，水热条件好，水田占耕地面积的 43.5%。低海拔地区广泛种植亚热带作物和亚热带经济林木。山区陡坡开垦和森林破坏相当严重。

盆地和河谷平原区应在发展商品粮、油、养殖和水产业的基础上，完善和营造农田林网，并与道路、渠系、村镇、城市的绿化相结合；适度发展柑橘、油橄榄、桑等经济林及种植园防护林，把农、林、水产结合起来；在周边山丘区营造水土保持与水源涵养林，形成以农、林、水、养复合经营为主的林业生态工程体系。

高原山地则以林为主，林、农、牧复合经营。在江河上游地区保护和营造水源涵养林，陡坡退耕还林，建立适合于当地的油桐、茶、桑、紫胶、核桃等经济林，并根据立地条件和生产技术水平，加强立体种植，发展复合经营，形成以经济林为龙头的生态经济型林业生态工程体系。

## 六、华南区

华南区指福州—大埔—英德—百色—新平—盈江一线以南，包括福建东南部、台湾、广东中部及南部、海南、广西南部及云南南部，陆地总面积 49.6km$^2$，191 个县市（不含台湾），全区居南亚热带及热带，是我国唯一适宜发展热带作物的地区。本区高温多雨，水热资源丰富，无霜期 300 ~ 365 天，1 月份平均气温为 12℃。作物可一年收获多次，有利于多种珍贵林木及速生林木生长，也有利于发展经济林及水产养殖业。但由于雨量大，且分布不均，山区水土流失严重。

本区应完善水网防护林网，在江河水库上游保护、封育、改造和营造水源涵养林，并扩大自然保护区的面积；丘陵地区大力营造水土保持林；积极发展热带经济林木如椰子、橡胶、腰果、胡椒等，推广桑基鱼塘等农林水产复合经营模式；沿海地区应特别注重海岸防护林、种植园防护林、水产业防护林；把村镇、城市及周边地区的绿化、堤岸防护林、渠系防护林、道路防护林结合起来，并注重热带旅游资源的开发和热带森林公园建设，形成热带特有的高效经济、生态、旅游相结合的综合林业生态工程体系。

## 七、甘新区

甘新区包括新疆、内蒙古贺兰山以西、祁连山以北地区。

新疆是我国最大的行政省区，面积 166km$^2$，1996 年底总人口达 1689 万，包括 8 个行署 3 个直属市共 87 个县市。地广人稀，气候干旱，有大面积的沙漠戈壁，风沙危害严重，

土地盐渍化普遍，地表植被稀疏，牧场载畜量低，是依靠灌溉绿洲农业和荒漠放牧为主的地区。新疆矿产资源丰富，如著名的乌鲁木齐煤矿区、艾维尔沟煤矿区、哈密三道岭煤矿区、克拉玛依油田、吐哈油田等。同时，也形成了以绿洲为依托的城市格局。

新疆天山以北包括准噶尔盆地及周围的阿尔泰山、准噶尔界山、天山北坡山地，传统上是以林牧业为主，20 世纪 50 年代后由于军垦，北疆成为西北干旱区发展最快的农业区。农牧并重，发展农田防护林和牧场防护林。本区的森林（天然林）主要分布在天山、阿尔泰山及平原河谷沿岸，保护天然林及防护林对于依靠雪水灌溉的绿洲农业来说，具有极其重要的意义。同时，应搞好矿区、开发建设区和城市的绿化，形成独具特色的林业生态工程体系。

南疆包括天山和昆仑山之间的 46 个县市，面积占全疆的 70% 以上，是新疆古老的绿洲灌溉农业区和军垦农场区。发展水利灌溉设施如坎儿井是农业发展的根本保障。但是春旱、风沙、干热风、盐碱等灾害严重。因此，应在原有农田防护林的基础上，完善和发展

农田林网，并注意村镇和城市的绿化。对南塔里木河大片的天然放牧林（胡杨林和灌木林）应加强管理、保护，大力营造放牧林和护牧林，构成以农田防护与放牧、护牧为主的林业生态工程体系。

内蒙古阿拉善盟和祁连山以北武威、张掖、酒泉、敦煌等地区与新疆相似，以灌溉农业和牧业为主，除营造农田防护林和防风林带外，要重点保护好高山地区的天然水源涵养林。

### 八、青藏区

青藏区包括西藏、青海大部、甘肃西南部、四川西部、云南西北部，共146个县市，总土地面积226.9$km^2$，占国土面积的23%，为我国重要的农牧区。本区大部分地区由海拔4000～6000m的高山与3000～5000m的台地、湖盆、谷地组成，东部和南部有一些3000m以下的河谷。2/3以上的高原面积海拔在4500m以上，只能放牧；东部和南部可种一些耐寒冷喜凉作物；唯南部边缘河谷地带，可种玉米和水稻。青藏区天然草场133.33$km^2$，占全区面积的60%，东部和东南部是半湿润区，草被盖度很高，是优质草场。南部和东部有广阔的天然林，是我国第二大林区。

藏南区的雅鲁藏布江中游是西藏的主要粮仓，喜马拉雅北城为农牧交错区，东南森林多分布在河流上游。推广农田防护林、草场防护林，实行草田轮作、林草复合、林农复合，保护天然林，建立了以农牧防护、水源涵养为框架的林业生态工程体系。

川藏区即横断山区与雅鲁藏布江大拐弯地区，是青藏高原海拔最低的地区，是我国的第二大林区。岷江、大渡河和滇西林区森林采伐过量，保护天然林和恢复森林并重。要以林为主，农、林、牧综合发展，建立生态防护型的林业生态工程体系。

青甘区包括柴达木盆地、青海湖以北祁连山以南地区，自然环境复杂，垂直变化明显。海拔2800～3200m以上面积的80%是草场，间有农业耕作；3200～4000m为纯牧区，应在保护好高山水源涵养林的基础上，建立以牧业为主的林业生态工程体系。

青藏高寒区，包括羌塘高原及黄河、长江、怒江等江河的上源地区，海拔3500～4500m，无绝对无霜期，地高天寒，草场面积大，以牧为主。东部边缘散布大面积的天然水源涵养林，也是野生动物的主要栖息地，应严格保护。大渡河、金沙江、雅江、澜沧江等河谷地带有一定的农业耕作，应积极发展农田防护林和农林复合经营。

## 第三节　天然林保护工程和防护林体系工程现状

新中国成立以来，我国林业有了很大发展，特别是近20年，我国森林资源实现了持续增长，为改善我国及全球生态环境做出了重要贡献。目前我国人工造林保存面积累计已达4667万$hm^2$，居世界第一位。

“九五”时期，在全面推进十大林业重点生态建设工程的基础上，突出了长江、黄河流域的生态环境治理，启动了退耕还林试点示范工程，并全面实施了天然林保护工程。“九五”期间，还新启动了淮河太湖流域、珠江流域、黄河中游、辽河流域四大防护林体系工程及全国生态环境建设重点工程，林业重点生态工程建设上了一个大台阶。“九五”时期，全国林业重点工程预计完成投资273亿元，比“八五”时期增长了440%，年投资规模由1995年的16.26亿元增加到了1999年的81.58亿元，年均递增50%。其中，国家投资156亿元，比“八五”时期增长了904%，国家投资规模由1995年的4.31亿元猛增到了1999年的52.98亿元，年均递增达87%；国家投资的比重由1995年的26.48%提高到了1999年的64.94%，林业重点工程建设投资逐步由地方自筹和农民投工投劳为主转变为国家投资为主体。“九五”时期，全国林业重点工程预计完成造林面积162932万 $hm^2$，比“八五”时期增长29.47%。

## 一、天然林保护工程现状

天然林是我国林业建设的骨干和重点，无论从经济效益、生态效益和社会效益，在我国林业建设中的地位作用，都是举足轻重的。在我国50多年的林业发展史上，党中央、国务院作出决定，停止天然林采伐，尚属首次，这是林业发展的历史性转折。

新中国成立之初，经几千年封建统治的破坏，再加上近代帝国主义的掠夺，我国的森林资源可以说已极度贫乏。但相对而言，在我国的东北及西南地区，由于水热条件较好，加之历史上地广人稀、交通不便，直到19世纪末，大部分地区仍被原始林所覆盖，从而构成了我国国有林区的主体。但由于建国初期，国家建设对木材的大量需求，1954年正式成立了森林工业管理局，开始统一规划、开发国有林区，重点放在东北、内蒙古和西南林区，同时受苏联学术思想的影响，以机械化作业作为现代林业的标志，林业部首先于1954—1955年在小兴安岭进行了皆伐作业试验，然后于1956年颁布了“国有林主伐试行规程”，对东北林区大面积的原始阔叶红松林推行了“连续带状伐——顺序皆伐”（即“剃光头”）然后人工更新的采伐更新方式，以利于机械化作业，促进木材生产。这种“大砍大造”的经营方式过高地估计了人的力量而忽视了森林的自我更新能力，其后果是不仅将破坏红松赖以更新生长的森林环境、森林生态系统中的各种生物资源和森林的防护作用，同时也将使大面积的原始阔叶红松林变为次生林、灌丛、荒山裸地或人工林，从而产生严重的生态后果。其他林种也遭受了类似的破坏。

到1996年为止，全国共生木材20.38亿 $m^3$，年生产量由50年代的2026万 $m^3$ 上升到了90年代的6291万 $m^3$。这些木材大多产自国有林区的原始天然林。国有林区正是我国主要江河的发源地，50多年来伐掉了我国主要江河发源地3000多万 $hm^2$ 的原始森林。

在我国50年的林业史上出现了三个并存：一把锄头造林和千把斧头砍树并存；严禁乱砍滥伐和有法不依、有禁不止的现象并存；原始天然林继续减少和超限额采伐并存。

1998 年的长江、嫩江、松花江特大洪水是大自然对人类不合理的开发利用天然林资源的一次报复和罚，在总结多次历史教训的基础上，十五届三中全会明确提出了“停止长江、黄河中上游天然林采伐；大力实施营造林工程”的意见。

天然林保护工程自 1997 年提出来之后，1999 年在重点地区正式启动。1998—2000 年国家安排天然林资源保护工程公益林及商品林建设基本建设投资（国债）80.4 亿元，中央财政专项安排森林管护事业、离退休统筹、政策性社会性支出以及一次性安置和生活保障补助资金 113 亿元，主要在长江上游、黄河上中游地区和东北、内蒙古国有林区开展天然林资源保护工作。到 1999 年，工程建设取得了良好成效。一是采取有力措施，在工程区内逐步停止或大幅度调减木材产量。长江上游、黄河上中游地区已停止天然林资源采伐，停伐量 627 万 $m^3$，使工程区内 2333 万 $hm^2$ 森林资源得到了有效保护；东北、内蒙古等重点国有林区调减木材产量 312 万 $m^3$，占应调减木材产量 751.5 万 $m^3$ 的 42%，使工程区内 2800 万 $hm^2$ 森林资源得到了有效保护。二是加大了森林资源保护的执法力度。各省（区、市）政府采取了积极果断的措施，相继发布了禁伐令和有关通告，封存采伐企业一切采伐器具，关闭禁伐区内木材市场，实行封山堵卡和个体管护承包，颁布违纪处理规定。林业、公安、政法、监察等部门齐抓共管，强化执法，对违纪违法行为做到发现一起，严厉查处一起，并公开曝光，严格依法护林。三是加快了森林植被恢复。1998—1999 年共营造公益林 79.5 万 $hm^2$、商品林 3.6 万 $hm^2$，封山育林 464.0 万 $hm^2$，人工促进天然更新 51.7 万 $hm^2$，森林抚育 256.1 万 $hm^2$。四是妥善分流安置富余职工。分流安置职工 28.2 万人，其中长江上游、黄河上中游地区分流安置 17.3 万人，东北、内蒙古等重点国有林区分流安置 10.9 万人，分流职工中从事森林管护的为 11.1 万人，从事公益林建设的为 11.6 万人，从事商品林建设的为 1.2 万人，从事种苗建设的为 0.8 万人，从事其他工作的为 3.5 万人。同时发放一次性安置费解除劳动合同 2.1 万人次。

## 二、防护林体系工程现状

十一届三中全会以来，在国民经济全面发展的形势下，在邓小平倡导的全民义务植树运动推动下，我国植树造林得到了空前的发展，人工造林面积居世界第一位，森林覆盖率由建国初期的 8.6%，增加到了 13.92%。广东等 12 个省（自治区）消灭了宜林荒山，“三北”、长江中上游、太行山、平原绿化、沿海等防护林工程和治沙工程均取得了巨大成效。

### （一）“三北”防护林体系三期工程

“九五”期间是“三北”防护林体系三期工程实施阶段，共完成投资 49.38 亿元，其中国家投资 22.44 亿元，分别比“八五”期间增长了 206.43% 和 150.93%；完成造林面积 646.44 万 $hm^2$，比“八五”期间增长了 4.70%，完成了三期工程规划任务的 277.30%。“三北”防护林工程自 1978 年启动以来，突破了单一的生态防护林模式，走上了建设生态经济型防护林体系的路子，已累计造林 2792 万 $hm^2$，森林覆盖率已由 5.05% 提高到了 9%。

工程的建设使约12%的沙漠化土地得到了治理，10%左右的沙漠化土地得到了控制，约400万$hm^2$的“不毛之地”变成了绿色林地，近1333万$hm^2$农田实现了林网化，1000万$hm^2$草场得到了保护和恢复，30%的水土流失面积得到了初步治理，600多万农牧户燃料奇缺的问题已经得到了基本解决。

### （二）长江中上游防护林体系建设工程

“九五”期间，长江中上游防护林体系建设工程完成投资13.85亿元，其中国家投资6.04亿元，分别比“八五”期间增长了97.61%和150.80%；完成造林面积222.21万$hm^2$，比“八五”期间减少了17.75%，完成了“九五”规划任务的132.69%。该工程自1989年在长江中上游12个省（市）271个县启动以来，已累计造林529万$hm^2$，森林覆盖率由19.9%提高到了29.5%，有50%的工程县基本消灭了宜林荒山，100多个县的水土流失状况基本得到了治理。

### （三）沿海防护林体系建设工程

该工程自1991年在沿海11个省（区、市）的195个县（市、区）全面实施以来，已累计造林115万$hm^2$，1.8万km的大陆海岸基于林带初步形成，有效地抵御了台风等自然灾害的侵袭，减轻了灾害造成的损失。“九五”时期，完成投资9.88亿元，其中国家投资2.02亿元，分别比“八五”期间增长了135.23%和84.71%；完成造林面积30.06万$hm^2$，比“八五”期间减少了64.50%，只完成了“九五”规划任务的53.90%。

### （四）全国防沙治沙工程

该工程自1991年启动以来累计完成治理面积近800万$hm^2$，其中造林155万$hm^2$，增加林草植被660多万$hm^2$，减缓了局部地区沙化扩展的趋势，改善了治理区的生存与发展环境，促进了农牧业生产的发展，并初步形成了一套行之有效的防沙治沙技术体系，建立了中央、省、地、县、乡五级荒漠化监测网络。“九五”期间，完成投资16.38亿元，其中国家投资4.43亿元，分别比“八五”期间增长了832.05%和421.21%；完成造林面积111.27万$hm^2$，比“八五”期间增长了152.21%，完成了“九五”规划任务的98.99%。

### （五）太行山绿化工程

该工程自1990年启动以来，累计完成造林面积361万$hm^2$，项目区森林覆盖率由20.7%提高到了目前的25.1%。“九五”期间，完成投资8.30亿元，其中国家投资4.04亿元，分别比“八五”期间增长了258.40%和544.19%：完成造林面积173.39万$hm^2$，比“八五”期间增长了14.18%，完成了“九五”规划任务的139.45%。

### （六）平原绿化工程

“九五”期间，完成投资7.51亿元，其中国家投资4.02亿元，分别比“八五”

期间增长了 373.17% 和 373.29%；完成造林面积 22.17 万 $hm^2$，比“八五”期间增长了 24.68%。到 2000 年底，全国 920 个平原、半平原县有 860 多个达到了部分平原绿化标准，完成了“九五”规划任务的 2/3。平原绿化工程的建设使全国大部分平原、半平原县基本实现了初级林网化，林网保护区内粮食普遍增产 10% 以上。

### （七）其他防护林体系建设工程

淮河、太湖流城防护林体系建设工程 1996 年试点启动以来完成投资 3.47 亿元，其中国家投资 1.08 亿元；完成造林面积 21.25 万 $hm^2$，仅完成了“九五”规划任务的 37.31%。珠江流域防护林体系建设工程 1997 年试点启动以来完成投资 6.34 亿元，其中国家投资 0.79 亿元；完成造林面积 18.11 万 $hm^2$，只完成了“九五”规划任务的 50.11%。黄河中部防护林体系工程 1996 年试点启动以来完成投资 2.58 亿元，其中国家投资 1.41 亿元；完成造林面积 71.47 万 $hm^2$，只完成了“九五”规划任务的 71.76%。辽河流城防护林体系工程 1997 年试点启动以来完成投资 2.10 亿元，其中国家投资 0.67 亿元，完成造林面积 31.41 万 $hm^2$，只完成了“九五”规划任务的 49.46%。由于淮河、珠江、黄河中部、辽河 4 个工程启动时间晚，仍处于试点工作阶段，投资少且投资渠道不稳定，使工程按规划实施受到了一定的制约。

## 第四节　自然保护区和野生动植物保护工程现状

### 一、自然保护区建设现状

自然资源和自然环境是人类赖以生存和促进社会发展的最基础的物质条件。自然保护区建设对于维护生态平衡，保护生物多样性，开展科学研究和对外交流，促进经济发展和丰富人民物质文化生活都具有十分重要的意义。截止 2000 年底，中国已建立各种类型的自然保护区 1227 处，总面积 9821 万 $hm^2$，扣除海洋保护区面积，其他保护区总面积占陆地总面积的 9.85%。

长白山、鼎湖山、卧龙、武夷山、梵净山、锡林郭勒、博格达峰、神农巍、盐城、西双版纳、天月山、茂兰、九寨沟、丰林、南麂列岛等 15 个自然保护区被联合国教科文组织引入了“国际人与生物圈保护区网”，扎龙、向海、鄱阳湖、东洞庭湖、东寨港、青海溯及香港米浦等 7 个自然保护区被列入《国际重要湿地名录》；九寨沟、武夷山、张家界、庐山等 4 个自然保护区被联合国教科文组织列为世界自然遗产或自然与文化遗产。

## 二、野生动植物保护现状

经过50多年的努力，我国的自然保护区保护了我国85%的陆地生态系统类型、85%的野生动物种群和65%的高等植物群落。国家重点保护的如180多种珍稀濒危野生动物，180多种珍贵树木的主要栖息地、分布地得到了较好保护。中国的野生动植物保护事业为全球生物多样性保护做出了贡献。

改革开放以来，我国积极开展主要濒危物种的拯救繁育工作，先后建立了14个野生动物救护繁育中心和400多处珍稀植物种质种源基地，促进了一些濒危物种种群的恢复和发展。自组织实施“中国保护大熊猫及其栖息地工程”以来，大熊猫栖息地得到了较好的保护，有效地遏制了野外大熊猫种群下降的趋势，大熊猫移地保护取得了重大突破，全国共繁殖大熊猫64胎96仔，成活61仔。其中仅四川卧龙自然保护区大熊猫研究中心就繁殖了25胎38仔，成活26仔，创造了人工繁育大熊猫的奇迹。扬子鳄经过10多年的人工繁育，从200多条发展到了9000多条。海南坡鹿也由保护初期的26头发展到了800多头。麋鹿、野马、高鼻羚羊重返故里，正在进行繁育和野化。东北虎、金丝猴等一百多种珍贵野生动物人工繁育技术得到了突破，初步建立了人工繁育种群。珙桐、银杉、红豆杉等上千种珍稀植物、树木种源得到了有效保存。

# 第五节　我国林业生态环境建设存在的问题和对策

## 一、林业生态环境建设存在的问题

### （一）防护林体系建设工程存在的问题

党的十一届三中全会以后，防护林的营造出现了新的形势，开始步入“体系建设”新的发展阶段。从形式设计向“因地制宜，因害设防”的科学设计发展；从营造单一树种与林种向多树种、乔灌草、多林种防护林体系的方向发展；从粗放经营向集约化方向发展；从单纯的行政管理向多种形式的责任方向发展；从一般化的指导向任期目标管理的方向发展。但目前各大院护林体系建设仍然存在一些问题：

①有些地方对防护林体系建设的重要性和紧迫性认识不足，对防护林体系建设的长期性、艰巨性缺乏思想准备，没有使广大群众深刻认识到防护林系统建设的重要意义，因而使体系建设并没有真正纳入各级国民经济发展和社会发展计划中，建设工作不扎实，不系统，进度不快，法律保障难落实，缺乏有力的扶持政策和措施，未得到全民的共识和全社会的共同行动，毁林事件时有发生。

②林业生态工程不但是一项跨世纪的生态建设工程，而且建设区多是在自然条件非常严酷、经济不发达的“老、少、边、穷”地区。投入严重不足，国家投资少，补助标准偏低，与工程需要不相适应，影响了工程进度和质量。随着工程的进展，造林难度不断增加，同时，随着物价不断上涨，造林成本不断提高，资金缺口越来越大。

③一些地区缺乏统一规划，综合治理的意识不强。防护林建设未与体系总体建设以及当地环境和相关产业综合考虑、规划，因而使之功能难以正常发挥。没能做到宜林则林、宜农则农、宜水则水以及生物措施和工程措施相结合。

④树种比例失调，树种单一，结构简单，稳定性差，易遭受病虫害危害，防护功能不能充分发挥。

⑤一些地方仍然存在着不合理的耕作方式、强度樵采和乱砍滥伐现象。

⑥一些地方林业基础薄弱，科技人员偏少。尚有部分（乡）镇没有林业站，或虽有林业站，但没有专业技术员，没有可靠的专项经费来源，形同虚设。

### （二）自然保护区建设和野生动植物保护工程存在的问题

尽管林业部门已在中国生物多样性保护上投入了大量的人力和财力，但自然保护区建设和野生动物保护仍有很多不尽人意的地方。

①自然保护区建设资金严重短缺。过低的资金投入，尤其是基本建设投资严重不足，使自然保护区的管护、科学研究以及处理与当地人民之间的矛盾和主要工作处于很低的水平。

②相当多的自然保护区没有开展必要的科学研究和资源积累，资源本底不清，保护带有盲目性。

③自然保护区管理机构比较薄弱，管理质量普遍不高。自然保护区条件艰苦，对一般的科技和管理人才没有吸引力，人才缺乏；相当多保护区机构不健全，缺乏科学的管理计划和发展规划，管理仅停留在看护林子的水平上。

④保护区内土地所有权交叉，造成保护工作难以顺利开展；保护区内多群众居住，与当地人民矛盾时常发生。

⑤目前大多数自然保护区面积小，外围人类经济开发活动频繁，保护区缓冲地带逐渐缩小，形成了孤岛，野生动物栖息生境难以保证。

⑥部门交叉管理，造成体制混乱。

⑦野生动物资源的保护和合理利用工作脱节。对在保护的基础上，如何发展和合理利用方面做得不够。特别是对野生动物的驯养繁殖、产品的深加工、合理狩猎创汇等经济效益比较高的项目重视不够，没有能够形成一定的产业。

⑧野生动植物资源本底不清，科学研究薄弱。新中国成立以来，除了在部分省（市、区）开展了珍稀野生动植物资源调查外，在全国还没有进行过全面的调查，资源不清，变化难以掌握，使野生动植物保护、开发利用存在盲目性。

⑨珍稀濒危动植物的迁地保护，对一些小型兽类、鸟类等特别是非脊椎类保护动物重视不够，缺乏统一的迁地保护规划，尚未形成全国野生动植物物种迁地保护网络。

⑩虽然加入了一些国际组织，但参加的活动很少，合作项目不多，主动程度不够。

## 二、林业生态环境建设的对策

### （一）树立生态经济思想

林业生态工程建设是牵涉到自然、经济和社会多方面的复杂系统工程，以单纯生态观点指导这些重大的生态工程建设是不可能取得成功的。实践表明，只有从生态经济系统的综合性、整体性和协调性出发，追求综合效益最佳，才能既促进生态环境的改善，又可在生态环境的改善中促进经济的发展，达到生态经济的协调，实现可持续发展。林业生态工程建设既要考虑林业生态经济系统内部的协调，又要考虑有利于促进农业生态经济系统功能的提高以及区域生态经济系统的整体效益。我国各区域间以及某一区域内，生态经济地域差异显著，林业生态工程建设要体现因地制宜的原则，但这种因地制宜要服从大区域和全国生态经济总体最佳的原则。

### （二）搞好林业生态工程建设总体规划

林业生态工程建设的总目标是保护生态环境，维护生态平衡，保护生物多样性，实现国土综合整治，促进持续发展，参与全球生态环境保护。各区城林业生态工程建设必须服从全国的总体利益，在总体宏观规划调节下，区域林业生态工程间相互协作，既有分工，又密切联系，形成“全国一盘棋”的合理布局，实现总体利益最优化、长远化。林业生态工程建设的布局和规划，必须建立在对区域有关生态和经济方面诸多因素进行综合评价的基础上。在具体工作中，首先要依据区域的实际情况，确定工程建设的总体规模、具体类型和空间格局；其次依据各地区条件，因地制宜，搞好最佳林种、树种结构配置，从而形成区域最佳工程格局。

### （三）调动全社会力量建设林业生态工程

林业生态工程建设的成败关键在于广大群众。要积极搞好宣传，提高全社会对林业生态工程建设重要性的认识，加强林业建设方针、政策和措施的制订工作。改善不适应的林业生产关系，做到“山有主、主有权、权有责、责有利”：坚持和完善谁造谁有、合造共有、允许继承、允许折价转让等林业政策，并且保证其连续性和稳定性，尊重承包者的经营自主权，保障他们的合法权益，使经营者特别是农民得到真正的实惠，放心大胆地兴林致富。实行以国有林和集体林业为主体，多种经济成分并存的政策，完善各种形式的责任制，通过联营分利、股份合作等多种形式，大力发展乡村林场和股份合作林场，兴办绿色企业、专业户造林、合作造林、联营造林及股份制林业。充分调动各行业各部门的积极因素，按统一规划，协同共建的原则，实行“各负其责，各负其费，各受其益，限期完成”的政策，做到责、权和利相结合；实行“护、造、育、用”相结合，坚持多林种多功能的经营方向，林工商综合经营，给经营承包者以真正实惠。坚持和完善各级领导干部任期造林绿化、保护森林等目标责任制，层层落实造林绿化、自然保护区和野生动物保护任务，签订责任状，坚持领导办点，以点带面，一级带着一级干；严格执行检查评比和通报制度，制定和完善相应的法规，强化政府职能，坚持以法治林，确保工程建设稳定协调发展。对个体承包建设的防护林，实行国家按质收购的方式，一方面确保防护林的稳定，另一方面使个体经营者尽快获得效益，增加造林和护林的积极性。

### （四）增加资金和技术投入

动员社会力量，广开渠道，建立林业生态工程建设基金制度，分级管理，专项使用，确保工程建设的资金投入：①增加国家对林业生态工程建设的投资比例，同时在工程建设区进行的农业综合开发、扶贫开发、农田和水利建设、环境保护项目中规定林业生态工程建设资金所占份额；②实行配套投资，在国家专项资金基础上，各级财政应拿出一部分资金用于工程建设；③坚持以地方集资和群众投工投劳为主，国家补助为辅的方针，坚持和健全农村劳动积累工和义务工制度，不能把农民为了改善自己的生存环境和生产条件进行的劳动积累视为增加农民负担；④协同共建。在铁路公路两旁、江河两侧、湖泊水库周围，工矿区，机关、学校用地，部队营区以及农场、牧场、渔场经营地区，要由各主管部门根据当地人民政府的统一规划自筹资金，限期完成各自的造林任务；⑤实行长期无息贷款，鼓励群众投入造林，对既有生态效益，又有经济效益的用材林、经济林、薪炭林等，要合理确定有偿投入比例；⑥实行减缓免税的政策。

科技兴林是振兴我国林业的根本出路，也是搞好林业生态工程建设的基本保证。在工程投入上增加科技含量，把实用技术推广纳入工程建设计划。要建立健全林业科技推广体系，稳定科技推广队伍，采取多种形式，认真抓好各层次的技术培训、科技信息传递和应用；采取优惠政策，鼓励科技人员投身生产第一线，努力提高科技兴林水平；组织多学科综合研究，组织实施林业生态工程建设技术研究的国家攻关项目，增强质量意识，坚持技术标准，强化技术管理；采用生态经济综合技术指标，指导工程实施并验收、考核工程建设成果。

### （五）建立森林生态效益补偿机制

根据《森林法》和国家有关法规政策精神，按照“商品有价，服务收费”和“谁受益，谁负担”的原则，需要有关部门共同制定一个全国性森林生态效益补偿办法，并尽快实施。应该认识到森林生态效益补偿费属于生态服务费，而绝不是一种行政收费。征收森林生态效益补偿的范围：一是依靠森林生态效益从事生产经营活动有直接收入的项目，如征收水费的水库、水电站、城市自来水、风景旅游区门票和营业单位、依靠大型防护林受益的农田、水产养殖业等；二是由于开发建设使森林遭到破坏和生态效益丧失的开矿、采油等，征收费用于恢复植被，补偿生态效益损失。征收办法可采取在利用森林生态效益从事生产经营活动的单位的现收费的基础上附加；也可与经营单位对现收费比例分成或每年划出一定数额，还可采用其他一些适合当地情况、行之有效的办法（如税收或国民收入再分配等）。

### （六）抓好林业生态工程建设中的配套工程建设

林业生态工程建设还必须抓住工程建设区的难点——经济上的贫困和粮食的不足，结合林业生态工程全力抓好改善农村经济和提高粮食产量的配套工程建设。配套工程主要包括两方面：温饱工程和致富工程。温饱工程（包括山地生态工程、农业生态工程等）主要解决粮食问题，其核心是如何提高现有耕地的生产力，使之产出更多的粮食。致富工程（包括乡镇企业、庭园经济等）主要解决农民经济收入低的问题，其核心是如何充分利用林产品和林副产品以及其他资源。投资少、见效快的温饱和致富工程是改善农民经济生活的有效措施，同时也是整个林业生态工程建设的重要组成部分。随着农民经济收入水平的提高，其可以减少对林木的砍伐和对野生动物的猎杀以及对自然保护区的破坏，进而使林业生态工程建设得以保护和发展。

### （七）加强国际合作，积极争取外援

林业生态建设无国界，林业问题具有全球性和整体性。森林资源减少造成的水土流失、荒漠化、生物多样性丧失等生态环境问题，不仅是局部性灾害，也是国际公害，许多捐助国和国际组织都把保护森林资源、防治荒漠化、维护生物多样性等与林业关系密切的领域作为优先领域，给予经济和技术援助。我国是世界上森林资源恢复和生物多样性保护工作面临严峻形势的国家之一，积极开展对外科技交流和经济合作，积极争取国外援助和优惠贷款，引进国外的先进技术和管理经验，认真做好引进项目的消化吸收，将对我国林业生态工程建设起到有力的推动作用。国家有关部门应进一步坚持扩大林业国际经济和技术合作，为改善我国和全球生态环境做出贡献。

# 第五章　林业生态环境建设的理论基础

王礼先教授在1998年出版的《林业生态工程学》中，把现代生态学与景观生态学理论、生态经济学理论、系统科学与系统工程理论、可持续发展理论、环境科学理论、水土保持学理论、防护林学理论作为林业生态工程学的基础理论，这无疑是全面而正确的。这些理论也是林业生态环境建设工作的基础理论，是林业生态工程规划设计、实施、评价的理论基础，是我们进行天然林保护工程建设、自然保护区和野生动植物保护工程建设、防护林体系建设的理论基础。本章主要介绍生态学理论、生态经济学理论、系统工程学理论、生态工程学理论、环境科学理论、可持续发展理论和现代林业的主要论点和理论框架。

## 第一节　生态学理论

### 一、生态系统理论

#### （一）生态系统的概念与特征

1. 生态系统的概念

所谓系统，就是由相互联系、相互作用的若干要素结合而成的具有一定功能的整体。

生态系统是在一定空间范围内，各生物成分（包括人类在内）和非生物成分（环境中的物理和化学因子），通过能量流动和物质循环而相互作用、相互依存所形成的一个功能单位。生态系统中的生物成分和非生物成分，对于地球上生命的维持，缺一不可。最大的生态系统是生物圈（或称生态圈），即包括全球所有生物及其所在的自然环境。生态系统不是静止的实体，而是能量流动、养分循环相结合，具有一定格局的动态系统。

2. 生态系统的特征

生态系统具有特定的结构和物质循环，说明它不只是一个现实的物理实体，而且是生物和非生物成分非常紧密地相互联系着，不断产生物质和能量的交换，具有一定结构特征的功能系统。因此，可概括为以下几个基本特征：

①结构特征。生态系统是由生物和非生物环境两个亚成分构成的。生物成分根据其功能不同分为3部分：生产者（producer），主要是绿色植物，它能利用太阳能把简单的无

机物质制造成有机物质；消费者（consumer），主要是各种动物，以植物或其他动物为食；分解者（decomposer），主要指细菌和真菌，它是以死的动、植物为食，可将复杂的有机物质分解成简单的无机物质，被生产者所利用。非生物环境，主要指光、热、大气、水、土、岩石及死的有机物质等生物赖以生存的环境。

②功能特征。生态系统内的生产者、消费者和分解者与它们的生存环境相互作用，不断进行着能量和物质交换，产生能量和物质在系统中流动，从而保持着生态系统的运转，并发挥其正常的功能。能量在系统中的流动是一种单向流失过程，最后以热能形式损失掉；物质在系统的流动是一种循环运动。生态系统的最大特点就是能量和物质的流动能产生整体功能。整体功能的产生与生态系统的结构有着密切的关系。结构合理，功能才能得到正常地发挥：结构最优，功能才能达到最佳。但是，功能的发挥和变化反过来又可以影响结构的变化。

③动态特征。生态系统不是静止的，而是不断运动变化的系统。除了上述能量和物质不断流动和变化，生态系统的整个结构和功能也在随着时间而发生变化。一种生态系统的形成，都是经历了漫长的岁月，不断发展、进化和演变的结果。生态系统有其自身发育的生命周期，并随年份、季节和昼夜时刻发生着变化。随着时间的推移，一种生态系统的发展总是从比较简单的结构向复杂结构状态发展，最后达到相对稳定的阶段。这种定向性变化称为演替的过程。

④相互作用和相互联系的特征。生态系统内各生物和非生物成分的关系是紧密相连、密不可分的整体。任一成分的变化不仅会影响所有其他成分的变化，同时也受所在系统内环境因子的制约。森林生态系统内不论生物和非生物成分怎样复杂，但各有其位置和作用，彼此密切相连。所以研究林木个体、种群或群落都不应脱离系统整体。

⑤稳定平衡的特性。自然界生态系统的发展过程总是趋向于内部保持一定平衡关系，使系统内各成分间完全处于相互协调的稳定状态。系统受到外力干扰时，自身有一种恢复的能力，由稳定到不稳定，再由不稳定返回稳定的状态。未受干扰或少受干扰的稳定生态系统有较强的自动校正平衡能力和自我调节的机制，可以抗御和适应外界的变化。生态系统的稳定主要是由系统各成分对内部能量和外界任一变化所作的自身调整或自我重新分配过程来实现的。如森林内一些昆虫限于某种食物才能生存，平时昆虫和食物供应是平衡的。森林里的物种有着复杂的食物捕食和被捕食的网络系统。当森林中一种虫害大量发生时，它就会被其天敌所控制，所以系统内各成分总是趋向于相互协调的稳定态。生态系统内的负反馈机制是达到和维持平衡或稳定的重要途径。

⑥对外开放的特征。所有生态系统，甚至生物圈都是一个开放系统，假如封闭起来，其中所有生命将难以生存下去。一个现实的功能生态系统，必须有能量和物质的输入，以及具有能量和物质输出的过程。所以，生态系统的外部环境也应是系统整体的一个部分。

森林生态系统是生物圈生态系统中分布最广、类型最丰富的一种生态系统。森林中的生物成分有各种植物（乔木、灌木、草丛和苔藓），相互遮阴、竞争、互利或对抗；各种微生物，直接或间接有益或有害于各种动、植物。非生物成分有太阳辐射、温度、风、土壤、水分和火因子等，影响着林内所有生物的生存或生活，及其分布和数量。所有生物和非生物成分之间进行着相互作用和相互联系，密不可分。森林里的很多事件和状态，均是系统内多因子相互影响的结果。

### （二）生态系统的能量流动

地球上一切生命都离不开能量的作用，没有能量的不断供应，生物的生命就会停止，而生态系统中当然离不开能量，能量是生态系统的驱动力，而生态系统中能量的关系，主要表现在以下 3 个方面：①有机物质的合成过程，即生产者（绿色植物）吸收太阳能量形成含能量的初级生产量；②活有机物质被各级消费者（动物）消费的过程；③死有机物质（动植物残体和排泄物）被腐生物分解的过程。

根据能量学观点，能量在上述 3 个过程中的转换，可视作能量流。能量输入生态系统，能量得以储存，通过消费者的消耗和腐生物分解等一系列能量转换的代谢活动，能量不断消耗并转换为热能输出系统之外。所以生态系统必须不断有新的能量补充，否则就会瓦解。所有生态系统或生态系统内部均可按统一的能量单位进行数量化和对比。

1. 生物能量的来源

生物在进化过程中产生出许多植物、动物和微生物（估计大约有 500 万种），这些生物可以根据其能量的来源区分为不同的营养类别，首先可以分为自养生物和异养生物。

①自养生物。自养生物又称生产者或称初级生产者，因为它所生产的高能量有机分子为异养生物提供了能源。自养生物又可分为两个亚类：光能自养生物和化能自养生物。前者是靠叶绿素在光合作用过程中吸取太阳辐射的某些波段与二氧化碳和水一起合成化学键能。后者是从简单的无机元素获取能量。

②异养生物。异养生物又称消费者，说明依赖于生产者。该类生物不可能利用太阳光或无机化学键能，而是从氧化由自养生物所合成的高能有机分子如碳水化合物、脂肪和蛋白质中获取能量。由于其能量来源不同，可再区分为 4 个亚类。一是草食动物，是利用植物体有机物质所合的能量转换成草食动物的能量，是绿色植物的消费者。二是肉食动物，可再细分为二级、三级或更高级消费者，是利用动物体有机物质所合成的能量转换成肉食动物自身的能量。三是杂食动物，是从植物和动物中获取能量，其食料因环境而改变或不分情况均可以植物或动物为食。一般杂食动物以动植物混合食料为最佳。四是腐生物或称分解者、腐食动物，是从死的动、植物尸体中有机物质取得能量。

2. 生态系统的营养结构

生态系统中各种生物并非杂乱无章地生活在一起，而是存在着复杂的营养关系。不同系统均有其特定的营养结构。营养结构可由食物链（网）、生态金字塔和能流图加以说明。

①食物链。生态系统中，能量转换的一个很主要的途径是通过食物链来进行的。食物链指生物界食物关系中，甲吃乙、乙吃丙、丙吃丁的现象。我国古代成语“螳螂捕蝉，黄

雀在后”就生动说明了能量或食物依存关系具有高度的次序性，每一生物获取能量均有特定的来源。这种能量转换连续依赖的次序称为食物链或营养链。有机体的食物如来自同一链环，这些有机体便属于同一营养级。营养级是一个很重要的概念，它不是物种的分类，而是营养关系的分类。

②食物网。生态系统内生物间的关系是很复杂的。采用食物链的方法研究能量流固然方便和有用，然而这并不能真正了解整个生态系统的能量关系。因为每一种植物可作为多种食草动物的食料，很多草食动物除个别的以外，也以多种植物为食。多数草食动物又是多种肉食动物的食料。这样生物之间的捕食和被食的关系就不是简单的一条链，而是错综复杂、相互依赖的网状结构，所以用食物网说明更确切些。

③生态金字塔。生态系统的食物网错综复杂且生物种类繁多，因此不同生态系统之间的食物网很难加以对比。如果把食物网划分为能量转换的一系列营养级，说明其营养结构，就便于各生态系统之间的比较。营养结构可以在连续的营养级水平上按单位面积的数量、现存量或单位面积内所固定的储量表示之。营养结构的图形可用生态金字塔（锥体）表示，生产者营养级水平构成基底，其次相继各营养级一层层上升构成塔尖。

3. 生态系统的分类

能量是驱动生态系统运转的基础，因此以能量来源为根据的分类是生态系统自然本质的分类。生态系统依赖两种重要的能量来源：太阳和燃料。有些系统是太阳供给的，另一些则是燃料供给的。依据 E.P. 奥德姆把生态系统按能量来源分为 4 类。

①纯太阳能生态系统。这类生态系统主要或完全依赖太阳辐射的自然生态系统。如开阔的深海和大洋，茂密的森林和大片的草地，以及大的深湖泊都属于这类生态系统。其共同特点是它们很少有其他有效的补助能量来加强或补充太阳辐射，这种系统经常受到其他生态因子的限制，如养分或水分的不足。因此这类生态系统的供能量低，做功能力少，生产力也低。这类生态系统本身不能维持高密度的生物种群。但是它们所占的面积最大，所以对于水循环、调节气候、净化空气及维持全球的生态平衡起着重要作用。

②有自然补助能的太阳供能生态系统。这类生态系统有自然提供的其他能源用以补助太阳辐射，从而增加有机物质的产量。如地球的某些部位，如沿海潮汐带、洞口湾和某些热带雨林属于这一类。因有自然提供的其他能源，从而可较大幅度地提高生产量和种群密度。

③有人类补助的太阳供能生态系统。这类生态系统有人类投入的补助能量（附加能量）。人类很早就学会了增加补助能量提高生态生产量的办法，而且通过选种、育种把初级生产量引导到人类所需要的食物、纤维等物质中。人类经营的农业、林业、畜牧业和水体养殖业是这类生态系统的实例。

④燃料供能的生态系统。就整个地球来说，除去原子能外，各种能量都直接或间接来自太阳辐射。煤和石油矿物燃料不过是地质时代生物固定下来的太阳能的储存。使用矿物燃料是把地质时代的太阳能，加入现代生物圈内的能量流动中来。工业化城市生态系统属

于人工生态系统，是燃料供能生态系统的典型例子，它的能量流动是有待进一步探索的新课题。

### （三）生态系统的养分循环

生态系统中的养分循环相当复杂，有些养分主要在生物和大气之间循环，另一些养分一般在生物和土壤之间循环，或者两者兼而有之。植物和动物体内保存的养分构成了内部循环。基于这些区别，生态系统中养分元素的循环运动，可以划分为 3 种循环类型：地球化学循环、生物地球化学循环和生物化学循环。

1. 植物体内的养分元素

在植物体内的养分元素可以分为大量元素和微量元素，大量元素是植物生长所必需的，而微量元素对植物的生长、发育起着十分关键的作用，其中大量元素包括 C、H、O、N、K、Ca、Mg、P、S；微量元素包括 Cl、B、Fe、Mn、Zn、Cu、Mo。氢、氧、碳和氮 4 元素是生物量中主要的化学成分，大约占植物体干重的 95%。它们可直接或间接以气态形式从大气中获取。其中氢和氧一起作为水占所有生物总量的绝大部分，如木材中水占 50% 以上。植物从周围环境中吸收的元素或化合物的多少，一般与这些元素在周围存在的数量有一定的比例关系。但由于环境的复杂变化和植物代谢状况，不同植物种类对某种元素的吸收有很大差别。同一种植物也因年份、季节和生理状态的不同，对各种元素需要的相对浓度也有所差别。

动物对养分的需要比植物更复杂。一般来说，动物合成有机化合物的能力有限。假如没有各种现成可供吸收的有机物质如蛋白质（或氨基酸）、维生素和脂肪，动物很难维持其代谢的功能。动物食物的来源均是由植物合成的。草食动物直接以植物为食料，肉食动物则是间接由其他动物作为食源。

2. 地球化学循环

地球化学循环是指不同生态系统之间化学元素的交换，距离可能很近，也可能很远，并且可以将地球化学循环分为气态循环和沉积循环。

①气态循环。碳、氢、氧、氮和硫均能以气态、固态和水溶液出入于生态系统。氮、碳和氧主要以气态形式输入和输出。大部分氯进入生态系统是靠微生物对氮气（$N_2$）的固定；但据报道，植物吸收的气态 $NH_3$，可提供植物群落所需氮量的 10%。

②沉积循环。地球化学循环中，气态循环的元素比较少，大部分属于沉积循环类型。有些元素既参与气态循环，有时也参与沉积循环，这就决定于该元素的理化性质、生物作用和环境条件。如碳和硫在干旱地区是以气态从系统中输出；而在东南地区，大量气态碳和硫的氧化物则溶于水，随溪流输出系统之外。沉积循环有 3 种运动形式，即气象途径、生物途径和地质水文途径。

气象途径。像空气尘埃和阵水（雨和雪）的输入以及风侵蚀和搬运的输出。陆地尘土和花粉，海洋的盐渍均可由风携带到某远距离的生态系统。飞尘和沙暴能堆积成厚厚的黄土或形成沙丘。

干沉降物（尘埃、烟尘在无风、干旱的天气里从大气中沉降）和湿沉降物（雨水、雾或雪中的尘埃、烟尘以及溶解的化学物质）会不断将养分元素输入生态系统，有些输入量少些，另一些输入量可能相当可观。沉降物中养分含量因年份和一年内不同时期以及气候和天气、所处位置（与沉降源如土壤风蚀区、工业空气污染区的远近）有很大关系。

生物途径。动物的活动可以使养分在生态系统之间发生再分配。许多动物的活动既经常参与生物地球化学循环，也参与地球化学循环，如它们可以在一个生态系统内取食，而在另一系统内排泄。人们从事农业和林业经营活动时，同样会对地球化学循环产生影响。肥料在某一生态系统采掘或制造，而在另一系统内施用。森林或农作物生长所积累的养分由于采伐或收割而发生转移，最后这些养分因焚烧或遗弃而进入其他生态系统的土壤或经下水道流入遥远的水体。当然人类不同于其他动物，人们不仅可对养分元素再分配，而且还集中和散布了大量非养分元素和各种化合物。自然界中地球化学循环是一个相当复杂和非常平衡的系统，它为陆地和水体生态系统提供了足够的养分输入和输出，保持着这些系统中生物地球化学循环的顺利进行。

地质水文途径。指生态系统养分的输入来源于岩石、土壤矿物的风化和土壤水分及混水溶解的养分对系统的输入，以及土壤水或地表水溶解的养分、土粒和有机物质从系统的输出。

3. 生物地球化学循环

生物地球化学循环是指生态系统内部化学元素的交换，其空间范围一般不大，植物在系统内就地吸收养分，又通过落叶归还到同一地方。

生态系统内养分循环的过程中，动、植物的同化和生产过程使得无机养分向活有机体分室移动。如植物初级生产量的形成，主要是碳、氧、氮、磷和硫循环的过程；动物通过进食和饮水也能同化很多重要元素，如钠、磷和钙等。生物的呼吸作用又将碳和氧直接归还给有效无机养分分室或活有机体分室的草牧食物链再多次循环。生物排泄或雨水对叶子淋溶下的钙、钠和其他元素离子也会很快再循环。大部分因此同化进入活有机体的碳和氮，因生物体死亡和排泄物转移到死有机体分室。这些残体的养分可以通过腐食者再归还到活有机体分室中去，但所有养分最终因淋溶和分解都归还到有效无机养分库里。间接有效无机养分和间接有效有机养分两分室的养分系留存在大气、石灰岩、煤和形成地壳的岩石里，进入养分循环的速度，非常缓慢，主要靠地质作用。一般生物地球化学循环的特点是，绝大多数的养分可以有效地保留，积累在本系统之内，其循环经常是遵循一定的循环路线。

4. 生物化学循环

生物化学循环，指养分在生物体内的再分配。植物不只单靠根和叶吸收养分满足其实、茎和根的生长，同样还会将储存在植物体内的养分转移到需要养分的部位，如从叶子移向幼嫩的生长点或将其储存在树皮和体内某处。假如植物没有能力把即将脱落的老龄叶养分转移到体内，将会有大量 N、P、K 在凋落物内损失掉。这种植物体内养分的再分配，也是植物保存养分的重要途径。

养分在体内的再分配，对植物有着多方面的作用，植物体内部储存的养分可以在土壤养分不足时仍能维持生长，或者在一年内养分难以利用的期间（如春季土壤温度低和过湿）也能保持生长。之后当土壤养分充足时，即令植物生长当时不需要的更多养分，并仍能继续吸取养分并加以储存起来。养分再分配也有某种实践意义，如为什么只施用一次氮肥之后，促进树林自我生长就能维持若干年，这说明是由于氮肥已储存在了树冠里。因此，施肥对于内部养分再分配能力强的树种要比分配能力弱的树种效果更好些。

植物叶子脱落之前，养分的回收和再分配的效能因所在土壤养分可利用的程度不同而异。据研究，生长在贫瘠土壤和肥沃土壤上的两块红松林相比较，老叶脱落前养分的返还量明显前者多于后者。为了确定植物体内和体外养分利用的相互关系，有人曾在美国华盛顿州对北美黄杉林进行了试验。为了减少森林地被物中氮的利用量，将蔗糖和锯末混合放在根部，提供容易利用的能源，增加微生物活动，使地被物里有效氮大量被固定。这样，树木对有效氮的突然减少的反应是，加速氮从老叶到新叶的再分配和老龄叶的脱落。就好像是老叶由于面对氮的严重亏损，为了维持新叶的光合作用而做出了牺牲。

内部循环的效能不仅受肥力的影响，也受其他影响植物生长和植物吸收的任一因素的制约。常绿树种（与落叶树种相反）叶子具有储存和保持养分的生理特征。据观察，一个树种常绿性的等级通常因生境条件不同而异。如加拿大不列颠哥伦比亚省太平洋冷杉的针叶，随着海拔的升高，老叶留存在树枝上的年数也越久。树枝上保留大量老叶生物量，可以在气温高和土壤温度仍很低，养分吸收受到限制的条件下，为新叶的生长提供养分。据研究，内部循环的程度与叶子保留年数成反比。如生长在贫瘠土壤上的落叶松和落叶阔叶树，落叶之前 N、P 和 K 被回收的比例就非常高。针叶保留 2 ~ 4 年的松树，针叶脱落前仍有较多养分被回返，然而留存多年老龄叶的云杉、冷杉内部循环的效能就更低些。

### （四）生态系统的平衡

1. 生态系统平衡的概念

生态平衡是生态系统在一定时间内结构与功能的相对稳定状态，其物质和能量的输入、输出接近相等，在外来干扰下，能通过自我调节（或人为控制）恢复到原初稳定状态。当外来干扰超越生态系统自我调节能力，而不能恢复到原初状态谓之生态失调，或生态平衡的破坏。生态平衡是动态的。维护生态平衡不只是保持其原初状态，生态系统在人为有益的影响下，可以建立新的平衡，达到更合理的结构，更高效的功能和更好的生态效益。

2. 生态系统的稳定性

自然生态系统能量流动是单向的，在流动过程中不断地以热的形式消散，所以保持稳定的根本原因是太阳不断地给生物圈补充能量。不言而喻，这一来源一旦消失，生态系统的功能也将停止。

生态系统是一个控制论系统，通过反馈调节，维持系统的稳定状态。系统的稳定性与结构的复杂性密切相关，在这个问题上生态学家长期以来存在着不同的看法。一般来说，生物生态学家普遍认为系统的复杂性导致了稳定性。

以热带雨林群落代表结构复杂的生态系统和极地苔原群落代表简单的生态系统进行比较，可以说明复杂性与稳定性之间的关系。热带雨林结构复杂，物种多样性高，种间相互关系多而密切，进化历史长，其环境条件相对稳定，可预测性强；反之，极地苔原群落结构简单，物种多样性低，种间相互作用少，进化历史短，其环境条件多变且难于预测。一般认为，热带雨林抵抗干扰和保持系统稳定性的能力比极地苔原群落强。但是一旦热带雨林在经受一次性严重破坏（如人工砍伐）后，其恢复所需要时间会更长，而极地苔原群虽然抗干扰能力差，但受到破坏以后，其恢复所需要时间要短。

3. 生态系统的类型

①森林生态系统。森林是以树木和其他木本植物为主体的一种生物群落。森林生态系统是森林群落和其环境共同构成的一个生态功能单位。森林生态学就是研究森林群落内各种树木与其他生物之间，以及这些生物与其环境之间的相互关系的。

森林生态系统的初级生产者包括乔木、灌木、草本、蕨类和苔藓。其中树木占优势地位，是生态系统重要的物质和能量基础。森林中植物种群一般都具有明显的成层结构，每一层中通常是由各种种群的不同年龄个体成员组成的。初级消费者，主要是食叶和蛀食性昆虫、植食性和杂食性鸟类以及植食性哺乳类。

森林生态系统结构和功能上的特点可以概括为以下几点。第一，生物种类多、结构复杂：森林的垂直成层现象形成的各种小生境，发展了种类繁多的动物和其他生物群落。第二，系统稳定性高：森林生态系统经历了漫长的发展过程，各类生物群落与环境之间协同进行，使生物群落中各种生物成分与其环境相互联系、相互制约，保持着相对平衡状。所以，系统对外界干扰的调节和抵抗力强，稳定性高。第三，物质循环的封闭程度高：自然状态的森林生态系统，各组分健全，生产者、消费者和分解者与无机环境间的物质交换完全在系统内部正常进行，对外界的依赖程度很小。第四，生产效力高：森林生态系统具有明显的生产优势，它的生物量最大，生产力最高。森林每年的净生产量占全球各类生态系统的近一半。

森林生态系统是一个高效经济的生态系统。世界上不同类型的生态系统，都是在一定地带中与其气象条件相适应的产物。也就是说，森林生态系统的群落结构受不同纬度、经度地区气候的影响。中国森林生态系统的类型齐全，包括由热带雨林至亚寒带针叶林的各种类型的森林生态系统。

森林生态系统在维持生态平衡中具有重要的作用，是宝贵的自然资源，是人类生存发展的重要支柱和自然基础，特别是热带森林遭到破坏后将导致一系列的生态环境问题，如促进沙漠化的进程，水土流失，旱涝灾害，气候的变化等，其影响是深刻的。

②草原生态系统。草原生态系统是以各种草本植物为主体的生物群落与其环境构成的功能统一体。草原对大自然保护有很大作用，它不仅是重要的地理屏障，还是阻止沙漠蔓延的天然防线，起着生态屏障作用。此外，还是人类发展畜牧业的天然基地。

草原生态系统所处地区的气候大陆性较强、降水量较少，年降水量一般都在250 ~ 450mm，而且变化幅度较大。蒸发量往往大于降水量。另外，这些地区的晴朗天气多，太阳辐射总量较多。这种气候条件使草原生态系统各组分在构成上表现出了一些与之适应的特点。

初级生产者的组成主体为草本植物，这些草本植物大多具有适应干旱气候的构造。草原生态系统空间垂直结构通常分为3层：草本层、地面层和根层。各层结构比较简单，没有形成森林生态系统中那样复杂多样的小环境。消费者主要是适宜于奔跑的大型草食动物。另外还有许多在洞穴生活的啮齿类动物。

③城市生态系统。城市生态系统是城市居民与其周围环境组成的一种特殊的人工生态系统，是人们创造的自然—经济—社会复合系统。按生态学的观点，城市也应具有自然生态系统的某些特征，尽管在生命系统组分的比例和作用方面发生了很大变化，但系统内仍有植物和动物，生态系统的功能基本上得以正常进行，也还与周围的自然生态系统发生着各种联系。另外，应该看到城市生态系统确实已发生了本质变化，具有不同于自然生态系统的突出特点，如城市化产生的生态环境问题等。

④淡水生态系统。根据水的流速可分为流动水和静水两种类型。食物链就是一种流动水生态系统。食物链一般是水生植物→无脊椎动物→鱼类。根据实验，当光能输入较高时，总生产量、呼吸作用、叶绿素含量以及群落生物量都比较高，缓流比急流更高。此外流速在14m/s时，生物量大约为100g/m²，生产量平均为235g/d；当流速为0.35m/s时，生物量大约为175g/m²，生产量平均为399g/d。流速较高时，呼吸作用率也是很高的。显然流速是调节淡水生态系统的重要因子。

静水生态系统是指陆地上的淡水湖泊、沼泽、池塘和水库等不动的水体所形成的生态系统。静水生态系统又可再划分为滨岸带、表水层和深水层3种生态系统。滨岸带生态系统主要分布在湖泊或池塘的沿岸，并且向内扩张，与湿地生态系统相类似。植物种群的根系可以从岸上一直着生到湖或池塘内的底上，呈同心圆状分布。浅水处为直立的芦苇和香蒲等。滨岸生态系统含有大量的脊椎动物，如蛙和蛇等。表水层又叫光亮带，含有浮游植物生产者，以硅藻、绿藻和蓝藻为主。消费者主要是浮游动物。深水层处于光亮带以下，在光亮带中的有机物质和腐屑粒不断地沉积在深水层底部的淤泥中，还原者也在其中活动。

⑤海洋生态系统。海洋约占地球面积的70%，它是生物圈中最庞大的生态系统，与陆地生态系统和被水生态系统截然不同。海洋是具有高盐分的特有环境，它的动、植物群与淡水和陆地的也明显不同。海洋除沿海外，没有种子植物。根据海洋生态系统的环境特点，除潮间带外，又可分为浅海带或沿岸带和外海带两类生态系统。

浅海带包括自海岸线起到水深200m以内的全部大陆架。这里接受河流带来的大量有机物，水中光照充足、温度适宜、海底构成复杂，有不同的海底生境，因而栖息着大量的生物，是海洋生态系统最活跃的区域之一，生物生产力很高。

外海带是指深度在200m以下的远洋海区。水深一般在200～4000m，通常又将外海带作垂直划分为水深200m以上的大洋表层和200m以下的大洋下层。大洋表层100m以上光照充足，水温较高，净初级生产力大约为20～400g/（$m^2$·a）。这里生活着大量的自游动物，如乌贼、金枪鱼等。外海带200m以下的深度几乎是一片漆黑。而且，随着深度的增加，压力增大，水温低且稳定。绿色植物在深水环境里不能生存。海洋生态系统中存在着复杂的捕食关系。外海带食物链比浅海带的长，营养级一般都不低于4～5级。

## 二、生态系统交错带理论

在处于两种或两种以上的生态系统之间存在着一种“界面”，围绕这个界面向外延伸的“过渡带”的空间壤，称为生态系统交错带。由于界面是两个或两个以上相对均衡的系统之间的“突发转换”或“异常空间邻接”，因而表现出其脆弱性，因此也称生态环境脆弱带，如农牧交错带、水陆交错带、林农或林牧交错带、沙漠边缘带等。生态系统交错带的脆弱性并不表示该区域生态环境质量最差和自然生产力最低，只是说它对环境变化的敏感性、抵抗外部干扰的能力、生态系统的稳定性表现出了可以用某种明确指标表达的脆弱。如沙漠和湖泊的交错带是绿洲，绿洲的环境质量并不差，生产力也很高，但环境的变化往往极易导致绿洲的消失。这一理论对于林业生态工程的宏观规划具有重要的理论指导意义。

### （一）交错带的脆弱性

生态环境无一例外地均表现为广义的非均衡。其直接后果必然是梯度的产生。梯度导致了广义力与广义流，从而使得整个生态系统，处于不停的动态变化之中。

非均衡中最为直观的表现，又必须归结到“广义界面”的讨论。因为在通常的意义上去理解，界面应视为相对均衡要素之间的“突发转换”或“异常空间邻接”。界面“脆弱”的基本特征，可以表达如下：

①可被代替的概率大，竞争的程度高；

②可以恢复原状的机会小；

③抗干扰的能力弱，对于改变界面状态的外力，只具相对低的阻抗；

④界面变化速度快，空间移动能力强；

⑤非线性的集中表达区，非连续性的集中显示区，突变的产生区，生物多样性的出现区。

### （二）交错带的分类

在生物圈中，从宏观的角度去认识生态环境脆弱带，可以归纳为如下几类：

①城乡交接带。从城市向农村的过被带。由于人口数量和质量、经济形态、供需关系、物质能量交换水平、生活水准、社会心理等因素，使得这一过渡带的时空变化，表现

出十分迅速和不稳定的特征。

②干湿交替带。从比较湿润向比较干燥变化的过渡带。由于气候条件的差异，热量、水分平衡的状况产生了不同的生态效果，与此相应的植被类型、土壤类型、地表景观、生产方式等，均具有脆弱程度较高的特点。

③农牧交错带。由于生产条件、生产方式以及生产目标的不同，在农业地区与牧业地区的衔接处，形成了一个过渡的交界带。在这个过渡带中，由于人类的生产活动，形成了生态环境脆弱的基本前提。

④水陆交界带。由于液相物质与固相物质的互相交接，出现了一个既不同于水体，也不同于土体的特殊过渡带，其受力方式及强度，以及频繁的侵蚀与堆积等，使得这一交界带呈现出不稳定的特征。

⑤森林边缘带。森林边缘所承受的环境应为社会经济应力，不同于森林内部，亦不同于非林地的自然环境，因此该边缘带的形态及演化，常常成为生态环境评定的指示者。

⑥沙漠边缘带。由于物质组成、外营力以及地表景观的显著差异，沙漠内部与非沙漠的农牧区之间，同样形成了明显的生态环境脆弱带，它的移动和变换反映了各种综合作用的共同结果。

⑦梯度联结带。主要由于重力梯度（高度）、浓度梯度、硬度梯度（抗侵蚀能力）等的明显存在，产生了在侵蚀速率、污染程度、坡面形态变化等的过渡区，它们在生态环境的系统稳定性上，显然是脆弱的。

⑧板块接触带。各大板块互相联结的空间域，形成了表现脆弱特征十分明显的各类地质地貌状况。

此外，只要具备上述特征的空间域，均可划归为生态环境脆弱带。但是，必须明确：生态环境脆弱带本身，并不等同于生态环境质量最差的地区，也不等同于自然生产力最低的地区，只是在生态环境的改变速率上，在抵抗外部干扰的能力上，在生态系统的稳定性上，在相应于全球变化的敏感性上，包括在资源竞争、空间竞争的程度上，表现出了可以明确表达的脆弱。

## 三、生态系统恢复与重建理论

生态系统的干扰可分为自然干扰和人为干扰，人为干扰往往附加在自然干扰之上。自然干扰的生态系统总是返回到生态系统演替的早期状态，一些周期性的自然干扰使生态系统呈周期性的演替，自然干扰也是生态演替不可缺少的动力因素。人为干扰与自然干扰有明显的区别，生态演替在人为干扰下可能加速、延缓、改变方向甚至向相反的方向进行。人为干扰常常会产生较大的生态冲击或生态报复现象，产生难以预料的有害后果。如草原过度放牧，会导致草原毒草化，甚至出现荒漠化。生态恢复与重建理论认为由于人为干扰而损害和破坏的生态系统，通过人为控制和采取措施，可以重新获得一些生态学性状。自然干扰的生态系统若能够得到一些人为控制，生态系统将会发生明显变化，结果可能有 4 种：①恢复，即恢复到干扰时的原状；②改建，即重新获得某些原有性状，同时获得一些新的性状；③重建，获得一种与原来性状不同的新的生态系统，更加符合人类的期望，并远离初始状态；④恶化，不合理的人为控制或自然灾害等导致生态系统进一步受到损害。

人类采取措施恢复和重建生态系统时，必须符合生态学规律，从生态系统的观点出发，否则，一个措施使用不当，就会引起另一种严重后果。如美国中西部地区由于砍伐森林导致水土流失，后引进葛藤，经过几年种植，水土流失得到了一定的控制，但因无相应的食草动物，葛藤在该地区迅速扩展，成为一种蔓延杂草。

随着人口的增加和科学技术的发展，人类活动的范围不断扩大，干扰生态系统的能力也变得越乎寻常。一个大型露天矿山，一年可剥离地表岩土上亿吨；一座城市或工程，在很短的时间内崛起，一片森林几天内被砍伐一光，由此带来了生态系统的严重损害，再恢复和重建生态系统的任务将十分艰巨。在林业生态工程，特别是天然林保护和改造、城市绿化、矿区废弃地整治建设过程中，生态系统恢复和重建理论，具有十分重要的指导意义。必须认真研究森林生态系统在干扰情况下的演替规律，并结合现有的技术经济条件，确定规划、设计和管理各种参量，以最终确定合乎生态演替规律的有益于人类的林业生态工程建设方案，使受损的生态系统在自然和人类的共同作用下，得到真正的恢复、改建和重建。如山西省的云杉就是一个比较稳定的生态系统，有人甚至认为是一种顶极群落，它自我更新和调节的能力很强。只要不过度采伐，轻度的干扰云杉林完全可以自我恢复。但是如果过度采伐，云杉林将出现逆行演替，甚至出现不可逆演替。如果采取措施如人工辅助更新或人工造林，云杉林又能得到更新。

## 四、景观生态学理论

景观生态学是近年来兴起的一个生态学分支理论，景观是指以类似方式出现的若干相互作用的生态系统的聚合。R.Forman 和 M.Godron 合著的《景观生态学》（Landscape Ecology）一书指出：景观生态学主要研究大区域范围（中尺度）内异质生态系统如林地、草地、灌丛、走廊、（道路、林带等）、村庄的组合及其结构、功能和变化，以及景观的规划管理。景观内容包括景观要素、景观总体结构、景观形成因素、景观功能、景观动态、景观管理等。

景观生态学是由生态学和地理学相互渗透、交叉而形成的。由此，景观生态学是用生态学的理论和方法去研究景观。景观是景观生态学的研究对象。它不仅包括有然景观，还包括人文景观，从大区域内进行生物种的保护与管理，环境资源的经营和管理，涉及城市景观、农业景观、森林景观等。

景观生态学理论的应用主要在于：①景观生态评价和生态建设规划；②研究大型生态工程的生态影响及生态预测；③研究生态脆弱地区与经济建设重点地区的生态平衡；④自

然保护区的规划与管理；⑤风景旅游区的景观评价与规划方法。

### （一）景观生态的基本原理

1. 景观结构与功能原理

在景观尺度上，每一独立的生在系统（或景观单元）可看作一个宽广的镶嵌体、狭窄的走廊或背景基质。生态学对象如动物、植物、生物量、热能、水和矿质营养等在景观单元间是异质分布的。景观单元在大小、形状、数目、类型和结构方面又是反复变化的，决定这些空间分布的是景观结构。在镶嵌体、走廊和基质中的物质、能量和物种的分布方面，景观是异质的，并具有不同的结构。生态对象在景观单元间的连续运动或流动，决定了这些流动或景观单元间相互作用的是景观功能。在景观结构单元中，物质流、能流和物种流方面表现出了景观功能的不同。

2. 生物多样性原理

景观异质性程度高，会引起大镶嵌体减少，因而需要大镶嵌体内部环境的物种相对减少；另外，这样的景观带有边缘物种的边缘生境的数目大，同时有利于那些需要比一个生态系统更多的环境，以便在附近繁殖、觅食和休息的动物的生存。由于许多生态系统类型的每一种都有自己的生物种或物种库，因而景观的总物种多样性就高。总之，景观异质性减少了稀有内部种的丰度，增加了边缘种及要求两个以上景观单元的动物的丰富度，同时提高了潜在的总物种的共存性。

3. 物种流原理

不同生境之间的异质性是引起物种移动和其他流动的基本原因。在景观单元中物种扩张和收缩既对景观异质性有重要影响，又受景观异质性的控制。

4. 养分再分配原理

矿质养分可以在一个景观中流入和流出， 或者被风、水及动物从景观的一个生态系统到另一个生态系统重新分配。

5. 能量流动原理

随着空间异质性的增加，会有更多能量流过一个景观中各景观单元的边界。热能和生物量越过景观的镶嵌体、走廊和基质的边界之间的流动速率随景观异质性增加而增加。

6. 景观变化原理

景观水平结构把物种同罐嵌体、走廊和基质的范围、形状、数目、类型联系了起来。干扰后，植物的移植、生长、土壤变化及动物的迁移等过程带来了均质化的效应。但是，由于新的干扰的介入及每一个景观单元变化速率的不同，一个同质性景观永远也得不到。在景观中，适度的干扰常常可以建立起更多的镶嵌体或走廊。

7. 稳定性原理

景观的稳定性起因于景观对干扰的抗性和干扰后的复原能力，每个景观单元（生态系统）都有它自己的稳定度。因而景观总的稳定性反映了景观单元中每一种类型的比例。

## （二）景观生态的属性

研究景观与研究生态系统一样，要研究它的结构、功能以及它的动态等，但既然景观是一个整体，一定具有特有的属性，有比生态系统更高层次上的概括。

1. 景观异质性

尽管在生物系统的各个层次上都存在异质性，但是人们在研究中往往会忽略这一点，而异质性则是景观的重要属性，它指的是构成景观的不同的生态系统。

景观异质性的来源除了本身的地球化学背景外，主要来自自然的干扰、人类的、植被的内部演替以及所有这 3 个来源在特定景观里的发展历史，也表现在时间上的动态，也就是已经被广泛研究演替了。

景观异质性的内容包括：①空间组成，即该区域内生态系统的类型、种类、数量及其面积的比例；②空间的构型，各生态系统的空间分布、斑块的形状、斑块的大小以及景观对比度和连接度；③空间相关各生态系统的空间关联程度、整体或参数的关联程度，空间梯度和趋势以及空间尺度。

2. 景观格局

景观格局是指大小或形状不同的斑块（patch）在景观空间上的排列。它是景观异质性的具体表现，同时又是包括干扰在内的各种生态过程在不同尺度上作用的结果。研究景观格局的目的，是在似乎是无序的景观斑块镶嵌中发现其糟在的规律性，确定产生和控制空间格局的因子和机制，比较不同景观的空间格局及其效应。

景观空间格局分为：①点格局，指的是在研究对象相对它们之同距离要小得多的情况下，可以把研究对象看成点；②线格局，是指研究线路的变化和移动；③网格局，是点格局和线格局的复合。研究点和线的联结，点与点之间的连线代表了点与点之间的空间关联程度；④平面格局，主要研究景观的大小、形状、边界以及分布的规律性；⑤立体格局，研究生态系统在景观三维空间的分布。

3. 干扰

干扰在景观生态学中具有特殊的重要性。许多学者试图给干扰严格定义，Turner 将它定义为：“破坏生态系统、群落或种群结构，并改变资源、基质的可利用性，或物理环境的任何在时间上相对不连续的事件。”

一般认为，干扰是造成景观异质性和改变景观格局的重要原因。虽然景观随时间而改变，但并非整个景观过程都是同步的，由于景观中的各个生态系统在不同时间内遭受不同强度或不同类型的干扰，而且不同的生态系统对同样干扰的反应也不相间，这些因素都是构成异质性的原因。

干扰在异质的景观上如何扩散，许多学者认为，在较为同质的景观上干扰容易扩散。但是，近来不少研究表明，异质性景观能阻滞干扰的扩散程度和速率，也能加速扩散的速度或增加扩散的程度。

景观同生态系统一样对干扰具有一定的抗性。

4. 尺度

景观生态学中另一个重要的概念是尺度。尺度包括空间尺度和时间尺度。在景观生态学研究中，必须充分考虑这两种尺度的影响。景观的结构、功能和变化都受尺度所制约，空间格局和异质性的测量取决于测量的尺度，一个景观在某一尺度上可能是异质性的，但在另一尺度上又可能是十分均质；一个动态的景观可能在一种空间尺度上显示为稳定的镶嵌，而在另一尺度上则为不稳定；在一种尺度上是重要的过程和参数，在另一种尺度上可能本是如此重要和可预测。因此，绝不可未经研究而把在一种尺度上得到的概括性结论推广到另一种尺度上去。离开尺度去讨论景观的异质性、格局和干扰都是没有意义的。

## 第二节　生态经济学理论

生态经济学是研究社会再生产过程中，经济系统与生态系统之间物质循环、能量转化和价值增值规律及其应用的科学。研究运用生产关系规律、生产力规律以及两者相互关系的规律，研究社会再生产过程与自然界，主要是生态系统之间相互关系的规律及其应用。

生态经济系统是由生态系统和经济系统通过技术中介以及人类劳动过程所构成的物质循环、能量转化、价值增值和信息传递的结构单元。生态系统与经济系统不能自动耦合，必须在人的劳动过程中通过技术中介才能相互耦合为整体。劳动过程，这里排除了其他一切特殊形态，即脑力和体力劳动以及各种具体劳动，从而形成了价值及其增殖过程。但这一过程必须借助各种形态的技术作为中介环节才能实现。如果排除了三者的各种具体的关系，在生态、经济、技术要素之间只存在物质、能量、价值及其外化形态——信息的输入和输出关系。所以，生态经济学的最终目标是把物质、能量、价值和信息（包括精神产品）相互协调为一个投入产出的有机整体。

### 一、生态经济系统的特征及其演替

#### （一）生态经济系统的特性

①生态经济系统是概念系统即无形要素（软要素如概念、原理、法则、方法、体系、程序等）所构成的系统，与实体系统（有形系统如矿物、能源、生物群落等）融合在一起的概念、实体复合系统。生态经济系统的实体特征，它与周围的大自然和社会环境有着物质、能量、价值与信息输入输出关系，这是控制其稳定、协调发展的依据。

②生态经济系统的协调有序性，实质上是生态系统有序性与经济系统有序性的融合。首先，生态系统有序性是生态经济系统有序性的基础。经济系统也遵循经济有序运动规律性，不断地同生态系统进行物质、能量、信息等交换活动，以维持一定水平的社会经

济系统的有序稳定性；其次，这两个基本层次有序性必须相互协调，并共同融合为统一的生态经济系统有序性；生态经济系统的协调有序性，还表现在生态系统的自然生长与经济目标的人工导向协调。但是人工导向的协调不能超越生态经济阈的限度，否则很容易导致系统的逆行演替。

③生态系统和经济系统的双向耦合。生态经济系统中的生态循环与经济循环都离不开生产过程中的相互耦合，即经济系统把物质、能量和信息输入生态系统后，改变了生态系统各要素的比例关系，使生态系统发生新的变化；同时，经济系统利用生态系统的新变化，从中吸取对自己有利的东西，来维持系统正常的循环运动，一方面生态自然物质、能量效益提高，另一方面经济过热的增长速度趋于稳定，从而使二者达到协调发展的目标。然而，耦合完成，经济产品产出，生态系统和经济系统就会分离，直至下次生产中再次耦合。

### （二）生态经济系统的动态演替

生态经济系统演替是社会经济系统演替与自然生态系统演替的统一，它突出表现为社会经济主导下的急速多变的演替过程。生态经济系统演替不仅与一定的历史发展阶段相联系，还与同一历史阶段经济发展的不同时期以及同一时期的不同经济活动相联系，从生态经济结构进展演替次序看，大致经历了 3 个阶段：

①原始型生态经济系统演替。这是生产力发展水平极低条件下的产物。它主要存在于自然经济和半自然经济条件下的农业和以生物产品为原料的家庭手工业中。在此种社会经济条件下，经济系统与生态系统只能形成比较简单的生态经济结构。

②掠夺型的生态经济系统演替。主要表现在以化石能源利用为主的发展阶段。它是指经济系统通过技术手段，以掠夺的方式同生态系统进行结合的一种演替方式。掠夺型的生态经济系统的演替特点是：具有经济主导的特征，生态基础要素的定向演替要靠经济、技术要素的变动来实现；使生态资源产生耗竭的趋势；严重的环境污染使环境质量快速消耗。掠夺型的生态经济系统演替，具有脱离生态规律约束倾向的经济增长性的演替，这种演替虽然在一定时期内能使经济迅速增长，但由于这种增长是以破坏资源和环境为代价的，所以，当环境和资源损伤到一定程度并出现严重衰退时，便会成为制约经济增长的严重障碍。

③协调型的生态经济演替。协调型的生态经济系统演替主要发生在生态文化反思的发展阶段。它是指经济系统通过科技手段与生态系统结合，形成高效、高产、低耗、优质、多品种输出，多层次互相协同进化发展的生态经济系统的演替方式，也就是经济社会持续发展阶段的生态经济特征。演替特点表现为：第一，经济系统与生态系统各要素是互补互促的协调关系，单一的生态系统因其营养再循环复合效率、生产率和生物产量都较低，人们为了满足需要，便运用经济力量来干预生态系统中营养循环和维持平衡的机制，以获得高转化率和高产量。这种干预引起了生态系统向更加有序的结构演化，从而生产出比自然

状态循环多得多的物质产品。较多的物质产品输入社会经济系统后，又会引起经济有序关系的一系列变化。第二，利用高输入高输出的投入产出关系，在技术手段的作用下，使原来有序的生态经济结构关系发生新的变化，从而产生更加有序的结构演替变化，这种演替不危及生态环境特征。特别是经济迅速发展时期，协调型演替能够找到恰当的方法解决二者之间的矛盾。

## 二、生态经济系统的分类

地球上最大的生态经济系统是生态经济圈。依据不同的经济特征，可以把它分为农村生态经济系统、城市生态经济系统、城郊生态经济系统和流域生态经济系统 4 大类。

1. 农村生态经济系统

我国农村人口占全国总人口的 80% 以上，耕地 1.33 亿 $hm^2$，农业在整个国民经济中具有十分重要的基础地位和作用。随着农村经济的发展，农村生态经济也在日益向多样化方向发展，农村生态经济系统大致分为：①农业（种植业）生态经济系统。属于第一性生产的系统，是农村生态经济的基础。它的最主要特点是利用绿色农作物的光合作用，将太阳能转化为化学能和将无机物质转化为有机物。其他各种不同形态的农村生态经济系统都要在这个基础上才能建立起来。②林业生态经济系统。它是指以经营木本植物为主的林业生产系统，可分为天然林生态经济系统和人工林生态经济系统两大类。林业也可与种植业、牧业等形成复合的生态经济系统；对于保障农业和畜牧业生产，改善生态环境，具有重要意义。③牧业生态经济系统。它是以牧草和农、林等植物产品为基础的再转化二级生产系统。④渔业生态经济系统。它是指以水生生物生产为主的生态经济系统，包括海洋渔业生态经济系统和内陆水域生态经济系统两大类。⑤农村工业生态经济系统。随着农村经济的发展，农村工业生产已逐步成为农村生态经济系统的一个重要组成部分。⑥农村庭院生态经济系统。据统计，农村庭院占地约 667 万 $hm^2$，随着农村经济的发展，农村庭院也由自给型的自留经济向商品经济、集约经营和多样化经营发展，经历了由庭院生态系统向生态经济系统发展的过程。1978 年以来，土地规模有扩大趋势，经营品种既有多样化，又有专业化趋势。有的已不再是“补充”，而成了家庭收入来源的支柱，还有的在庭院内建加工厂（场）、旅馆和商店，向第二和第三产业发展。

2. 城市生态经济系统

城市是一个典型的生态经济有机系统，由工业经济生产、人口消费、维护城市生态平衡的分解还原 3 个子系统组成，这 3 个子系统有着内在的特殊联系。经济生产系统是城市存在的经济基础，也是城市人口生存的物质条件：经济生产与人口生存不可避免地会排泄废弃物，这又是还原系统存在的前提；反过来，城市人口高密度集中，如果没有人口和人口集聚，也就不会有生态分解还原系统，城市就可能毁于垃圾、污水和臭气之中。因此，城市工业经济生产系统、高密度人口消费系统和城市生态分解还原系统三者相互作用、相互联系，构成了一个不可分割的统一的城市生态经济系统。

3. 城郊生态经济系统

城郊生态经济系统是既区别于城市又不同于农村的一种特殊生态经济类型，它的最大特征就是以城市为主要服务对象建立起来的农村生态经济系统。为城市服务，不仅包括通过商品交换为城市提供蔬菜、食品等生活消费品的内容，更重要的还包括非商品交换所接纳和处理城市排放的废弃物的内容。因此，有城市就必须有城郊，有多大规模的城市，就必须有相适应面积的城郊与之配合。随着城市化迅速扩展和城市“三废”污染的加剧，城郊生态经济系统也显示出越来越大的作用。

4. 流域生态经济系统

流域生态经济系统视研究的范围分为小流域和大流程两类。小流域生态经济系统一般是较为单一的生态经济系统，或者是包括农、林、牧、渔综合的生态经济系统。大流域生态经济系统是包括农村、城市、城郊的综合性生态经济系统。研究大流域生态经济系统，可以为国家制定经济总体发展规划提供理论依据。

## 三、生态系统与经济系统的耦合

生态系统内的负反馈机制调节着系统中种群生物量的增减（个体数），使之维持动态平衡。经济系统的反馈机制表现为经济要素和经济系统目标之间的反馈关系。经济系统的特点是受到人口增长和生活质量提高的影响，经济需求只能不断地得到满足，促使经济目标向正反馈方向移升。能否实现生态经济持续发展目标的关键在于能否使生态系统反馈机制与社会经济系统反馈机制相互耦合为一个机制，这一过程实质上是经济系统对生态系统的反馈过程。

一个良性循环的生态经济系统，其生态系统和经济系统必然是互为因果关系，也就是实现生态、经济、技术耦合。如果单纯追求暂时的经济利益，而选择一种掠夺式的技术和经济手段，这样的耦合虽然符合经济机制，但却不符合生态机制，因为无益于生态生产力持续稳定增长，无益于生态资源的更新，必然会出现环境污染、资源枯竭等所谓生态危机。这样的耦合，实际上是暂时的耦合，因其两者的因果关系是暂时的、不稳定的。还有一种情况，经济系统使用的技术、经济手段根本与生态系统反馈机制的要求无关，这不仅不能使生态生产力持续稳定增长，就连暂时性的增长都不可能。假如，一块农田缺少钾肥，而我们却施磷肥或氮肥，或干脆不施任何肥料而喷洒农药。这种技术调节并没有使两者耦合，反而使两个反馈机制发生偏离，最终破坏生态系统反馈机制，使其功能紊乱，导致生产能力下降。这种非因果关系的耦合，对生态系统破坏力很大。在现代社会再生产中，经济系统对生态系统反馈的直接手段是技术系统。在反馈过程中，往往要动员整个技术系统，但在不同的阶段要有先有后、有主有次地分别使用不同的技术手段。但无论使用何种技术，都必须符合生态系统反馈机制的客观要求。

# 第三节　系统工程学与生态工程学理论

## 一、系统工程学理论

### （一）系统工程

系统工程是在系统思想指导下，用近代数学方法和工具来研究一般系统的分析、规划、开发、设计、组织、管理、调整、控制、评价等问题，使系统整体最佳地实现预期目标的一门管理工程技术。这个定义反映了 7 个方面的内容：①系统工程的研究对象是系统；②以系统思想为指导；③解决一般系统在规划、研究、设计、建造和运行的整个过程中的管理工程技术问题，具体说来，包括对系统的分析、规划、开发、设计、组织、管理、调整、控制、评价等；④系统工程是一门管理工程技术；⑤用近代数学方法来进行研究，如运筹学、控制论、信息论、突变论、耗散结构论、协同论、模糊数学、灰色系统理论、概率论与数理统计等；⑥运用现代计算工具——电子计算机来进行运算和处理信息；⑦以便系统整体最佳地实现预期目标。

### （二）系统工程的基本工作程序

系统工程工作程序又称为系统工程方法论，是系统工程研究的另一个重要方面。方法论与方法不同，它是解决问题的辩证形式和过程，又是解决问题的辩证程序的整体。通过这样的程序，把解决问题的观念（即指导思想）和解决问题的手段（理论、方法、工具）联系起来，以指导问题的解决。

美国贝尔电话公司的工程师霍尔（A.D.Hall）于 1969 年提出了系统工程三维结构，这为解决规模巨大的大系统提供了一个统一的思想方法。其中时间维表明了系统工程的全过程，分为规划阶段、拟订方案、系统研究、生产阶段、安装阶段、运行阶段和更新阶段 7 个阶段；逻辑维指明了完成每个阶段工作的步骤，包括摆明问题、指标设计、系统综合、系统分析、系统优化、系统决策和实施；知识维是指完成上述整个阶段和步骤所必需的各种专业知识，如运筹学、控制论工程技术、计算机科学以及有关专业科学知识。将 7 个逻辑步骤和 7 个工作阶段归纳在一起列成表格，称为系统工程活动矩阵。

在活动矩阵中所列的各项活动是相互影响、紧密联系的，甚至有些步骤需要反复地进行。一项大的林业工程，如林业区域发展规划、林区总体设计、造林绿化工程等都是如此。运用系统工程制定规划和决策时首先从时间上划分为以下 7 个工作阶段（时间维）：

①规划阶段。首先要定义系统的概念，明确系统的必要性，确定系统的目标，提出系统的环境条件、约束条件，规定系统的建成期限和投资标准，制定系统开发的计划，提出

一个总体的设想和构思。

②拟订方案。提出系统概略设计和各种可能的备选方案，然后进行系统分析，确定系统设计方案，并进行详细设计。

③系统研究。对系统中的关键项目进行试验和试制，拟定生产计划。

④生产阶段。制定各项技术操作规程（细则），提出系统实施计划。

⑤安装阶段。将系统进行安装、调试和运行。如在森林资源清查后建立森林资源信息管理系统，进行调试和运行。

⑥运行阶段。使系统正常运转，产生效益。如一个良好的森林资源管理系统应当使森林资源连续清查—连续经营—连续管理结合起来，发挥森林资源的各种效益和作用。

⑦更新阶段。改进旧系统或代之以新系统，使它们有效地工作。

在以上每一工作阶段中，采用的是系统工程思维程序，在解题过程中经历了 7 个逻辑步骤。

①摆明问题。通过全面、系统的调查，掌握所要解决问题的历史、现状和发展趋势。以问题为导向，根据系统定义所描述的问题，弄清问题的范围和结构，问题产生的来龙去脉，最后达到明确面临的问题是什么？解决问题的目的是什么？任务是什么？与此同时所收集的资料、数据要齐全、准确、可靠。过去在林业调查时，只注重纵向的调查，即森林资源本身的调查，而忽略了在横向上与社会、经济、生态相联系的调查，仅停留在“就林论林”地考察问题，显然这是不够的。

②指标设计。通过调查首先要对已有的系统进行评价，因而确定评价指标体系是十分重要的，尤其是要用新的价值观念来评价。如森林资源评价系统，立地评价系统，经济效益评价系统与生态效益评价系统等。精心选择和确定评价系统功能的具体指标，然后提出各项目标和目标必要性和可行性的论证。目标一旦确定，就成为动员全体成员为之奋斗的纲领。

③系统综合。根据已经确定的目标，通过综合适用各方面的知识、经验和技术，充分发挥组织起来的人和扩大了的人工智能，开发出一组能够实现系统目标的备选方案。这里的多目标、多途径、多方案对于实现林业目标有很重要的意义。因而它克服了过去规划设计中单目标、单方案的不足，而有可能做到坏中求好，比较中求优。

④系统分析。对各个方案通过构造系统模型模拟，对各备选方案从定性到定量，甚至到定位，进行分析比较，最后通过综合—分析—综合，对方案进行精选。在当代科学技术发展的条件下，我们完全有可能通过运筹学和各种系统方法，利用电子计算机对各个方案进行模拟和分析，从而对方案进行科学抉择。

⑤系统优化。通过综合与分析，评价与比较，以及通过精心选择参数和系数，使之接近或达到系统的目标，这时可以对不同参数下出现的各种方案，按照环境条件和实施目标进行优劣排序，以确定实施方案的可能性和所能达到的最佳程度。

⑥系统决策。系统工程设计人员的任务是向领导提供多种可供选择的优化方案，最后

由领导者根据经验、方针政策，吸收专家、群众的意见，从更广泛全面的角度决定某一方案，并付诸实施。在设计和决策过程中，领导者与设计人员经常沟通思想是设计取得成功的重要因素，这样的决策才是科学的。

⑦实施。规划就是决策，决策一旦确定就要付诸实施，根据选定的方案提出实施方案，如果在实施过程中发现问题，可以根据情况确定是否回到第一步或其中的某一步，重新进行分析。

### （三）系统工程解题的过程

解题的过程包括系统设计和系统管理两大部分。系统设计是狭义的解决问题的过程，是设计的解决问题方案的工作本身，按照辩证逻辑的工作过程，依靠若干具体方法技术，除运筹学和电子计算技术外，还包括其他的系统方法与技术、信息获取技术和预测技术、制定目标的技术方法、系统分析方法、评价决策技术等。

在解决问题的过程中，一方面要依靠系统设计和系统管理的技术与方法，另一方面还需要对工程项目采取计划、监督、协调等管理措施，这部分工作就是工程的系统管理。它的任务是给参加工程项目的人员或小组分配任务、职权和责任，确定这些人员或小组在组织上的关系，组织决策过程；执行已采纳的决定。主要工作有：①工程项目管理的部署和调度，包括制定工程项目计划、组织工程项目的实施和进行工程项目的调度；②建立工程项目的组织机构；③建立工程项目的信息系统。实际上，系统设计和系统管理是系统工程解决问题的具体化，这两者是密切联系的。

由此可知，系统工程的思想、内容、步骤，有一个基本的处理问题的辩证逻辑程序，这个系统工程的基本处理方法就是根据系统的概念与系统的基本组成和性质，把对象作为系统进行充分了解，并对其进行分析；将分析的结果加以综合，与此同时，把它们作为系统而进行评价，使之有效地完成既定目标或目标体系。这种把对象作为一个系统来研究，把它建成合理而有效的系统予以实现，所运用的方法就是系统工程的基本处理方法。

## 二、生态工程学理论

### （一）生态工程学的核心原理

1. 整体性原理

①整体论和还原论。整体理论是综合了解系统如生物圈、生态系统整体性质以及解决威胁区域以致全球生态失调问题的必要基础。当然这并不意味着对组成成分性质的研究和了解是多余的，因为对各成分的性质及与其他成分相互关系的了解越多，对系统的整体性质就能更好地了解，但是仅对一个生态系统成分的了解是不够的，因为这些研究不能解释系统的整体性质和功能，一个生态系统的成分是通过协同进化成为一个统一的不可分割的有机整体的。

②社会—经济—自然复合生态系统。生态工程研究与处理的对象是作为有机整体的社会—经济—自然复合生态系统，或由异质性生态系统组成的、比生态系统更高层次水平的景观。它们是其中生存的各种生物有机体和其非生物的物理、化学成分相互联系、相互作用、相互依存、互为因果地组成的一个网络系统。

2. 协调与平衡原理

①协调原理。由于生态系统长期演化与发展的结果，在自然界中任何状态的生态系统，在一定时期内均具有相对稳定而协调的内部结构和功能。

②平衡原理。生态系统在一定时期内，各组分通过相生相克、转化、补偿、反馈等相互作用，结构与功能达到协调，而处于相对稳定态。此稳定态是一种生态平衡。

3. 自生原理

自生原理包括自我组织、自我优化、自我调节、自我再生、自我繁殖和自我设计等一系列机制。自生作用是以生物为主要和最活跃组成成分的生态系统与机械系统的主要区别之一。生态系统的自生作用能维护系统相对稳定的结构、功能和动态的稳定以及可持续发展。

4. 循环再生原理

①物质循环和再生原理。由于生态系统内的小循环和地球上生物地球化学大循环保障了存在于地球上的物质供给，通过迁移转化和循环，可使再生资源取之不尽，用之不竭。

②多层次分级利用原理。物质再生循环和分层多级利用意味着在系统中通过物质、能量的迁移进行转化。

### （二）生态工程学的生物学原理

1. 生物间互利共生机制原理

自然界没有任何一种生物能离开其他生物而单独生存和繁衍。生物之间的关系可分为抗生与共生两大类。

2. 生态位原理

生态位也有译成“生态龛”或“小环境”的，它是指生态系统中各种生态因子都具有明显的变化梯度，这种变化梯度中能被某种生物占据利用或适应的部分称为其生态位。

3. 食物链原理

食物链与食物网是重要的生态学原理。它主要是指地球上的绿色植物通过叶绿素使太阳能转化为化学能储存于植株之中，所以称其谓“生产者”。绿色植物被草食动物所食，草食动物被肉食动物吃掉，这些动物中有的吃草，有的吃其他动物以维持其生命活动。植物和动物残体又可为小动物和低等动物分解。这种吃与被吃形成的关系称为食物链关系。后两者分别称为“消费者”和“分解者”。

4. 物种多样性原理

复杂的生态系统是最稳定的，它的主要特征之一就是生物组成种类繁多而均衡，食物网纵横交织。其中一个种群偶然增加与减少，其他种群就可以及时抑制补偿，从而保证系统具有很强的自组织能力。相反，处于演替初级阶段或人工生态系统的生物种类单一，其稳定性就很差。

5. 物种耐性原理

一种生物的生存、生长和繁衍需要适宜的环境因子，环境因子在量上的不足和过量都会使该生物不能生存或生长，繁殖受到限制，以致被排挤而消退。换句话说，每种生物都有一个生态需求上的最大量和最小量，两者之间的幅度为该种生物的耐性限度。

6. 耗散结构原理

耗散结构理论指出，一个开发系统，它的有序性来自非平衡态，也就是说，在一定的条件下，当系统处于某种非平衡态时，它能够产生维持有序性的自组织，不断和系统外的物质进行物质与能量的交换。该系统可不断产生熵，也能向环境输出熵，使系统保留熵值呈减少的趋势，即维持其有序性。

7. 限制因子原理

一种生物的生存和繁荣，必须得到其生长和繁殖需要的各种基本物质，在“稳定状态”下，当某种基本物质的可利用量小于或接近所需的临界最小值时，该基本物质便成为限制因子，如光照、水分、温度、二氧化碳、矿质营养等均可成为限制因子。不同的物种及其不同的生活状态对基本物质和环境条件的需求有所不同。在基本物质、环境因子和生物生活状态的变化下，即“不稳定状态下”，限制因子是可以变动的。

8. 环境因子的综合性原理

自然界中众多环境因子都有自己的特殊作用，每个因子都能对生物产生重要影响，而同时，众多相互关联和相互作用的因子构成了一个复杂的环境体系。在生态工程实施中，要十分注意多项因子对生物的综合影响。

### （三）生态工程学的系统工程学原理

1. 结构的有序性原理

一个系统既然是一个有机整体，它本身必须具备自然或人为划定的明显边界，边界内的功能具有明显的相对独立性。同时，每一个系统本身一定要有两个或两个以上的组分所构成。系统内的组分之间具有复杂的作用和依存关系。所以在生态工程实施中必须把环境与生物发展充分协调并有利于生物选择，从而构成一个和谐而高效的人工系统。

2. 系统的整体性原理

一个稳定高效的系统必然是一个和谐的整体，各组分之间必须有适当的比例关系和明显的功能上的分工与协调，只有这样才能使系统顺利完成能量、物质、信息、价值的转换和流通。我们常讲的“结构决定功能”就是这个道理。因此，当系统中某个组分发生量的变化后，必然会影响到其他组分的反应，最终影响到整体系统。在生态工程设计和建造过程中，一个重要任务就是如何通过整体结构实现人工生态系统的高效功能。

3. 功能的综合性原理

作为一个完整的系统，总体功能是衡量系统效益的关键。我们人工建造的生态系统的重要目标也是要求其整体功能最高，也就是说要使系统整体功能大于组成系统的各部分之和。

## 第四节　环境科学理论

### 一、环境的分类和特性

环境是相对于某一中心事物而言的。环境科学所研究的环境，其中心事物是人类，是以人类为主体的外部世界，即人类生存、繁衍所必需的相应的物质条件的综合体。环境可分为自然环境和人工环境。自然环境是人类出现之前就存在的，是人类目前赖以生存、生活和生产所必需的自然条件和自然资源的总称，即阳光、温度、气候、空气、地磁、岩石、土壤、动物、植物、微生物以及地壳的稳步增长定性等自然因素的总和。人工环境是指由于人类活动而形成的物质、能量和精神产品，以及人类活动中所形成的人与人之间的关系或上层建筑。环境科学中所研究的环境是指自然环境。《中华人民共和国环境保护法》所称的环境是“大气、水、土地、矿藏、森林、草原、野生动物、野生植物、水生生物、名胜古迹、风景游览区、温泉、疗养区、自然保护区、生活居住区等”。

#### （一）环境的分类

环境通常从环境的范围、环境要素、人类对环境的利用或环境的功能等方面进行分类。

按环境的空间范围划分，可分为居室环境、院落环境、村落环境、城市环境、区域环境、全球环境和宇宙环境等。

接环境要素属性划分，可分为社会环境和自然环境。自然环境按其组成要素又可分为大气环境、水环境（海洋、湖泊、河流等环境）、土壤环境、地质环境、生物环境（包括森林环境、草原环境等）等。

按人类对环境利用或环境功能进行划分，可分为聚落环境（如村落环境、城市环境）、生产环境（工厂环境、矿山环境、农场环境等）、交通环境（机场环境、港口环境、车站环境、道路环境等）、文化环境（学校及教育区环境、文物古迹环境、风景游览区环境、自然保护区环境等）。

### （二）环境的基本特性

#### 1. 整体性与区域性

整体性是环境的最基本特性。整体性是指环节的各个组成部分和要素之间构成了一个系统。也就是说，环境的各组成部分（包括大气、水体、土壤、植被、人工输等）以特定方式联系在一起，具有特定的结构，并通过稳定的物质、能量、信息网络进行运动，从而在不同时刻呈现出不同状态。环境系统的整体是由部分组成的，但整体功能却不是各组成部分功能的简单之和，而是要由各部分之间通过一定结构形式所呈现出的状态来决定。具体地说，环境系统大多由气、水、土、生物、阳光等主要环境要素组成。虽然它们的各自特性和对人类社会生存发展的独特作用不会发生变化，但它们组成的具体环境则会因它们之间的结构方式、组织程度、物质能量流动规模和途径的不同而有不同的特性。例如，城市环境与农村环境、水网地区环境与干旱地区环境等就各有不同的具体特性。

环境的区域性是指环境整体特性的区域差异。具体来说就是不同区域的环境有不同的整体性。它与环境整体性一起是环境在空间域上的特性。

#### 2. 变动性与稳定性

变动性是指在自然和人类社会行为的作用下，环境的结构和状态始终处于不断变化之中。与变动性相对的是环境的稳定性。所谓稳定性是指环境系统具有一定的自我调节功能。也就是说，当在人类社会行为作用下，环境结构和状态所发生的变化不超过一定限度时，环境系统可以借助于自身的调节功能使这些变化逐渐消失，结构和状态得以恢复。

环境的变动性与稳定性是环境在时间域上的特性。变动是绝对的，稳定是相对的，变化限度是决定环境系统能否稳定的条件。环境的这一特性表明，人类社会的行为将会影响环境的变化。因此，人类社会必须自觉地控制自己的行为，使之与环境自身的变化规律相适配、相协调，以求得环境向着更加有利于人类社会生存发展的方向变化。

#### 3. 资源性与价值性

从实用性上讲，环境整体及其各组成要素都是人类生存发展所需的资源。人类的繁衍、社会的发展都是环境对其不断投入物质、能量和状态的结果。过去，人们较多注意的是环境资源的物质性方面，以及以物质为载体的能量性方面，比如地球上的生物资源、土壤资源、水资源、矿产资源等。这些无疑都是环境资源的重要组成部分，是人类社会生存发展所必需的。但近几十年来，通过环境科学的深入研究，人们进一步认识到，除物质资源外，环境资源的概念还应包括非物质方面，即环境状态也是一种资源。不同的环境状态，对人类社会的生存发展将会提供不同的支持。这里所说的不同支持，既有方向的不同，也有大小的不同。比如说，同样是海滨地区，有的有利于发展滩涂养殖，有的则利于发展港口运输。同样是内陆地区，有的利于发展旅游，有的则利于发展工业；有的利于发展市镇，有的则利于发展疗养地等。总之，环境状态因其对人类社会发展提供的条件不同，从而将影响到人类对生存方式和发展方向的选择，所以说它也是一种资源。

环境，包括其组成要素和整体状态，都是人类社会生存发展不可脱离的依托条件和限制条件。也就是说，环境和人类社会生存发展的需要之间客观存在着一定的特定关系。因此，环境是有价值的。环境的资源性和价值性是环境在功能上的特性。

环境价值可归纳为：①对人类的生存价值，即满足人类生存（衣、食、住、行等）基本需要，由环境提供人类的生活资料和生产资料；②发展价值，指在满足生活需要的基础上进一步发展生产力，不断提高人类生活水平；③生态价值，为人类健康生活、更好地生存与发展提供良好的生态环境条件；④文化价值，满足人类精神文明的需要，环境具有的整体性与区域性、变动性与稳定性、习惯性与价值性特性，都是由于环境是一个系统所决定的。环境是一个系统，是因为组成环境的各个要素以及各个组成部分之间有着稳定的有机联系，并存在能流、物流和信息流。环境结构是环境系统的内在表示，环境状态是环境系统的外在表示。环境结构是指环境系统中各组成部分间数量的比例关系、空间位置的配置关系以及联系的内容和方式。通俗地说，环境结构表示的是环境要素是怎样结成一个整体的。所谓不同的环境，实质上指的是它们的不同结构。环境状态是环境结构运动和变化的外在表现。若环境结构不同，环境状态就不同；若环境结构发生变化，则环境状态也会发生变化。

## 二、环境质量

环境质量，一般是指在一个具体的环境内，环境的总体或环境的某些要素，对人群的生存和繁衍以及社会经济发展的适宜程度，是反映人群的具体要求所形成的对环境评定的一种概念。目前，国内外对环境质量一词存在着很多种解释，但在实质上都是人类对环境本质的认识处于初级阶段的表现。确切地讲，对环境质量一词的定义为：环境质量是环境系统客观存在的一种本质属性，并能用定性和定量的方法加以描述的环境系统所处的状态。

### （一）环境质量的变异规律

环境系统作为环境的整体表示，始终处于不停的运动和变化之中；环境质量作为环境系统所处的状态表示，也始终处于不停的运动变化之中。环境质量的运动变化所遵循的客观规律称为环境质量的变异规律。环境质量变异通常都是自然力和人类行为的共同作用引起的，一般来说这两种作用是不可分割的，但在研究和表述时，总是把它们区分开来加以说明。

人类行为导致了环境质量的变异。是指通过人类的活动，整治农田、兴修水利、建造工厂、开挖矿山、兴办学校、架设桥梁等，这都使环境质量发生了很大的差异，这些差异使人类的生存条件、生活条件、生产条件得到了很大的改善，对人类社会的发展和进步起到了很大的促进作用。但与此同时，人们假如无选择、无节制地毁林开荒、毁草开荒、围湖造田以及向环境中大量排放各种各样的有毒有害物质，则又会使环境质量发生许多对人类生存发展极为不利甚至十分有害的变异。由于各环境要素间通过物质和能量的流动有着十分密切的联系。因此，人类活动虽然有时可能只是会对某一环境要素产生影响，但却会因此导致环境整体上的变异。

自然力导致了环境质量的变异。可以分别从时间和空间两个角度上来认识。从空间的角度来看，纬度和经度地带性变异规律主要受太阳辐射能的影响。非地带性环境质量变异主要是由区域或局部环境结构的差异引起的。地带性环境质量变异和非地带性环境质量变异是相互联系的，而不是孤立的，非地带变异也是在地带性变异的基础上产生的。从时间角度来看，环境质量的变异规律可以分为节律性变异和非节律性变异两种。节律性变异是指环境质量随时间的变化而呈有规律的变化，快节律性变异如日变化、月变化、年变化；慢节律性变异又称为演化性变异，如以年代、世纪，甚至万年、亿年为时间单位所考察的环境质量的改变。非节律性变异不具有明显的周期性，往往是由于重大的自然现象或自然灾害造成的，比如火山爆发引起了周围湖泊、河流和土壤的酸化，山洪暴发冲毁了堤坝、淹没了农田甚至破坏了城市等，但同样也引起了环境质量极大的改变。

综上所述，环境质量的变异是客观存在的，从对人类社会生存发展的影响来考虑，环境质量变异是有利有弊的。另外，引起环境质量变异的原因是多种多样的，但绝不是各自孤立地起作用的。对于具体环境质量变异的原因，必须进行具体分析，从而找出引起变异的主要因子。

### （二）环境质量的价值

环境质量是具有价值的，它具有多维性和动态性。从人类社会生存发展的需要考虑环境质量的多维性，表现在：

①人类健康生存的需要，即环境状态能否满足人类生存的第一需要。如阳光、空气、水、土壤、食品等。

②人类生活条件提高的需要，即环境状态能否满足或能在多大程度上满足人类生存的进一步需要，一般来说除前述要求外，还要求有宽敞舒适的住宅，景色秀丽的游览地，设备齐全的医院，快速方便的通讯和交通，以及可以使子女受到良好教育的学校等。

③人类发展生产的需要，即环境状态能否满足人类为了更好地生存而进行的一种社会性和生产性活动。如发展农业生产需要环境提供肥沃的土壤和一定品质的灌溉用水；发展生产还需要环境提供适宜的原料和充足且洁净的能源；发展旅游业就需要环境提供诱人景色等。

④维持自然生态系统良性循环的需要，即环境状态能否满足人们所追求的社会系统和人类生态系统形成的需要，虽然这显得比较间接，但却是人类发展所不可缺少的。

但需要指出的是，环境价值的取向（重要程度），在不同的地方、不同的历史时期是不相同的。比如说，在落后的国家，人群食不果腹，衣不蔽体，他们这时对环境最迫切的需要，必然是为生存而提供物质生产的条件，因此名山大川的清新空气和秀丽景色（一种环境状态）对他们来说则是没有什么价值的；而在一个发达富足的国家里，人群对令人心旷神怡的美景就看得很重了。

环境质量价值是具有动态性的，因为环境质量在自然力和人类行为的共同作用下不断变化，人类生存发展的需要也在不断变化，因此两者之间的具体关系也必然随之发生变化。也就是说，人类的社会行为可以使环境质量的价值得到提高，也可以使环境质量的价值降低，人类的文明程度越高，环境就建设得越好，环境质量的价值也就会得到迅速的提高。反之，人类的文明程度越低，环境就可能被破坏得越严重，一个山清水秀的环境很可能在短短的几年或几十年之间就变成穷山恶水，环境质量的价值就会急剧地降低。

由上述可见，人类必须学会如何认识和评定一个环境质量的价值，以及如何提高环境质量的价值。这是一门高度艺术化的科学，也是一门高度科学化的艺术。人类社会和环境之间协调发展的水平和程度是人类文明进步的一个最重要的标志。

## 第五节　可持续发展理论

所谓可持续发展，世界公认的定义可以归纳为：满足当代的发展需求，应以不损害、不掠夺后代的发展需求作为前提。它意味着，我们在空间上应遵守互利互补的原则，不能以邻为壑；在时间上应遵守理性分配的原则，不能在“赤字”状况下进行发展；在伦理上应遵守“只有一个地球”“人与自然平衡”“平等发展权利”“互惠互济”“共建共事”等原则，承认世界各地“发展的多样性”，以体现高效和谐、循环再生、协调有序、运行平稳的良性状态。因此，可持续发展是一种“正向的”“有益的”过程，并且可望在不同的空间尺度和不同的时间尺度，作为一种标准去诊断、去核查、去监测、去仲裁“自然—社会—经济”复合系统的“健康程度”。

### 一、可持续发展水平的衡量标准

决定可持续发展的水平，可由以下 5 个基本要素及其间的复杂关系去衡量。

①资源的承载能力。通常又被称为“基础支持系统”。这是由一个国家或地区按人均的资源数量和质量，以及它对于该空间内人口的基本生存和发展的支撑能力决定的。如果可以满足（要考虑资源的世代分配问题），则具备了持续发展条件；如不能满足，应依靠科技进步挖掘替代资源，务求“基础支持系统”保持在区域人口需求的范围之内。

②区域的生产能力。通常也被称为“动力支持系统”或“福利支持系统”。这是一个国家或地区在资源、技术和资本的总体水平上，可以转化为产品和服务的能力。可持续发展要求此种能力在不危及其他子系统的前提下，应当与人的需求同步增长。

③环境的缓冲能力。通常也被称为“容量支持系统”。人对区域的开发、人对资源的

利用、人对生产的发展、人对废物的处理等，均应维持在环境的允许容量之内，否则，可持续发展将不可能继续。

④进程的稳定能力。通常也被称为“过程支持系统”。在整个发展的轨迹上，不希望出现由于自然被动（大自然灾害与不可抗拒的外力干扰）和经济社会波动（由于战争的干扰或重大决策失误所引起的不可挽回的损失等）所带来的灾难性后果。这里有两条途径可以选择：其一，系统的抗干扰能力；其二，增加系统的弹性，一旦受到干扰后的恢复能力应当是强大的、迅速的。

⑤管理的调节能力。通常也被称为“智力支持系统”。它要求人的认识能力、人的行动能力、人的决策和人的调整能力应适应总体发展水平。即人的智力开发和对于“自然—社会—经济”的驾驭能力，要适应可持续发展水平的需求。

上述 5 个要素全部被满足之后，可以寻求对于一个国家就一个地区可持续发展能力的判断，同时我们也可以全面地比较不同国家及地区的可持续发展潜力，从而衡量可持续发展水平的序列谱。

## 二、可持续发展的评价

在可持续发展评价中，有 7 项基本原则可作为可持续发展评价必须遵从的理论（也有人称之为“假性公理”，即有待进一步证明的公理）。这 7 项原则从系统的整体性、空间分布理论、时间过程规则与区域质量内涵等方面为我们提供了在可持续发展中的全部注意事项。

①区域系统的整体性原则。在区域系统的结构与功能的调整上，必须很好地体现出“整体大于部分之和”的基本要求。它意味着区域的持续发展要发挥出较好的整体效益，它是区域系统调控与优化的基本依据。与此同时，它还应当很好地表达出“等级有序”观念和“自组织能力”的水平。

②要素贡献的最小限制原则。由此出发去判定组成区域各要素对于系统整体效应的贡献排序，同时根据这个排序去确定区域生产力与区域生产潜力的临界条件和阈值，进而去确定区域载荷能力与可持续发展能力。它是完成区域系统分析与系统优化的初始条件与边界条件，也是区域质量判定的基本依据。

③系统在空间分布上的连续过渡原则。这是所有区域开发与评价时普遍遵从的一个基础原则。它是由地球本身的特征所决定的，即由地球的形状、大小和运行特性所决定的。这个常常被视作空间的“背景原则”或“隐性原则”，普遍地制约着空间分布的格局。由此去认识地理空间中的分界，地理空间中的充填以及地理空间中的网络，无一例外地要受制于此种连续过渡规律的客观存在。

④区城相似性与差异性互补原则。在区域系统中，在所规定的等级水平上，“无限的”差异性与相似性，形成互为对立的一组事件。人们不可能找到完全相同的实体，同时

亦不存在完全差异的实体。假定两种事件“完全相同”的概率为 1，二者“绝对差异”的概率为 0，则客观上的相似性比较显示，其真实概率总介于 0 与 1 之间，相似性越高，差异性越小，反之亦然。二者之和恒等于 1。这种互补的、对应的概率特性，在其等级水平发生变换时，也会同时有新的变动。该原则构成了一切区域比较、类型比较的分析基础。

⑤区域系统演进趋势的趋稳性原则。它特指区域系统的动态演化过程，具有某种自发趋稳的特性。只要外部输入中的“扰动”不超出在允许的阈值范围，则该稳定态在系统的自我调节下就能得以保持。因此，系统的不稳态只是一种过渡的形式，它总是在追寻自己的稳定态。

⑥区域过程的振荡节律原则。区域过程随时间的变化是一种动态的随机行为，但是该随机行为的进一步分解，常常是某种节律、某种周期的叠加体。这个原则保证了进行区域预测与模拟的现实性与可能性。

⑦要素功能的双向递减原则。任何一个作用于区域系统整体的要素，在某一点时若存在着某种最优值或最大（最小）值，离开这一点向上或向下、向左或向右、向前或向后，均表现出功能递减的特征。此原则的存在和应用为力求系统整体优化提供了理论上的答案和现实中的可行性。

## 第六节　现代林业论

现代林业是一个相对的概念，随着人类对林业需求的改变、认识水平和科技水平的提高而不断地发生着变化，并被赋予了不同的内涵。现代林业具有鲜明的时代和技术特征，它是相对于传统林业而言的，体现了林业发展的历史进程，其本质包含着人类对林业的认识水平和林业发展水平的提高，以及林业本身的领域和范围的不断拓展。

### 一、现代林业的主要论点

林业发展的最终目标是增进当代和子孙万代的福祉。林业发展既受其自身内部因素的制约，又受外部的经济、政治、人口和社会发展趋势的影响。反过来林业对社会经济发展也产生着重要的影响。因此，我们对于林业的现状和未来发展的认识，必须放在更广泛的社会发展的大背景下来考虑。自 20 世纪 80 年代以来，世界各国都在探索现代林业的发展道路，其相继提出了各种各样的理论和途径。尤其是 1992 年环境与发展大会对森林问题形成了全球性的最高级别的政治承诺。林业不再是一个狭窄、封闭的行业，而是在全球人口、资源、环境与发展过程中具有关键地位和深远影响的社会公益性事业，在实现全人类的可持续发展中具有举足轻重的作用。

自 20 世纪 80 年代中期以来，我国对林业发展道路进行了深入系统的研究和探索，也提出了“林业分工论”，可谓我国现代林业研究的开创性工作。具体来说，就是拿出少量的林业用地，通过木材培育，承担起生产全国所需的大部分木材任务，从而把其余大部分的森林从沉重的木材生产负担下解脱出来，保持其稳定性，发挥其生态作用。“林业分工论”是“森林多种功能主导利用”的分工，是林业的分工，也就是从发展战略和经营思想出发，按森林的用途和生产目的，把林业划分为商品林业、公益林业两大类。1992 年环发大会后，林业成为国际社会共同关注的焦点，人们对林业的认识也出现了质的飞跃。原林业部提出了“建立比较完备的林业生态体系和比较发达的林业产业体系”的林业发展的战略目标，为我国林业发展指明了方向。

江泽慧和彭镇华的提出围绕“两大体系”建设，探讨了我国林业发展的道路，提出了传统林业向现代林业转变的研究课题，得到了林业部及各方面的高度重视，开创了现代林业研究的新局面。中国政府在 1995 年率先制定了《中国 21 世纪议程林业行动计划》和《林业“九五”计划和到 2010 年远景目标》，接着可持续发展的目标对中国林业总体目标做了进一步明确和细化。又于 1995 年提出了“以实行分类经营改革为重点，全面实施《林业经济体制改革总体纲要》，建立新的林业经营管理体制和发展模式”的新思路。为我国现代林业的研究与发展奠定了坚实的基础。

张建国和吴静和认为，现代林业是历史发展到今天的产物，是现代科学技术和经济社会发展的必然结果。所谓现代林业，是在现代科学认识的基础上，用现代技术装备和用现代工艺方法生产以及用现代科学管理方法经营管理的并可持续发展的林业。持续林业是现代林业的发展战略目标，是现代林业发展之路，是持续发展现在林业中的应用。并认为生态林业是现代林业的同义语。生态林业是现代林业的基本经营模式，社会林业是现代林业的基本社会组织形式，认为现代林业即是持续林业。

王焕良等认为，现代林业是适应不断变化的社会需求，追求森林多种功能对社会发展的实际供给能力，结构合理，功能协调，高效及可持续的林业发展方式。

凯密斯（J.P.Kimmins）将林业的发展划分为了 4 个阶段：

①无节制地开发森林的林业；

②以木材生产为主的行政管理的林业；

③以生态学为基础的森林经营和木材生产的林业；

④社会林业，即现代林业的发展阶段是不但符合环境需要和从事以生态学为基础的森林培育，而且也满足社会和地方团体日益增长的对森林的多种多样的需求的林业。现代林业更加强调森林的社会效益，其中包括美学、精神价值等，因此，有时被看作“社会林业”。

江泽慧在综合了上述的论点后做出了现代林业的论述：现代林业是充分利用现代科学技术和手段，全社会广泛参与保护和培育森林资源，高效发挥森林的多种功能和多重价值，以满足人类日益增长的生态、经济和社会需求的林业。

## 二、现代林业的理论框架

### （一）现代林业的资源观

现代林业资源是指广义的林业资源，它不仅包括森林资源、林地资源及其依附于森林和林地的资源，还包括可供发展林业的各种自然和社会经济资源，如退化地、沙区、湿地、降水、太阳辐射、大气等自然与人力、市场、社会、环境、资金、科技以及相应的国际资源等社会经济资源。根据资源的利用情况，林业资源还包括现实资源和潜在资源。现实资源是指已经被开发和利用的资源，如木材等。潜在资源则是指目前尚未被开发和利用，但具有潜在利用和开发价值的林业资源，如森林中各种生物的未被认识和开发的工业价值、保健价值、环境价值、观赏价值和科学价值等。

林业资源的核心是森林资源。林业的环境效益、经济效益和社会效益均依赖于森林资源的数量和质量及其可利用性。森林资源的特点：

①可更新性，森林资源是可更新资源，在合理经营的前提下是可以再生的；

②多功能性，森林资源具有环境、产品和社会功能；

③开发利用的瞬时性和培育的长期性，森林资源的开发利用是一次性的，其培育和生长需要几年至上百年的时间；

④森林资源的培育制约因素多，风险性大，如土壤、气候和生物因素，自然灾害等的影响，人为因素，如樵采、开发利用等的影响；

⑤高度复杂性和多样性；

⑥具有广阔的地域性，森林资源分布的空间范围广、地域大；

⑦社会共享性，森林资源的生态、环境及产品等多种效益具有广泛的社会共享性。

### （二）现代林业的环境观

林业环境是指与林业有关的自然环境与社会经济环境的总和。林业自然环境主要包括自然界中对林业经营活动有直接影响的生物和非生物因素，如土壤、大气和水、森林中的各种组成成分等。林业的社会经济环境主要包括人口数量、林业经营活动、放牧、樵采与林业相关行业、社会经济发展水平、林产品利用及贸易等。

林业环境的重点是森林的环境作用。如调节气候、保持水土、涵养水源、防风固沙、防止雪崩、为野生动物提供栖息环境、保护濒危动植物、生态旅游等。林业环境的特点：

①广泛性，影响的地域广、因素多；

②公益性，森林的环境效益被社会所共享；

③依附性，森林的环境作用依附于森林资源，随着森林资源的破坏而消失；

④必要性，森林是陆地生态系统的主体，具有不可替代的环境作用。

### （三）现代林业的产业观

林业产业具有多元性特点，既包括第一、第二和第三产业，又包括具有独立特点的社会公益性事业。林业中的营林业、花卉业和采运业属于种植业的范畴，是第一产业。林业中的加工制造业，如木浆造纸、人造板、林产化工产品、林业机械制造等加工制造行业则属于第二产业。林业中的服务性行业，如森林旅游服务、林业科技教育、林业医疗卫生等则属于第三产业的范畴。

林业生态体系建设则有别于上述三大产业中的任何一个产业，但又具有一定的联系。如营建生态防护林，其手段是通过第一产业的方式来造林，但是其培育目的不是用于直接提供人类最基本生活需求的物质产品，如食品、原材料等，而是向人们提供如氧气、清洁的水源等物质产品和多种生态防护作用，这种产品的生产过程也不同于第二产业，即不需经过人为的生产和加工过程，与第三产业有类似之处，为人类提供服务功能，如美学、文化、科学、精神、旅游等满足人类除物质资料需求以外的更高层次的生活需要。因此，林业生态环境建设具有其他产业所不具备的特殊性，是一个社会公益性事业。

### （四）资源、环境与产业协调发展观

林业资源及其配置状况是现代林业发展的基础和前提，林业环境建设是林业发展的首要任务，而林业产业的发展则是现代林业发展的动力。因此，林业资源、环境和产业既相互制约，又相互促进。

林业土地资源是林业最基本的资源，受地理气候和生物因素的影响，也受人类开发经营的历史、强度和频率等的制约。目前由于人口剧增、城市扩大化、农村民用建筑和乡镇企业的发展、公路铁路建设和工业发展、农牧业开发等因素的影响，林业用地逐年减少，严重制约了林业的发展。森林资源是林业发展最重要的资源，是林业产业发展的基础，也是林业生态环境建设的依托。林业环境效益和社会效益是依靠森林生态系统的作用来实现和维持的，森林资源的数量和质量直接影响着林业环境的发挥。林业产业的发展要有稳定持续的原材料供应，森林资源的数量及其持续供应能力对于保障林业产业的发展具有十分重要的作用。林业的环境效益和社会效益在一定的条件下可以转换为巨大的经济效益。森林生态效益补偿机制已经列入了《森林法》，森林资源价值核算也将逐步纳入国民经济核算体系。保护天然林必须发展集约经营的人工林，同时，也必须发展以高新技术为支撑的现代林业产业，提高森林资源的利用率和林业产品的附加值。林业产业发展、林业环境建设有赖于林业资源的数量和质量。同时，林业资源尤其是森林资源的培育也有赖于林业产业的发展，林业产业越发达，资源利用效率越高，越有利于林业环境效益的发挥，直接或间接地带动着林业资源的培育和开发。因此，林业的发展，三大效益的发挥均有赖于其经济效益，即森林生态效益和社会效益的转化程度，以及林业产业的发达程度及其经济成果。现代林业的发展就是要根据林业资源的特点，对森林生态效益加以补偿，并逐步纳入国民

经济核算体系，极大地促进了林业产业的发展，以产业带动资源培育和利用，以资源培育、社会的广泛参与和支持促进林业生态环境建设，使林业经济、生态和社会效益高度统一。

现代林业的理论体系是建立在可持续发展理论、森林生态系统管理、生态经济学、资源经济学、现代管理学和市场经济学基础之上的。现代林业必须为人类社会经济可持续发展服务，因此，现代林业的理论必须建立在可持续发展的理论基础之上。林业可持续发展的关键是实现森林的可持续经营，而森林生态系统管理的理论则是指导森林可持续经营的理论基础。发达的林业产业是推动现代林业发展的动力，同时，林业兼有多种功能，受自然生产过程和社会经济发展水平的制约，因此，要根据生态经济学、现代资源经济学、现代管理学和市场经济学的研究成果，使林业资源、环境和产业协调发展，经济、生态和社会效益高度统一。用可持续发展的理论指导现代林业，用森林生态系统管理的理论指导森林资源经营和管理，用生态经济学、资源经济学、现代管理学和市场经济学管理和促进现代林业产业的发展。

现代科学技术的发展，无论是在林业资源培育和保护、林业生态环境建设，以及林业产业的发展中都具有十分重要的作用。林业产业发展以高效利用资源、依靠高新技术提高产品质量和附加值。林业产业应注重多元化发展，合理优化内部产业结构，充分发挥林业资源的优势和潜力。

## 三、现代林业的基本内涵

基于对现代林业的定义，其内涵可以表述为：现代林业是以可持续发展理论为指导，以生态环境建设为重点，以产业化发展为动力、全社会共同参与和支持为前提，积极广泛地参与国际交流与合作，实现林业资源、环境和产业协调发展，经济、环境和社会效益高度统一的林业。概括地说，现代林业是以满足人类对森林的生态需求为主，多效益利用的林业。

根据目前的认识，现代林业的内涵可以进一步表述为下列几方面。

### （一）以可持续林业理论为指导

现代林业的发展必须符合人类社会可持续发展的需要，为实现人类社会的可持续发展做贡献。目前我国的林业还没有达到可持续林业的发展地步，因为目前我国林业发展还面临着许多问题，对可持续林业本身的研究还不够，尚处于起步阶段。我国林业行业肩负着由传统林业向可持续林业过渡的历史使命，需要总结过去成功的林业经营管理的经验，研究可持续林业的理论、策略和技术，对林业的多种效益进行综合规划，将森林的木材永续利用，转移到多种效益的可持续发展，逐步走向可持续林业。

现代林业是迈向可持续森林经营的林业。研究和实施可持续森林经营的标准与指标，按照森林的主导作用进行全面综合规划，调整树种、林种和生态系统结构，逐步实施分类经营，通过森林生态系统管理的手段发展、培育和利用森林资源，逐步实现可持续森林经营，是现代林业的一个重要内容。

### （二）依靠科技进步

现代林业广泛地应用现代科技成果，依靠技术进步，采用高新技术、先进的装备和现代化的管理手段，迅速提高科技对林业建设的贡献率和显示度，全面推进森林资源培育和管理、林业生态环境建设以及林业产业化等方面的科技进步。现代林业除了资源优劣的影响以外，其竞争力主要取决于科技的进步程度，对于资源缺乏、产品供应不足和服务功能低的林业，科技的作用就显得特别重要。

现代林业的发展将不断提高林业职工和林农的整体素质和生活水平。林业的发展必须按照实际需求，以不断地提高林业职工和林农的整体素质和物质文化生活水平，使他们从发展现代林业中得到实惠。通过政策调整，不断增强林业的经济实力，提高林业职工和林农的经济收入，增加发展林业的实力和后劲，逐步实现林业发展的良性循环，使林业成为受社会支持和尊重的行业。

### （三）适应社会主义市场经济体制和运行机制

现代林业以社会主义市场经济为主导，以逐步建立起有利于林业资源、环境和产业协调发展的体制和运行机制。我国传统的林业是以木材利用为主，在长期计划经济体制下形成的林业体制和运行机制，及其相应的林业政策，这些已经不能适应现代林业发展的要求。根据社会主义市场经济的特点，要建立和完善现代林业的体制和运行机制，极大地发挥林业资源的生产潜力、提高林业的生态、经济和社会效益，发展林业产业，不断地满足人们对森林多种效益和林产品的需求。

现代林业是高度产业化的林业。林业的三大效益的充分发挥和可持续发展的实现都离不开林业经济实力的不断增强。现代林业的发展必须把林业产业化放在重要的地位，以高效的产业发展带动林业资源的培育、开发与合理配置。林产品长期以来一直是我国的短线产品，随着人口的增加和人民生活水平的提高，人们对林产品的需求将会越来越大。同时，随着人们环境意识的逐步提高，人们对林业的环境和社会需求也会不断增长。为了满足对林业不断增长的多种需求，必须大力发展林业产业，优化林业产业结构，提高管理水平，提高林业资源的利用效率，形成主导性林业产业集团，如木浆造纸业、林产化工业、人造板业、花卉业、森林绿色食品开发业、森林旅游业、家具与室内装修业等。

### （四）以改善环境、提高人类生活质量为目的

森林作为陆地生态系统的主体，不仅仅是一种能够提供产品的自然资源，还是人类生存和发展的生命支持系统。林业生态环境建设是提高区域乃至全球环境容纳量的重要手段，对于人类社会的可持续发展将起到越来越重要的作用。森林具有不可替代的环境、美学精神和科学价值，是改善人类生存环境，提高人类生活质量的关键。林业在野生动植物

保护，湿地开发与利用，山区、沙区生态环境建设和综合开发，贫困地区脱贫致富，平原绿化，城镇和乡村绿化美化等过程中具有重要的作用。因此，现代林业把生态环境建设作为一项越来越重要的任务。

现代林业是增加人类食物供给的林业。森林具有直接生产食物和间接增产粮食的作用。直接生产的食物，如木本粮油、森林绿色食品、食用菌、木本饲料等。间接增产粮食，如农田防护林和农用林业等，对于农业稳产、高产具有重要的作用。粮食的生产在我国具有十分重要的现实意义和长远的战略意义，因此，现代林业一定要为生产和增产粮食做出贡献。

### （五）社会广泛参与

林业具有广泛的产品效益、环境效益、社会经济和社会文化效益。发展林业是受益当代、造福子孙的全社会的共同事业。森林的多功能性决定了林业的社会性，因此，发展林业必须依靠全社会的力量，采取各种措施鼓励广泛人员动员全社会的力量参与林业建设，减少对森林的破坏，大力提高社会对林业的支持力度。社会参与林业是现代林业的一项重要内容。

现代林业是全方位参与国际交流与合作的林业。由于林业多功能性和全球性的特点及其在实现可持续发展中的特殊地位，林业的发展必须广泛参与国际交流与合作，与国际林业发展接轨。发展双边、多边和民间的广泛交流与合作，参与国际林业科技、经济、环境、生态保护和贸易合作，促进中国和世界各国林业的共同发展。

## 四、现代林业的基本特征

全球共同的环境与生存问题使可持续发展的思想成为人类行动的共同准则。森林的多功能性和基础性使森林问题成为可持续发展的关键问题。而森林问题的复杂性和其特殊的地位使得森林问题既是国际政治问题，又是重要的科学问题，更是全球人类面临的共同的生存问题。全球对森林的作用和地位的重新认识和定位赋予了林业新的时代特征。较之传统林业，现代林业具有突出的服务于社会和人类的功能多样性、发展的科学性以及经营管理的全社会参与特性。

### （一）现代林业功能的多样性

1. 森林的功能多样性

传统林业主要注重木材及有限的林副产品的获取，虽然也考虑森林或树木的生态和环境效能，但后者处于非突出的位置。现代林业则对二者同样重视，甚至更加突出后者，因而具有鲜明的“环境时代”的特征。

随着生态系统的概念的诞生和人们认识水平的提高，现代林业已自然地把其经营的客体对象——森林视为一个生态系统（无论是天然的、人工的或不同空间尺度的）类型加以经营和管理。

森林生态系统是自然生物（动物、植物、微生物）群落和自然物理环境（土壤、空气）相互作用形成的一个有生命的、动态的、开放式复合系统。森林是陆地上最大、最复杂的生态系统，具有自然演替功能和最大的生物生产力、自我调节和再生能力，同时具有多功能、多效益与经济效益矛盾统一的特点，并因地理和气候的不同而不同。森林生态系统的功能特征主要体现在以下两方面。

①作为自然物种基因库。森林是陆地生态系统的主体和地球生命基因库。根据初步统计，中国濒危高等植物物种数量高达 4000 ~ 5000 种，濒危植物物种比例为 15% ~ 20%，高于世界平均濒危植物物种比例的 10%。中国濒危的哺乳类动物有 94 种、鸟类有 183 种、爬行类 17 种、两栖类有 7 种。其中，80% 以上的上述物种都以森林为生存环境。

②强大的生态功能和巨大的社会价值。森林的功能是不能转移的，其生态效益是不能代替的。如涵养水源，保持水土；影响地球表面中、小尺度的气候特征，保持和改善局部小气候；净化环境；巨大的社会以及精神文化价值和国土保安作用等。

2. 现代林业的多功能性及其特征

①现代林业的多功能性。森林的功能多样性决定了现代林业功能的多样性。中国现代林业的发展始终与我国国民经济和现代化建设战略目标紧密结合，以改善人类生存环境，提高农业综合生产能力，促进林区经济振兴、山区脱贫致富和农村经济全面发展为己任。

第一，现代林业的公益性是我国生态环境建设和可持续发展的核心。中国现代林业的发展把生态环境建设作为重点。长期以来，我国森林资源尽管绝对数量较大，但人均占有量少。我国人口仍处于上升阶段，加之我国正处于经济迅速发展时期，森林资源消耗的需求不断增长。同时，我国森林资源分布不均，可采伐的成熟林资源不足，现有森林的质量低下，基础设施建设落后造成了局部资源的迅速枯竭。社会对森林的不合理利用造成了对森林植被的破坏，导致了其涵养水源功能的丧失和严重的水土流失，已经严重削弱了水利设施的效能和大江大河的防洪能力。同时，我国土地荒漠化十分严重，土地沙漠化速度加快，造成了我国陆地生态环境的不断恶化，甚至严重影响了我国经济的发展和人们的生存环境。

面对严峻的现实，从思想理论体系上，发展森林植被，搞好环境建设和实现可持续发展已经成为国家和社会对发展林业的共识。因此，中国现代林业的突出特点之一是在整个国土上，大力推进林业生态工程建设，我国先后启动了十大防护林工程和长江、黄河流域重点生态治理工程，以及重点地区国有天然林资源保护工程。在技术体系上，突破了我国生态环境建设长期存在的零星、分散和整体效益不高的局面，突出强调跨行政区，按大流域治理的规模化、工程化、系统化。加快林业生态环境建设，改善生态环境，遏制环境总体恶化的趋势是社会赋予现代林业的重要历史使命。

第二，现代林业是国民经济的基础产业。现代林业发展的地域广阔，建设内容丰富，潜力巨大。从经济领域到环境领域，从第一产业，到第二、第三产业，从城市到农村，从农业到工业，林业都具有广阔的发展空间和丰富的建设内容，存在着广泛的社会基础和巨大潜力。现代林业是山区经济发展的主导产业。山区经济的发展，困难在山，潜力在山，希望在林。为突破几千年的小农经济传统，目前，我国正在实行的大力发展林业、进行山区农业综合开发、促进山区脱贫致富、繁荣地区经济的战略已成为促进山区经济发展的重要途径，成为推动中国现代林业自身发展的强大动力。

满足林产品市场需求，保障社会有效供给是国民经济对林业生产的根本要求。根据林产品市场预测，在未来 10 ~ 15 年甚至更长时期，我国的木材、人造板、纸浆、竹类、松香、经济林产品如干果、油料和化工原料，以及其他林产品和林副产品的需求量都将呈上升趋势。因此，大力发展林业产业，提高产业经营管理水平和生产效率，满足日益增长的林产品市场需求，也是国家和社会对发展现代林业的一种必然要求。

第三，现代林业是现代农业的生态屏障。中国在解决 14 多亿人口的吃饭问题上取得了举世瞩目的成就，然而，我国人口仍在继续增长，预计到 2030 年将达到 16 亿。21 世纪经济的腾飞和人民生活水平的不断改善，不但将进一步增加对食物的需求，而且将加大对资源开发的强度和对生态环境的压力。能否在有限的资源条件下进一步提高粮食生产水平，增加有效供给，以满足人口增长和社会发展的需要，将是 21 世纪中国农业所面临的最严峻的挑战。这种挑战给现代林业带来了新的艰巨任务，同时也带来了巨大的发展机遇。那就是加速森林资源培育，改善森林经营体系，提高森林经营水平，系统推进林业生态环境建设，大力发展林业产业，为农业和社会创造良好的生态环境和生活环境，为农业乃至整个国民经济的持续发展提供有力支撑。

②现代林业多功能性的基本特征。现代林业的多样化功能，因时、因地具有不同的表现形式，持续不断地产生着不同水平的效益。具体而言，现代林业多功能性的基本特征主要包括整合性、时空分异性和可持续性。

整合性——现代林业功能的整体性和综合性。从功能角度看，现代林业是一种整合性的社会活动，它把其经营管理对象视为一个完整的生态系统或生态经济系统，所关注的对象不仅仅是这个系统的某些部分，更强调系统各部分的相互关系和系统的整体。同时，把林业经营范围从传统的木材生产扩大到森林生态系统各生物组分和环境组分。无论现代林业的森林经营还是其他经营活动，都强调客体对象的系统结构最优、功能合理以及功能的整体发挥。

时间和空间分异性。一方面，人们对林产品的需求结构会随一个地区自然条件和社会经济条件的变化（如自然条件的改善，社会经济和科学技术进步等）而变化，整个林业的结构和功能会根据社会发展阶段而不断变化。另一方面，以森林生态系统的多种功能为基础的林业经营效益，是随着人类社会发展而产生和变化的。

可持续性。可持续发展，是现代林业发展的最高目标。相对传统林业而言，现代林业具有在科学合理的经营管理下的高效、优质、稳定和可持续的产出特点。具体体现在以下 3 个方面：第一，林地及其多重环境价值的可持续发展。包括林地生产力和可更新能力的维护与提高，森林生物多样性的保护与发展。第二，现代森林经营和管理的可持续性。森林的可持续经营直接决定了林业生产与消费、产品结构与产业结构的状况。第三，森林可持续经营要求在经营过程和目标上，均能保证森林生产力、更新能力、生物多样性、生活力，以及现在和将来在地区、国家及全球水平上发挥有关生态、经济和社会功能的能力。

### （二）现代林业的科学性

现代林业的鲜明特征是以科学技术的发展和应用为根本推动力。林业的现代化，关键是林业科学技术的现代化，是科学技术应用和转化手段和方法的现代化。科学和技术对现代林业发展的指导及推动作用主要体现在现代林业科学知识的生产、应用、传播和积累、林业技术的进步、林业基础装备和设施的现代化以及科学管理等方面。

1. 现代林业的关键技术

现代林业科学技术是一个庞大的多学科交叉系统，涉及林业的资源培育和保护、生态环境建设及林产工业建设等诸多方面。主要有如下几方面的标志。

①优质树林培育技术。主要包括：以优质高产抗逆为目标的林木良种工程技术；②优质高产稳产的工业用材林栽培技术；影响工业用材林稳定性的监测与管理技术。

②防护林体系建设技术。主要包括：防护林体系布局规划技术；天然林保护技术；防护林地区资源优化配置技术；防护林工程的营造技术，包括造林材料选择和设计、节水改土新技术等。

③资源与生态监测的评价技术。资源与生态监测是林业发展科学决策的基础。主要包括森林、荒漠和湿地资源、陆生野生动植物资源及其生态功能和效益的监测与评价技术。

④木材科学与技术。主要包括木材材性改良技术和木材深加工技术。

⑤荒漠化综合治理技术。主要包括 5 个方面内容：生物措施和工程措施结合的可持续防沙治沙技术；沙区植物资源多样性保护和合理开发利用技术；沙漠化监测体系和预测预报技术；不同沙漠地类型区农林复合生态系统经营和开发利用技术；荒漠化地区资源和环境评价技术。

⑥森林灾害防治及监测技术。主要包括：森林灾害监测、预报和实用防治技术；人工林重大病虫害中、长期预报技术；人工林重大病虫害综合防治与控制技术。

⑦非木质林产品技术。此类技术包括内容很多，这里列举 3 个具有巨大潜在市场发展前景的技术：制浆造纸为中心的林产化工、树木提取物利用技术；花卉技术；生物质能源技术，主要是生物质发电技术。

⑧退化生态系统恢复与重建技术。该项技术对因开发而造成的植被破坏的退化有一定作用，生态系统上采用的是以林木为主要的种植材料，实施乔、灌、草、果、农作物优化配置。

2. 现代林业技术装备的现代化

现代林业突出强调林业资源、环境和产业三者的协调发展，同时强调“高产、优质、高效”。因此，应该在产品的数量、质量、效益和环境等几个方面综合考虑，要在满足持续发展的前提下，实现森林效益的供需平衡。实践证明，要实现上述目标，现代科技的应用和转化起着决定性的作用。然而，这种转化必须依靠现代化技术装备的武装和配套，亦就是说，科学技术向生产力的转化过程中，应具有良好的设备支撑和中介载体。良好的林业技术及先进的工艺，如果没有相应的技术配套设施，是难以转化为生产力的。

现代林业技术装备的现代化集中反映在以下 4 个方面。

①以工业化带动林业现代化。

②用高效率、专业化林业机械替代了高强度人力、蓄力操作。

③以林业机械化促进了整个产业调整和规模经营的发展。

④以林业机械化带动了林业劳动生产率与林地生产率的提高。

3. 现代林业的科学管理

现代林业强调在林业的各个部门、企业实行现代科学的经营和管理。针对人类对林业需求的多样化，必须以掌握良好的科技手段的科学化管理为基础。

①林业法制管理与政策保障。现代林业要求有严格有效的法规和政策作为管理的保证；森林法、野生动物保护法、环境保护法等是中国现代林业发展的基本保障。同时，现代林业鼓励在国家法规保障和政策指导下进行平等竞争，并努力按国际法律和惯例行事。

②林业经济体制建设与经营管理。随着林业资源对环境建设的巨大影响，几乎所有国家都十分重视对林业经济体制、经营方式和资源动态监测的管理。一方面，在采取生态价值补偿、资金政策扶持的同时，保持多种所有制形式并存，鼓励多种经济形式共同发展，提倡多种经济所有制形式并存的发展模式；另一方面，大力发展林业合作经济，实现生产专业化和产供销一体化，促进现代林业管理达到新的水平。

③规范化制度管理。随着国家经济体制的变革以及人们思想观念的转变和现代市场的拓展，现代林业注重所有生产过程中的质量管理，如质量控制与质量保证体系的建设，法规化质量检测赔偿和控制等；同时，还十分注重产品质量的国际化和标准化。而且，现代林业企业十分重视管理行为的规范化。管理行为的规范化是一切管理活动的基础。

④信息化管理。随着第三次技术革命浪潮强有力的冲击，信息化管理已成为林业管理手段现代化最重要的标志，正广泛进入林业生产、流通、消费的各个领域。所谓信息化，是指社会经济的发展，从以物质与能量为经济结构的重心，向以信息为经济结构的重心转变的过程。在这个过程中，人们不断采用现代信息技术装备国民经济的各个部门，从而极大地提高社会劳动生产率。现代林业有条件迅速掌握准确信息，并且能够进行科学决策。能够按照现代林业的观念进行统筹安排，调整相应的政策、法规等，以现代化的手段获得有关林业的信息，依据现代林业的经营观点做出经营决策。有利于国家和地区林业的协调

发展。因此，信息越来越成为林业经济活动中的基本资源，而信息活动对于经济增长的贡献率将越来越大。

### （三）现代林业的社会经济特征

森林的多功能性及其效益外部性决定了林业的公益性，林业的公益性决定了其社会性；现代林业的社会经济特征，以森林的社会经济价值为基础，以现代社会人类对森林的需求特征为表征，主要体现在：①林业的公益性特征广泛为社会所接受；②强调资源的高效利用、产业结构的优化和现代市场的引导；③注重全社会的参与，以林业发展的全球化为方向。

1. 现代林业的社会公益性

早在古代朴实的自然生产时代，人类就开始依赖森林取得必需的生存物质和安全稳定的生存空间。地球人口的增加和生产的工业化使人类经历了漫长的森林破坏阶段。随着科学技术的发展，人们的认识能力和认识水平的提高，森林的社会、人文和环境效益逐步为人类所认识，人类再次将森林作为一种宝贵的自然资源和人类生存环境的护卫者加以保护和利用。20 世纪 70 年代以后，尤其是 1992 年环发大会后，国际社会比过去更清楚地认识到了森林和林业在国民经济、国家建设和人类生存中的地位和作用。1998 年中国长江、松花江和嫩江流域的特大洪涝灾害，更是再次使人类从国土整治、国土保安和人类生存以及发展的高度来认识森林的作用，调整人类的行为特征，保护森林。

2. 现代林业的经济特征

森林作为一个生态系统和生产单元，其经济效益和良好的生态系统功能是密不可分的，系统的经济效益是以系统的高生物生产力作为重要标志的。效益的稳定持续也包含了高生产力和潜力两个方面。现代林业经济系统的各个组分单元、各子系统是十分多样的，包括不同的林地和林种，各种生产、加工、运输、流通、消费系统等，但必须优化其结构，以构成整体的合理又高效的能流、物流、货币流及人口流为经营手段，以求发挥最大的经济效益。

然而，面对社会对林业需求的多样化，其要求现代林业按照分类经营的要求，根据不同的培育目的，科学地确定森林经营方式，分类加强现有森林，包括天然林、人工林尤其是中幼林的抚育管理和封育管护。分类经营、协调发展，是现代林业经营体制的重要改革。在抓好速生丰产林基地建设的同时，强调以市场为导向，合理调整生态公益林、用材林、经济林、能源林、竹林、花卉等各类林业基地的建设布局和建设规模，把建设与需求、加工与利用相结合，实现生产、加工、利用一条龙，林工贸一体化的协调发展。

现代林业的产业经济特征，以林业资源的高效利用为基础，主要体现在以下 4 个方面：

①林业经营和生产活动能使森林资源和当地社会经济资源的优势得到充分发挥，从而取得最佳经济效益。

②林业行业内部具有主导产业为主体的产业结构体系，产业各部门之间相互协调、补充和促进。

③地方—区域—国家林业产业体系具有协调发展和整体优化功能。

④产业结构具有良好的自我调整、更新、适应能力和发展潜力。

# 第六章　林业生态工程的规划与实施

## 第一节　林业生态工程管理概述

### 一、林业生态工程的特点

林业生态工程与其他工程相比有着它自身的特点：第一，它涉及面很广，包括种子生产、苗木培育、整地、林草栽培、抚育管理等不同生产阶段。第二，林业生态工程涉及的机关单位较多，包括领导机关、调查设计单位、科技咨询单位、施工执行单位、成果经营单位等不同权益和功能单位。第三，林业生态工程的所属形式较多，包括全民、集体、个人等不同所有制形式。第四，林木栽植时直接参与的劳动力范围比较广，种类比较多，有的涉及项目区的全体居民及县、乡全体国家干部职工，如山西省偏关县在万家寨乡黄工程处的林业生态工程中，万家寨乡，全体群众，全县城国家干部职工都参加了会战。劳动力的种类既包括专业劳动力，又包括群众义务劳动力，县、乡国家干部职工的劳动力等。第五，林业生态工程的性质与其他工程有着本质的区别，其他工程大都是要求尽快产生直接经济效益的工程，林业生态工程则是维护和改善生态环境条件、增加国家后备资源、增强林业可持续性发展的能力。因而要搞好林业生态工程，就必须协调好各方面的关系，把握好各个生产环节，以取得总体优化的效果为目标。

由此可见，林业生态工程实质是一项系统工程，是把森林为主体的植被建设纳入国家基本建设计划，运用系统观点、现代的管理方法和先进的林草培育技术，按国家的基本建设程序和要求进行管理和实施的项目。

### 二、我国林业生态工程管理存在的问题

从总体上来讲，林业生态工程是一项投资大、见效慢，但效益好的系统工程。所需资金除国家投资、自筹资金和银行贷款外，近年来又出现了利用外资的新形式。目前，我国的经济实力还不雄厚，财政还比较困难，能够用于林业生态工程建设的投资很有限，因此，必须用好这批资金，以少的投入换取更高的效益。

经济效果是一切建设项目投资的出发点，也是它的归宿。从我国情况来看，也存在不

注意经济效果的历史教训。有些项目由于决策依据不足，决策程序不严，决策方法不当，而导致决策失误，造成了项目建设与实施后在经营中的浪费，给国家带来了很大的损失，这方面的教训很多，也很深刻。

我国林业生态工程投资管理中，还存在着一些问题，因此，加强工程管理尤为重要。

①不能认真做好投资前的准备工作，盲目性大，投资决策和管理人员常常把主要精力放在制定广泛的计划上，而对投资项目了解和分析很肤浅，结果是项目准备不完善，造成了投资的低效益，甚至资金的浪费。

②资金分散使用。对于林业生态建设项目缺乏综合协调，在安排项目投资时，往往按单位分钱搞部门平衡，或接地方切块搞平均主义。这种分散使用资金，“撒胡椒面”的做法使得项目缺乏内在联系，重单项工程，轻综合治理；强调局部利益，忽视整体利益。因建设项目不能综合配套，难以形成综合生产力，甚至出现了事与愿违的结果。

③缺乏科学的决策和管理程序。不少林业生态工程建设项目仓促上马，朝令夕改，甚至一句话就决定了资金的命运，且审批、管理极不完备，往往是先拨款，后立项，只投入，不回收，不注重经济效益，甚至不了了之，造成了人力、物力、财力的极大浪费。

④产出计划与投入措施“两张皮”。长期以来，我国林业生态工程建设侧重于生产指标计划，只提出具体的生产指标，至于如何保证指标的实现，只列出了一些原则性的、笼统的措施意见，没有定量的分析，更谈不上定位的安排，实际上是互不相关的“两张皮”。还有一些项目是为争投资而提出的，因此，在可行性上很难得出充足的理由。

## 三、林业生态工程管理的程序

林业生态工程作为一个项目从提出到实施再到建成产生效益，是一个需要一定时间、一定程序的过程。在这个过程中，我们把它分成几个工作阶段，以利于把项目管理好，这几个阶段是密切联系并遵循合乎逻辑的前进程序的，只有做好了前一阶段的工作，才能开始下一阶段的工作。

林业生态工程项目分为前期工作、实施建设和竣工验收 3 个阶段，应按程序进行工作并严格管理。

项目的前期准备工作是指明项目实施前的全部工作，有一套严格的程序。

①提交林业生态工程项目规划，这是一个项目的起始工作。

②项目规划经批准后进行项目的可行性研究工作。

③对项目的可行性研究报告进行论证评估，确认立项。

④按批准的可行性研究报告和评估报告，进行初步设计，提出投资概算。

项目准备是最重要的项目阶段，需通过一系列规范系统的分析、研究决策以保证林业生态工程建设资金用于最有效的地区，得到最佳的建设方案，达到预期的开发目标和好的投资效果。各级项目机构必须高度重视项目准备工作，这是改变以往先拨款，后立项，不注重效益等弊端的强有力手段。

林业生态工程建设项目在完成前期准备工作，并列入国家投资年度计划后，就进入了项目实施（施工）管理阶段。林业生态工程建设项目完工后，即进入竣工验收阶段。这时，上一级项目管理机构应对所完成项目逐项进行验收，验收依据是批准的项目可行性研究报告、评估报告和初设文件。验收后应写出竣工验收报告，报告经批准后，表示该项目的建设任务已完成，可以转入运营阶段。项目进入运营阶段之后，往往不再由项目机构具体管理，而是交给有关部门去管理。因此，项目经竣工验收合格后就可认为其建设已完成和结束，项目阶段也到此终止，项目管理机构的工作也将转向新的建设项目。有时，在项目运营若干年后，还要对实际产生的结果进行事后评价，以确定项目目标是否真正达到，并从项目的经验中吸取教训，供将来进行类似项目时引以为戒，这种事后评价也可看作是项目阶段的延伸。如果这样，项目后评价就成了项目的第四个阶段。

### （一）项目的前期准备

1. 工作程序

林业生态工程建设项目的前期准备工作主要包括项目意向书、项目建议书（大项目一般均有此项）、可行性研究、初步设计等内容。它们不是平行的、同时进行的，而是有着严格的先后顺序，前一项工作是后一项工作的必要条件，没有做好前一项工作就不能进行后一项工作。

项目的前期准备开始于林业生态规划，其一般由业务部门提出，经上级（投资者）批准后，再编写项目建议书，项目建议书批复后，上级部门下达可行性研究计划任务书。然后，项目提出单位就可以组织力量进行可行性研究，并编写可行性研究报告，并报送上一级单位。投资单位在接到可行性研究报告后应开始论证评估，决定能否立项。项目正式成立后，项目的准备工作并没有结束，项目执行单位还需做好项目的初步设计工作。初步设计完成后，就等待列入国家的投资计划。一旦列入投资年度计划后，项目即进入了实施建设阶段。

在项目准备阶段的各项工作中，项目评估和立项是由上一级机构（投资机构）组织进行的；项目规划、可行性研究和初步设计则是由项目执行单位负责进行的。

2. 林业生意工程规划

林业生态工程建设项目的产生来自林业生态工程规划，可分长期（10 ~ 20 年）、中期（5 ~ 10 年）和短期（3 ~ 5 年）3 种。项目规划的主要内容包括：该项目建设的必要性、项目的地范围和规模、资源条件、工程任务量和投资额的初步估计、投资效果的初步分析。在项目规划报告中，应该突出说明在这一地区进行该建设的必要性和作用，分析资源潜力，对项目实施后新增生产能力和社会效益进行初步预测。

项目规划报告是一个申报文件。当它经投资单位筛选审批同意后，提出项目规划报告的单位即可着手组织项目的可行性研究。

3. 项目建议书

项目建议书是根据已审批的规划内容，从中提出近期可实施的项目，进行论证研究后编制而成，一般只是规划的部分内容，有时规划内容少，也可一次全部提出。如项目较小，也可不做项目建议书，由上级部门直接下达可行性研究任务书。项目建议书的内容和编制方法与可行性研究基本相同，可参照可行性研究一节。

4. 项目可行性研究

可行性研究是项目准备的核心内容，其目的是从技术、组织管理、社会生态、财务、经济等各有关方面论证整个项目的可行性和合理性。如果可行，还要设计和选择出最佳的实施方案。

第一，可行性研究是一项政策性、技术性很强的工作，工作量很大。一般地说，一个项目的可行性研究时间最短要花 3 个月时间，最长则要 2 年或 2 年以上的时间。进行可行性研究的费用也是较多的，通常约相当于整个项目投资的 5%。应该保证这笔费用，因为做好可行性研究后，将能成倍地节约项目成本，增加项目效益。

第二，项目的可行性研究应委托经过资格审定的技术咨询、设计单位或组织有关的技术、经济专家组承担。他们应对工作结果的可靠性、准确性承担责任。有关主管部门要为可行性研究客观地、公正地进行工作创造条件，任何单位和个人不得干涉或施加影响。

第三，可行性研究完成后要编制可行性研究报告。可行性研究报告一般应包括以下 8 方面的内容：①项目建设的目的和根据。②建设范围和建设治理规模。③资源、经济、社会、技术条件分析。④治理技术方案和建设治理内容，各项工程量。⑤建设工期。⑥投资估算。⑦达到的综合效益。⑧项目可行的理由，指出可能存在的风险。

第四，项目的可行性研究报告经同级政府审定后即可上报上一级的投资批准单位。

5. 项目评估

项目评估是项目准备中的关键环节，是能否立项的重要步骤。项目评估的任务有两个：一是对可行性研究报告的可靠程序做出评价；二是从国家宏观经济角度，全面、系统地检查项目涉及的各个方面，判断其可行性和合理性。

项目评估与可行性研究有精密切的关系：没有项目的可行性研究，就没有项目评估；不经过评估，项目可行性研究报告也就不能成立，是无效的。

有权批准投资项目的单位在收到上报的可行性研究报告后，应及时进行审查，组织评估工作。通常是组织一个由农业、林业、水保、土壤、经济等专家组成的评估小组，到项目所在地区会同项目可行性研究小组和当地主管部门，着重就项目的技术、财务、经济、组织等方面进行论证，对可行性研究报告进行审查、评估。评估要特别注重项目的总规模、布局和工程设计是否合理，所用技术是否适合当地条件，执行计划的进度是否切实可行，达到预计目标是否可能，投资估算是否正确，有无保证项目有效执行的资金配套能力和组织管理机构等问题。评估小组完成评估工作以后，应对项目提交评估报告和评估意见。评估意见可分同意立项、需修改或重新设计、推迟立项和不同意立项 4 类。专家评估小组应持客观、公正、科学的态度，对所评估项目的技术可行性和经济合理性负责。

6. 项目的确立

经过评估，对项目可行性的确认是立项的先决条件。但可行的项目是否能立项，或是否能马上立项，还受当时的财务、物力等因素的限制，国家将按择优的原则审批。

对林业生态建设项目，项目主管部门在评估和决定能否立项时，应遵循的原则是：突出开发重点，综合连片建设，投资与效益挂钩。要有独立、健全、有效的项目管理机构，能保证按项目评估报告的要求，实施各项管理。评估论证确认可行的项目，经投资决策部门审查批准后正式立项。

7. 初步设计

林业生态工程建设项目立项以后，项目的前期准备工作还没有结束，项目执行单位还必须根据已批准的可行性研究报告和评估报告，按国家基本建设管理程序，组织编制项目的初步设计文件。尽管可行性研究报告和评估报告的内容已经较为详尽，但对项目的实施仍是很粗的框架，不可能直接用于制定项目的实施计划。初步设计的工作就是解决这一问题的。

初步设计主要包括以下内容：①项目总体设计，包括指导思想、骨干工程规模、设计标准和技术的选定，主要设备的选用，交通、能源、苗木及产、供、销的安排等。②主要建筑物及配套设施的设计以及主要机器设备购置明细表。③主要工程数量和所需苗木、化肥等的数量。④项目投资总概算及技术经济指标分析。⑤项目实施组织设计，包括配套资金筹措、材料设备来源、施工现场布置、主要技术措施及劳力安排等。⑥项目概算包括定额依据和条件、单价和投资分析等。

初步设计是一件技术性极强的细致工作，应委托经过资格审定的设计单位进行编制，并按国家基本建设程序报批。未经审查批准的初步设计不得列入国家投资建设专列。初步财经批准并列入国家投资建设计划后，项目就进入了实施阶段。而初步设计是项目实施阶段中制定年度工程计划、安排投资内容和投资额、检查实施进度和质量、落实组织管理、分析评价项目建设经济效益的主要依据。

### （二）项目实施和竣工验收

1. 项目实施

林业生态工程建设项目完成初步设计报告，并列入国家投资年度计划后，就进入了项目实施（施工）阶段。项目实施（施工）必须严格按照设计进行施工，加强施工管理，并在森林培育过程中采用科学、合理、先进的技术措施。

2. 竣工验收

竣工验收是项目的第三个阶段，是在项目完成时全面考核项目建设成效的一项重要工作。做好竣工验收工作，对促进林业生态工程建设项目进一步发挥投资效果，总结建设经验有重要作用。竣工验收是在项目实施结束后对项目的成绩、经验和教训进行总结评价，并要编写出竣工验收报告。验收后，领取竣工验收证书。竣工项目经幢幢交接，应办理固定资产交付使用的转账手续，加强固定资产管理。验收中发现遗留问题时，应由验收小组提出处理办法，报告上一级有关部门批准，交有关单位执行。

## 第二节 林业生态工程规划

### 一、林业生态工程规划概述

林业生态工程规划是一项基础性工作，其内涵就是查清工程实施区域的自然条件、经济情况和土地情况。根据自然规律和经济规律，在合理安排土地利用的基础上，对宜林荒山、荒地及其他荒化用地进行分析评价，按立地类型安排适宜的林草工程，真正地做到适地适树（草）。通过林业生态工程可以加强林业生产的计划性，克服盲目性，避免不必要的损失浪费。各省（自治区）经验表明：只有真正搞好林业生态工程规划，才能为下一步决策与设计，以及施工提供科学依据。

### 二、林业生态工程规划的任务、内容和程序

1. 林业生态工程规划的任务

林业生态工程规划的任务，一是制定林业生态工程总体规划方案，为各级领导部门制定林业发展计划和林业发展决策提供科学依据；二是为进一步立项和开展可行性研究提供依据。具体来讲：

①查清规划区域内的土地资源和森林资源、森林生长的自然条件和发展林业的社会经济情况。

②分析规划地区的自然环境与社会经济条件，结合我国国民经济建设和人民生活的需要，对天然林保护和经营管理、可能发展的各类林业生态工程提出规划方案，并计算投资、劳力和效益。

③根据实际需要，对与林业生态工程有关的附属项目进行规划，包括灌溉工程、交通道路、防火设施、通信设备、林场和营林区址的规划等。

④确定林业发展目标、林草植被的经营方向，大体安排工程任务，提出保证措施，编制造林规划文件。

2. 林业生态工程规划的内容和深度

林业生态工程规划的内容是根据任务和要求决定的。一般来说，其内容主要是查清土地和森林资源，落实林业生态工程建设用地，搞好土壤、植被、气候、水文地质等专业调查，编制立地类型（或生境类型），进行各项工程规划，编制规划文件。但是，由于工程

种类不同，其内容和深度是不同的。

①林业生态工程总体规划（或称区域规划）主要为各级领导宏观决策和编制林业生态建设计划提供依据。内容广泛，规划的年限较长，主要是提出林业生态建设发展远景目标、生态工程类型和发展布局、分期完成的项目及安排、投资与效益概算，并提出总体规划方案和有关图表。

总体规划要求从宏观上对主要指标进行科学的分析论证，如进行生产布局，关键性措施，规划指标都是宏观性的，不做具体安排。

②林业生态工程规划（或单项工程规划）是针对具体的某项工程进行规划，在总体规划的指导下进行的，是为下一步立项申报做准备。不同类型的林业生态工程，如水土保持林业生态工程规划、天然林保护规划、城市林业生态环境规划建设等，随营造的主体林种或工程构成不同，其内容也有差异。如三北防护林业生态工程规划要着重调查风沙、水土流失等自然灾害情况，在规划中坚持因地制宜、因害设防，以防护林为主，多林种、多树种结合，乔、灌、草结合，带、网、片结合。而长江中上游林业生态工程，则是以保护天然林、营造水源涵养林为主体进行规划。内容大体包括工程项目构成（相当于林种组成）和布局，各单项工程实施区域的立地类型划分与评价，工程规模，预期安排的树种草种，采用相关技术及技术支撑，配套设施如机械、路修、管理区等，工程量、工程投资及效益分析。

林业生态工程总体规划指导单项规划，同时单项工程规划是总体规划的基础。总体规划的区域面积大，涉及内容广，一般至少以一个县或一个中流域为单元进行。单项工程的规划面积可大可小，但内容涉及面小。在一个大区域内，多个单项工程规划（面积不一定等同）是一个总体规划的基础资料和重要依据。

## 三、林业生态工程规划的具体步骤

总体规划与单项工程规划在步骤上是基本相同的，只是调查内容上有所不同。调查规划手段和方法因区域面积大小而不同，大区域范围的规划采用资源卫星资料、大比例尺图件，并进行必要的实地抽样调查资料等。小区域范围内则采用大比例尺图件，并进行全面实地调查。收集资料的粗细程度、内容要求上前者更宏观。

### （一）基本情况资料的收集

1. 图面资料的收集

图面资料是林业生态工程规划中普遍使用的基本工具，大区域规划（至少县级以上，中流域以上）采用资源卫星资料、小比例尺航空照片（1 ： 25000 ~ 1 ： 50000）和地形图（1 ： 50000 以上）；小区城规划（县级以下，中流域以下）采用近期大比例尺地形图和航空照片（1 ： 5000 ~ 1 ： 10000）。此外还应收集区域内已有的土壤、植被分布图、土地利用现状图、林业区划、规划图、水土保持专项规划图等相关图件。

2. 自然条件资料的收集

通过查阅林业生态工程建设项目所在地区（或邻近地区）气象部门、水文单位的实测资料及调查访问其他有关单位，收集所在地区（邻近地区）下列资料。

①气温。年平均温度，年内各月平均气温，极端最高气温及极端最低气温（出现的年月日）。气温最大年较差，最大日较差，大于等于10℃的活动积温，无霜期天数。早、晚霜的起始、终止日期，土壤上冻及解冻日期，最大冻土深度、完全融解的日期等。

②降水。年平均降水量及在年内各月分配情况，年最大降水量（出现年）。最大暴雨强度（mm/min，mm/h，mm/d），大于等于10℃的积温期间降水量。年平均相对湿度、最大洪峰流量、枯水期最小流量、平均总径流量、平均泥沙含量、土壤侵蚀模数。

③土壤。成土母质，土壤种类及其分布，土壤厚度及土壤结构、性状等，土壤水分季节性变化情况，地下水深度、水质及利用情况等。

④自然灾害。包括风灾、洪水、冰雹、干旱、混石流等。

⑤地形、地貌。如海拔、山坡的走向，丘陵还是平原、山区还是半山区等。

⑥植被。天然林与人工林面积、林种、树种组成、密度及生长情况；果树及经济树种种类、经营情况、产量等；当地主要植被类型及其分布、覆盖度，如包含城市，还应调查城市绿化情况等。

应该特别说明，在进行林业生态工程建设项目规划设计时，必须收集新中国成立以来，特别是近几年来林业生态工程建设项目所在地区的自然区划、农业区划、林业区划以及森林资源清查、土壤普查、城市用地规划、风景名胜区规划、村镇规划（大村镇）等资料，以便借鉴和利用，这是因为这些资料虽然其各自的主要目的不同，但都是建立在实际调查研究的基础上，它们从不同角度以不同的侧重点对当地的自然条件做了描述和分析。

3. 社会经济情况资料的调查收集

收集林业生态工程建设项目所属的行政区及其人口、劳力、耕地、面积、人均耕地、平均亩产量、总产量、人均粮食、人均收入情况；种植作物种类，农、林、牧在当地经济中所占的比例（重）；农业机械化程度及现有农业机械的种类、数量、总千瓦；群众生活状况、生活用燃料种类、来源；大牲畜及猪、羊头数；群众家庭副业及其生产情况；集体合资办的副业、企业等与规划设计有关的情况。

4. 资料的整理、检查

以上资料收集完毕后．应进行整理，检查是否有漏缺，对规划有重要参考价值的资料，应补充收集。

### （二）土地利用现状调查

进行林业生态工程建设项目规划，主要是为了解决项目区土地的合理利用问题，因此，在规划之前，首先摸清项目区目前的土地资源及利用情况，以便对“家属”有个全面的掌握，使规划（及以后的设计）建立在可靠的基础上。

1. 土地利用现状的调查和统计

①土地利用现状的调查。可按土地类型分类量测、统计。土地类型的划分可根据国家土地利用分类及城市用地分类等标准，并依当地实际情况和规划要求增减。以黄土地区（未涉及城市绿化）为例，土地类型常分为：

耕地。旱平地、坡式梯田、水平梯田、沟坝地、川台地。

林地。有林地（郁闭度大于等于 0.31，还可按林种细分）、灌木林地、疏林地（郁闭度小于等于 0.3）、未成林造林地、苗圃。

固地。经济林地（现多单列一项）、果园（现在多单列一项或与经济林合并）。

牧业用地。人工草地、天然草地、改良草地。

水域。河流水面、水库、池塘、滩涂等。

居民点及工矿用地。城镇、村庄、独立工矿用地。

交通用地。铁路、公路、农村道路等。

未利用地。地坎、荒草地以及其他暂难利用地。

②土地单元的分级。土地单元分级的多少依项目区面积的大小来定，县级以上为中流域以上可用大流域（省、自治区、地）→中流域（省、自治区、地、县）小流域（县乡）→小区（或乡），一般不到地块，具体用哪几级根据实际情况确定。县级以下或小流域时，可用流域（或乡）→小区（村）→地块（小班）三级划分方式。地块（小班）是最小的土地单元。小流域林业生态工程规划可依据具体情况将项目区划分为若干个小区，每一小区又可划分为若干个地块，小区的边界可以根据地形变化线或地物（如侵蚀沟沿线、沟底线、道路、分水岭等）划定，也可以行政区界，如村界划分（便于以后管理）。地块划分应在尽可能的情况下连片。地块划分的最小面积根据使用的航片比例尺而定，一般为图面上 0.5 ~ 1.0cm$^2$。

③地类边界的勾绘。用目视直接在地形图上调绘，采用航片判读，大流域则利用资源卫星数据（或卫片）进行计算机判读，并抽样进行实地校核。小流域应采用比例为 1 ∶ 5000 ~ 1 ∶ 10000 的地形图或航片，直接实地调绘。

勾绘程序是：首先，勾绘项目区边界线，并实地核对。其次，划分小区并勾绘其边界，也应实地核对。当小区界或地块界正好与道路、河流界重合时，小区或地块界可用河流、道路线代替，不再画地块或小区界。再次，以小区为一个独立单元，小区内再划土块，并编号，编号可根据有关规定进行。小区和地块编号一般遵循从上到下，从左到右的原则，各地块的利用现状用符号表示。最后，将所勾结的地块逐一记载于地块调查规划登记表现状栏（可根据有关规范制表）。

应当注意：第一，如果在一很小利用范围内，土地利用很复杂，地块无法分得过细时，可划复合地块，即将两种或两种以上不同利用现状的土地合划为一个地块，但在地块登记表中应将各不同利用现状分别登记，并在图上按其实际所处位置用相应符号标明，以便分别量算面积。为简便起见，复合地块内不同利用现状最好不要超过 3 个。第二，地块坡度可在地形图上量测，或野外实测，有经验可目视估测。第三，道路、河流（很窄时）属线性地物，常跨越几个地块以至小区，当其很窄，不便于单独划作地块时，它通过哪个地块，就将通过的部分划入哪个地块中。

④调查结果的统计计算。地块勾绘完毕后，即可进行调查结果的统计计算。首先采用固幅逐级控制进行平差法，量测统计项目区→小区→地块面积。采用 GIS 由计算机统计。应注意的是：第一，道路、河流（很窄时）属线性地物，面积可不单独量测，而是折算，从地块上扣除出来。第二，计算净耕地面积时应扣除田边地坎面积。

最后，统计列出土地利用现状表（表格形式参照有关规范），并对底图进行清绘、整饰，绘制成土地利用现状图。

2. 土地利用现状的分析

土地利用现状是长期对土地资源进行持续利用的结果，它不仅反映了土地本身自然的适应性，还反映了目前生产力水平对土地改造和利用的能力。土地利用现状是人类社会和自然环境之间通过生产力作用而达到的动态平衡的现时状态，有着复杂而深刻的自然、社会、经济和历史的根源。土地利用现状合理与否，是土地利用规划的基础。只有找到了土地利用的不合理所在，才能具备提出新的利用方式的条件。因此，对土地利用现状的分析是十分必要的，通常对土地利用现状可以从以下几方面进行分析。

①土地利用类型构成分析。第一，农、林、牧（各部门）土地利用之间比例关系的分析。第二，各部门比例关系的分析，如林业用地各林种间用地比例的对比分析。

②土地利用经济效益的对比分析。即对相同类型的土地不同利用经济效益的分析或不同类型土地同一利用形式下的经济效益的分析。

③土地利用现状合理性的分析。一般地说，对一个地区土地利用方向的决定有 3 个因素：地资源的适宜性及其限制性（即质量因素）；社会经济方面对土地生产的要求；该地区与周围地区的经济联系。

④土地利用现状图的分析。土地利用现状图的分析主要指对现有土地利用形式在布局上是否合理的分析。因此，不要轻易地断言某个地区利用现状合理或不合理，只有建立在全面、深刻的分析之上的结论，才具说服力，才是后来的规划立论可靠的依据。通过分析，找出当前土地利用方面存在的问题，说明进行规划的必要性及改变这种现状的可能性。

### （三）土地利用规划

1. 农牧业规划

根据土地资源评价，应将一级和二级土地作为农地，如不能满足要求，则考虑将三级或四级土地改造后作为农地。牧业用地包括人工草地、天然草地和天然牧场，规划中各有不同要求，根据实际情况确定，特别要注意封禁治理、天然草场（草坡、牧场）改良措施与林业的交叉重叠。农牧业（尤其是农业）在整个项目区的经济结构中占极大比重，所以它们与项目区土地资源的利用联系密切，脱离农牧而单纯地进行林业规划实际上是不现实的。因此，项目区林业生态工程规划设计应对农牧用地作粗线条规划，即只划出它们的合理用地面积、位置，而对于耕作方式、种植作物种类等不做进一步规划。

2. 林业规划

林业用地规划是林业生态工程规划的核心，应根据其基本原理，在综合分析项目区自然、社会条件的基础上，结合项目区目前的主要矛盾及需要做出规划。如山区、丘陵区水土保持林业区工程（含具有水土保持功能的天然林和人工林）的面积占较大比重，一般可达 30% 左右。经济林与果园则应根据土地资源评价和市场经济预测确定。为了促进区域经济的发展，有条件的其面积应达到人均 0.07$hm^2$ 左右。

林业生态工程规划内容和程序是：①对林业生态工程用地进行立地条件的划分，按地块逐一规划其利用方向。②按土地利用方向统计计算规划后土地利用状况，计算规划前后土地利用状况变化的比率，以及规划后各类土地面积的百分比及总土地利用率等，并列出土地利用规划表（表的格式按规范）。③根据以上规划结果，按制图标准绘制“土地利用规划图”，目前许多省级以上多采用的是计算机绘图。

### （四）林业生态工程项目规划方案编写提纲

本提纲在具体应用时，可依据不同的建设项目，参照此程序编写相应的提纲，并在此基础上，做出林业生态工程建设项目的规划方案。

①项目区概况。包括地理位置、地理地貌特征、地质与土壤、气候特征、植被情况、水土流失状况和社会经济情况。

②土地资源及利用现状。包括土地资源、土地结构及利用现状分析、存在的问题及解决的对策。

③林业生态工程建设规划方案：指导思想与原则；建设目标与任务；建设规划。包括土地利用规划、各单项工程（或林种）布局、造林种草规划、种苗规划、配套工程规划（农业、牧业、渔业、多种经营）。

④投资估算。

⑤效益分析。

⑥实施规划的措施。

## 第三节　林业生态工程项目可行性研究

### 一、可行性研究的任务和作用

#### （一）可行性研究的任务和特点

可行性，顾名思义是指能够得到或行得通的意思。可行性研究是在具体采取某一行动方案以前，对方案的实施进行能否做得到或是否行得通的研究，也就是回答行与不行的问题。

林业生态工程建设项目可行性研究的任务是：根据林业生态工程规划的要求，结合自然和社会经济技术条件，对该项目在技术上、工程上和经济上的先进性和合理性进行全面分析论证，通过多方案比较，提出评价意见，为项目决策提供科学依据。通过可行性研究，必须回答：本项目建设是否有必要、在技术上是否可行、推荐的方案是否最优；生态效益与社会效益如何；需要多少资金，如何筹集，建设所需物质资源是否落实；怎样建设和建设时间等。总之，必须回答项目是否可行的所有根本问题。

林业生态工程项目的可行性研究的主要特点是：

①林业生态工程项目可行性研究的客体是一个区域空间概念，是自然、经济、社会等要素在一定地域范围内的有机组合体，区域分异性（一个区城内自然条件、生态系统和社会经济技术条件不尽一致）决定了研究客体是区域性项目，而其分析评价则主要是项目区全局性、综合性的生态环境建设问题。

②林业生态工程建设项目可行性研究的对象具有系统整体性，是一组具备内在联系的复合工程。在工程组合中，既有经营性的，可获得直接经济效益或见效快的项目，如经济林基地建设；又有非经营性的，只能取得生态效益或见效慢的，但受益期长、受益面广、影响深远的项目，如水源涵养林。

③林业生态工程建设项目可行性研究的工作是一项复杂的多层次、多学科、多部门的综合论证工作。

④林业生态工程建设项目可行性研究的做法是用系统思想、辩证观点实事求是、因地制宜地分析评价。

#### （二）可行性研究的作用

①作为项目投资决策、编制和审批可行性研究报告的依据。可行性研究是项目投资建设的首要环节，项目投资决策者主要依据可行性研究的成果决定了项目是否应该投资和如何投资。它是项目建设决策的支持文件。在可行性研究中的具体技术经济研究都要在可

行性研究报告中写明，报告作为上报审批项目、编制设计文件、进行建设准备工作的主要依据。

②作为政府拨款、银行贷款和其他资金筹集的依据。世界银行等国际金融组织都把可行性研究作为申请项目贷款的先决条件。我国的专业银行在接受项目建设贷款时，也首先根据可行性研究报告确认项目具有偿还贷款能力、不担大的风险时，才会同意贷款。政府审批立项、擦拨项目建设资金，或由其他来源筹集资金时也是如此。

③创作为项目主管部门对外洽谈合同、签订协议的依据。根据可行性研究报告，项目主管部门可同国内外有关部门或单位签订项目所需的苗木、基础设施等方面供应的协议或合同。

④作为项目初步设计的主要依据。在可行性研究中，对项目建设规模、技术选择、总体布局等都进行了方案比选和论证，确定了原则，推荐了最佳模式。可行性研究报告经过批准正式下达后，初步工作必须据此进行，不能另作方案比较和重新论证。

⑤对项目拟实行的新技术，也必须以可行性研究为依据。如引种、经济林改造、天然残次生林改造等必须经过可行性研究后，证明这些新技术确属可行，方能拟定实施计划，付诸实施。

⑥为地区经济发展计划提供更为详细的资料和依据。林业生态工程项目的可行性研究文件，从技术到经济，从生态到社会的方方面面是否可行做了详细的研究分析，从而也为落实经济发展计划和国民经济计划的制定提供了有关林业的详细资料和依据。

林业生态工程建设是一项长期任务，可行性研究一定要超前进行，并具有一定的储备；要舍得拿力量，舍得拿时间，舍得下功夫。只有未雨绸缪，才能避免临渴掘井；只有扎扎实实地做好可行性研究，才能保证工程项目严格有序地进行，取得良性高效的生态经济效果。

## 二、可行性研究的程序

林业生态工程建设项目的可行性研究应以批准后的项目规划方案为依据，根据项目规划，对该项目在技术、经济、社会和生态各方面是否合理和可行，进行全面的分析和论证。

可行性研究的工作程序可分为以下 6 个步骤：

①筹划准备。项目建议批准后，项目的主管单位（或业主）即可委托有资质的咨询设计单位进行可行性研究。双方通过签订协议或合同，明确规定研究任务和责任，阐明研究工作的范围、前提条件、速度安排、费用支付办法以及协作方式等。承担可行性研究的单位在接受任务时，需获得有关项目背景及指示文件，摸清委托者或组织者目标、意见和要求，明确需要研究的内容及通过可行性，研究解决的主要问题，制定工作计划。

②收集资料。按照工作计划，技术咨询设计单位有步骤地开展工作。由于可行性研究必须在掌握详细资料的基础上才能进行，所以调查收集资料便成为可行性研究的首要工作。

调查要以客观实际为基础，了解和掌握有关的方针、政策、历史、环境、资源条件、社会经济状况以及有关建设项目的信息和技术经济情报等。要通过调查进一步明确项目的必要性和现实性，同时取得确切的与项目有关的各项资料。

③分析研究。在收集到一定的资料和数据并加以整理的基础上，根据协议或合同规定的任务要求，按照可行性研究内容，结合项目的具体情况，开展项目规模、技术方案、组织管理、实施进度、资金估算、经济评价、社会效益和生态效益分析等研究工作。研究时要实行多学科协作，可设计几种可供选择的建设方案，进行多次反复的论证比较，从中对比选优。其间涉及有关项目建设和方案选择的重大问题，要与委托或组织单位讨论商定。在分析研究中，常涉及许多决策问题。例如，决定目标和机会，决定资金的筹集与利用，判断方案的优劣，决定长期战略方向和短期措施等。这就需要运用专门的决策分析方法，进行正确的估算和判断，以便对所研究的问题做出科学的决定。

④编制报告。经认真的技术经济分析论证后，证明项目建设的必要性、技术上的可行性和经济上的合理性，即可编制提出合乎规格的可行性研究报告。

⑤审定报告。委托或组织单位在收到可行性研究报告以后，可邀请有关单位和专家进行评审；根据评审意见，会同可行性研究修改报告定稿。

⑥决策选定。修改定稿后的可行性研究报告由委托或组织单位再行复审，最后做出决策，决定可行或不可行。

## 三、可行性研究的内容

林业生态工程建设项目的可行性研究一般要从技术、财务、经济、组织管理、社会生态等方面去进行。可概括为 3 大部分：第一部分是基本条件分析，这是项目成立的重要依据。基本条件分析包括自然资源条件、社会经济条件和生态环境状况的分析评价。在此基础上，还要对林业生态工程的生态环境建设的必要性分析和某些经济产品供需进行预测，说明该项目的必要性和可能性，这是项目可行性研究的前提。第二部分是建设方案设计和技术评价，以及项目实施组织与投资安排，这是可行性研究的技术基础。它决定了开发项目在技术上以及组织实施上的可行性。第三部分是项目的效益评价，包括经济效益、社会效益和生态效益评价，这是项目可行性研究的核心部分，是决定项目能否上马的关键。整个可行性研究，就是从这 3 大方面对林业生态工程项目进行优化研究，并为项目投资决策提供科学依据的。

### （一）项目基本条件分析

1. 自然资源和自然条件分析评价

自然资源是指在林业生产及其相关领域内可以利用的自然因素、物质、能量的来源，例如，光、热、水、动植物和土地等。林业自然条件是指自然界为林业生产提供的天然环境因素，例如，地形、地理位置、自然灾害、生态环境等，也包括作为林业自然资源的那些自然条件，如森林。林业生态工程建设必须对林业自然资源和自然条件进行分析评价。分析评价的基础是资源调查。分析评价的基本原则是保护和改善生态环境，发挥资源优势，发展林业商品经济，达到林业资源可持续发展。分析评价的内容包括：

①土地资源评价。分土地质量评价和土地经济评价。土地质量评价的主要依据是土地生产力的高低，而土地生产力的高低一般通过宜林性和限制性来表现。通过评价，主要解决土地适宜性及各类土地的限制性因素、限制程度、改造的可能性、改造的难易程度、提高土地生产力的措施，以此确定适宜林种、树种及布局、项目需要的投资、预期效果。土地经济评价是指运用经济指标对土地所做的评价，目的在于为制定土地利用规划、林业建设布局、土地资源合理开发利用和生态环境提供科学依据。

②气候资源评价。通过对气候资源的分析，用定量指标对气候与林业的关系予以评价，揭示时空分布规律，说明某特定地域的气候特征，作为研究确定林业发展方向、布局，分析林业生产潜力、合理开发利用气候资源的科学依据。应在分析光能、热量、水分、气象灾害等单项气候因素的基础上，对气候资源进行综合评价。

③水资源评价。研究地表水、地下水的数量、质量、分布和变化规律，不同区域、不同时期水资源供需平衡和土壤水分变动以及对林业生态工程建设和布局的影响。如灌溉的可能性、土壤水分利用潜力等。

④生物资源评价。生物资源包括人工培育及野生的各种植物和动物。分析评价一要研究其引种、培育的历史和适生的地域范围。二研究其主要特征、特性，分析其经济性状和生态价值。三要研究其生产现状、生产和加工潜力，评价其未来在生产发展中的位置和能力。四要分析其培育特点以及在当地生产布局中的地位与配比关系。通过评价，为林业生态工程的合理布局及建设规模提供依据。

2. 社会经济技术条件评价

不仅要切实做好项目区内部社会经济技术条件的评价，同时还要对外部社会经济环境条件进行分析评价和趋势预测。包括：

①人口、劳力资源，条件评价。人口因素是决定林业生产和布局乃至农村产业结构的基本因素，也是研究生态改善的必要性和林产品需求量的重要依据。项目区林业生态工程建设同人口、劳力资源条件紧密相关，一定要强调人口增加与生态资源环境承载能力的相互适应、相互协调。评价人口、劳力资源，既要评价其数量，又要评价其质量、结构组成、分布以及动态变化。

②林业物质技术条件评价。包括林业技术装备、基础设施和林业现代化水平等。通过研究分析，要对现有水平、利用状况、利用效果进行评价，揭示建设需要与现有状况的矛盾，提出利用的可能性与限制性，为制定建设目标和方案提供依据。

③交通运输条件评价。利用林业生态工程建设所必备的交通运输条件，提出改善交通运输条件的建设项目和配套措施。

④经济区位、城镇和工业条件评价。经济区位、大中城市及工业对林业生态工程建设

区的影响及城镇对林业的需求。

⑤科技发展前景分析评价。要对项目区能够利用的各种林业技术、科技设施，能够引进的新技术及其运用的可能性，能够推广应用的先进适用技术，可能达到的规模和效益进行分析和预测，为制定建设目标和方案提供依据。

⑥政策因素分析评价。对国家在林业相关的计划、借贷、价格、物资等方面的调整，进行必要的预测和评价。既要看到对林业建设的有利因素，也要对可能出现的不利因素做出充分的估计，并据以研究，采取必要的对策和措施。

3. 生态环境的质量评价

在林业建设中，影响林业生态环境的主要问题是水土流失、环境污染问题。因此，必须进行水土流失与水土保持评价，包括与林业生态建设相关的水污染与地面水环境质量评价、大气污染与大气环境质量评价、土壤污染与土壤质量评价等。

### （二）生态经济型工程的产品供需论证

1. 项目的产品方案论证

生态经济型的果园与经济林建设，要从国家定购任务、市场需求、出口创汇等方面考虑，确定应投资发展的产品及其规模，分析研究其成本价格，并从可利用的基本条件论证发展这些产品的可能性。同时，还要进行主要林产品的商品量、上调量预测。

2. 投入物的选择与采供

主要是对建设所需的各种生产资料、苗木、能源、设备在不同时期所能提供的品种、数量、规格、质量以及运输渠道、价格、成本等做实事求是的分析，以保证工程建设项目的顺利进行。通过评价，要提出正确的对策和措施。

### （三）实施方案的制定及其技术评价

1. 方案的制定

方案是建设的总体部署，是可行性研究的主要内容。方案制定必须经过反复调研，综合分析，审慎提出。未来的建设工作将以方案为重要依据。

①方案制定的基本原理和原则。林业生态工程建设是一项综合性、区域性、开拓性很强、规模宏大、结构复杂的系统工程。制定林业生态工程方案必须掌握运用指导林业生态工程建设的一些基本原理，包括林业生态经济原理、生产力合理配置原理、生产要素优化组合原理等。同时，在方案设计中，又必须坚持做到统筹规划，择优建设；因地制宜，发挥优势；综合治理，综合投入；论证先行，科学决策；经营式建设，开放式建设等，力求设计出完善的方案。

②方案的主要内容。建设项目的种类不同，方案的内容亦随之各有侧重。但就总体来说，应包括的主要内容大体有：指导思想（或开发方针），建设目标，林业生态工程的体系组成、各种工程的布局、工程技术方案选择及相关基础设施建设方案与设备方案选择，

经营体制与政策（如生产资料所有权、使用权与经营管理权等）。

③方案制定的基本方法。广泛收集资料，深入分析研究，整合平衡，统一规划，多方案分析论证，对比选优。

2. 林业生态工程量设项目的评价

林业生态工程建设项目方案设计的技术评价，必须以可靠的数据和资料为依据，详细研究和判断项目方案的内容、技术水平和可行性，探讨与项目建设和执行有关的种种技术问题。

①技术评价应达到的要求：结构合理、规模适度。

②技术评价应坚持的标准：首先是先进性，应尽可能采用先进技术；其次是有益性，在给社会带来最佳生态效益的基础上，能够生产出相应的高产、优质、低耗、安全的经济产品；最后必须具可行性，方案的实施程序比较简明，条件容易满足，不可克服的限制因素极少。

### （四）项目的组织与实施

1. 项目实施安排

应按不同子工程项目分别估算项目区的工作量，如良种繁育体系、整地工程、造林种草、科技培训及推广等，并对项目实施进度和施工量做好计划安排。

2. 项目组的管理

项目组织管理是保证项目按既定方案顺利实施，保证最大限度地提高资金利用效率的重要措施，它是为项目实施服务的。一般应与项目的进行程序相适应，根据各项目的大小和项目的进展情况设置。需要配备必要的管理层次，逐层进行指挥和管理，并注意协调好项目机构与项目区其他政府机构的关系。

3. 提资估算和资金筹集

投资是林业生态工程实施的条件。在可行性研究阶段，除对各项工程项目进行资金需要量预测外，还应对投资渠道和可能取得的额度进行分析。在分项进行投资估算后，还要计算不可预见费，包括实际不可预见费和价格不可预见费。项目资金的来源主要有项目单位的自筹资金、国拨资金和信贷资金三个方面，必要时还可利用外资，包括政府间借贷、国际金融组织信贷、合资经营、补偿贸易等。选择何种资金筹措方案，应仔细分析。贷款要付利息，研究中应拟定贷款及其偿还方案。

# 第四节 林业生态工程初步设计

## 一、设计要求及文件审批

林业生态工程建设项目经可行性研究、评审，同意立项以后，前期准备工作还没有结束，执行单位还必须根据已批准的可行性研究报告，按国家基本建设管理程序，进行项目所含各项工程的设计。

建设项目设计一般可划分为 3 个阶段：初步设计阶段、技术设计阶段（目前很多部门不做技术设计，而直接做招标设计，此阶段即为招标设计阶段）和施工图设计阶段。根据项目的不同性质、类别和复杂程度，初步设计和技术设计阶段通常又可合并为一个阶段，称为扩大初步设计阶段，简称初步设计。对于林业生态工程建设项目，若为园林或开发建设项目造林，则其设计工作可根据要求分 3 个或 2 个阶段进行，如项目实施招标制，则为 3 阶段，即初步设计阶段—招标设计阶段—施工图设计阶段：否则可采用 2 阶段，即初步设计阶段—施工图设计阶段。若为一般荒山造林，可将 3 个阶段合并为 1 个阶段，即初步设计阶段。合并的初步设计，根据合并情况，确定设计深度，应比分阶段的初步设计更细，3 阶段合 1 个阶段的，要求能够指导施工。

林业生态工程建设项目的初步设计，是继项目可行性研究报告批复并正式立项后，项目实施前的一个不可缺少的重要工作环节。它是根据批准的可行性研究报告，并利用必要的、准确的设计基础资料，对项目的各项工程进行通盘研究、总体安排和概略计算。具体做法是以设计说明和设计图、表等形式阐明在指定的地点、时间和投资控制数以内，拟建设工程在技术上的先进性和经济上的合理性，对各项拟建工程做出基本技术、经济规定，并据此编制建设项目总概算。初步设计也是项目实施中编制年度工程计划，安排年度投资内容和投资额，检查项目实施进度和质量，落实组织管理，分析评价项目建设综合效益的主要依据。

为保证初步设计的严肃性、合理性和科学性，初步设计应由正式注册、有资质承担工程设计任务的，且在林业工程设计方面有较丰富经验的设计单位承担。未经国家正式注册、无资质证的设计单位或个人编制的初步设计是无效的。

### （一）初步设计的基本组成与要求

林业生态工程建设项目一般由若干个单项工程组成，初步设计文件一般应分为 2 个层次：第一层次，项目初步设计总说明（含总概算书）及总体规划设计图；第二层次，各个单项工程初步或扩大初步设计说明（含综合概算）及设计图。

初步设计文件要求经过比选确定设计方案、主要材料（主要是种苗）与设备及有关物资的订货和生产安排、生态工程建设面积和范围、投资内容及其控制数额。据此，进行第二阶段——施工图的设计，进行项目实施准备。

### （二）初步设计文件的审批

按现行林业生态工程建设项目管理规定，各项目执行单位编制的初步设计，未经审批，不得列入国家基建投资计划。各级管理机构对各项目执行单位报送的初步设计中的投资概算、用工用料等技术经济指标进行汇总审查，不得突破批准执行的可行性研究评估报告核定的有关指标。因特殊原因而有所突破者，必须按规定重新申报审议。初步设计文件经审定批准后，不得擅自修改变更项目内容。

## 二、总说明书

林业生态工程项目不同于一般的工业性项目，其涉及的区域面较大、项目分布较广。各工程项目密切相关，综合地构成了区域性、综合性很强的有机整体。因此，其初步设计必须编制总体说明和总体规划设计图，用其明确各分项目、子项目，或各单项工程之间的关系，以此指导各项工程的设计。

### （一）总说明书的基本内容

1. 项目简况

用最简练的语言，简要说明林业生态工程建设的依据、性质、建设地点和建设的主要内容及其建设规模等，使人对项目总体有一个初步的了解。

2. 基本资料

主要介绍说明反映项目区的自然、社会、经济状况和条件的基础资料或设计依据。有关区域自然条件的基础资料，一般包括：①反映现有地质、地貌状况的资料；②区域土壤调查资料；③区域内气象资料，内容包括降水、蒸发、气温、日照等；④水资源及可能涉及的水文与地质方面的资料。以上资料包括文字资料与图纸资料。应注意把已有的林业生态建设项目作为重要的基础资料。

3. 总体设计说明

总体设计说明是初步设计说明书的核心部分。主要包括：

①设计依据。包括主管部门的有关批文和计划文件，如生态建设规划、可行性研究报告、批复文件等；已掌握的基本资料（简要说明其名目），通常包括地形测量资料、土壤资料、工程地质及水文地质资料、气象水文资料、工程设计规范或定额标准资料等方面。

②项目区自然、社会及经济概况。依据项目可行性研究报告提供的有关资料，在初步设计中进一步详细和具体地说明它们和设计的关系。

③项目建设指导思想、内容、规模、标准和建设措施。

④土地利用。一般应包括：项目选址的依据；农、林、收、副、渔业用地比例、面积和位置等；子项目区的划分及其规模；各类工程布局及用地方案的设计思路等。

⑤主要技术装备、主要设备选型和配置。说明主要设备的名称、型号及数量。

⑥种苗、交通、能源、化肥及外部协作配合条件等。主要说明项目区内交通运输条件，工程建设使用种苗、化肥等供应渠道和消耗情况等。

⑦生产经营组织管理和劳动定员情况。主要说明项目区所涉及的县、乡人口及劳力情况，根据项目区的生产规模和生产力水平，确定经营管理体制，确定劳动力、技术人员、管理人员及社会服务等各类人员的最佳配置和构成。

⑧项目建设顺序和起止期限。根据项目区各类项目的主次关系、轻重缓急和资金投放能力，初步确定各主要建设内容的先后顺序和建设起止期限。

⑨项目效益分析。通过初步设计，进一步对项目的综合效益进行测算、分析和评价。

⑩项目总概算额。说明项目总概算额及其种类、工程费用的基本构成、主要工程材料的用量等。

⑪ 资金筹措办法。说明项目建设资金来源，各项资金渠道的构成。

### （二）总体设计图的基本内容

1. 基础资料图

这是对林业生态工程建设项目进行总体设计的基础资料图纸，是总体设计的重要依据，一般包括以下几种类型的图纸。

①项目区土地利用现状图。农、林、牧、水、渔各业用地状况，通常图纸的比例尺为 1 ∶ 10000 ~ 1 ∶ 100000。特别要注重项目区荒地、滩涂等，可作为林业利用的土地分布。

②项目区林业资源分布图。森林、经济林等的分布情况，通常图纸的比例尺为 1 ∶ 10000 ~ 1 ∶ 100000。

③区域土壤分布图。绘制各种类型土壤的区域分布情况，并绘制可反映各类土壤特性的说明表、各类型土壤的统计表。图纸的常见比例为 1 ∶ 50000。

④其他图纸。根据不同项目的具体要求确定水资源图等。

2. 总体设计图

总体设计图是项目初步设计图纸中最重要的部分，各单项工程必须围绕着总体设计图进行设计。总体设计图通常包括：

①项目区林业生态工程总体布局。图纸比例尺为 1 ∶ 10000 ~ 1 ∶ 100000，如涉及城市、工矿区绿化，可单独附大比例尺的建筑物分布及绿化总体设计平面图纸。

②土地利用总体设计图。主要反映的是林业生态工程建设后的土地利用状况，并要求在图纸上附土地利用面积分类统计表，常见图纸的比例有 1 ∶ 10000 ~ 1 ∶ 100000。

③其他图件。根据不同项目的要求确定与林业生态工程有关的水土保持、水利工程布局图等。

### （三）单项工程说明书及设计图的基本内容

林业生态工程项目是一个系统工程，一般含有多个子工程，即单项工程，其都具有自身的特征，可独立成为一个单元。可根据实际需要给出单项工程的说明书、概算书和设计图。

它们是对林业生态工程项目初步设计总说明及总体设计图的进一步分类、分项和明细化、具体化；是编制项目总概算书以及进行第二阶段设计——编制施工图或指导施工的依据。

### （四）设计说明书的编写

项目设计说明书一般分为6部分：项目区概况；自然条件；林业生态工程设计（包括总体布局、单项工程设计，如造林（种草）地的立地类型划分、小班造林（种草）设计、附属工程设计等）；施工组织设计及施工进步安排；投资概算与效益分析；实施管理措施；附表、附图。

1. 项目区概况

简单叙述项目区的地理位置、经纬度、所属行政区划（省或直辖市或自治区、地就盟、县或旗、乡）、范围、面积；交通运输与通信条件；各项生产简况及农林牧副关系；林业生态工程建设的基础及历史，林业生态工程建设发展方向，林业生态工程效益，造林种草的经验教训；社会可提供的劳动力及分布状况，种子、苗木生产运输情况，以及上述条件与林业生态工程建设的关系及对工程运行的影响。

2. 自然条件

项目区的气候条件（年平均气温、1月平均气温、7月平均气温、极端最低气温、活动积温和有效积温、大风的次数、风力风向、平均风速、无霜期、降水量、蒸发量、相对湿度等）、土壤条件（母质、土类、物理化学性质、微生物情况、土壤利用历史等）、地形（大、中、小地形及特殊地形）、水文（地下水及含盐量、河流等情况）、病虫害等情况，主要是通过综合分析，找出该地区自然条件的特点与规律，指出在林业生态工程设计中应注意的问题。如某地区春季干旱多风，雨季集中于7、8、9三个月，对春季造林极为不利，设计中应抓住这一主要矛盾，采取抗旱保墒和雨季防涝等相应措施，以保证各项林业生态工程的成功。

项目区的植被情况，主要是指林业资源情况，包括森林资源（树种、起源、年龄、组成、面积、生长量、蓄积量）、草地资源、宜林宜牧地资源等。

3. 林业生态工程设计

①林业生态工程布局。在可行性研究的基础上，根据项目区域生态经济分布规律及林

业、草业、牧业的发展状况，分析确定林业生态工程布局的指导思想、原则、发展方向、任务等。据此，提出林业生态建设的主体工程及其他各类工程，如山西沿黄河中部地区林业生态工程的主体应是水土保持林业生态工程和以红枣为主的经济林基地建设，只在个别土石山地区有水源涵养林业生态工程。在此基础上进行林种用地区划，以确定不同的林业生态工程单项工程。

②单项林业生态工程的设计。分析造林（种草）地立地条件，划分立地条件类型，选择适宜的树种、草种，进行造林种草的设计（典型设计）。造林典型设计是单项工程设计的核心部分。如果有城市、工矿区林业生态工程，特别是园林设计，应根据国家有关规定，进行大比例尺平面图设计。一般的林业生态工程中的造林种草的设计（典型设计）主要包括：

第一，造林或种草设计图（比例尺 1 ∶ 10000 或 1 ∶ 5000 的地形图为底图，在外业调绘的小班上设计，并在设计图上标明小班因子）。

第二，各典型设计图式及说明，包括典型设计所适用的林班、小班号；造林整地时间、年份及季节；整地密度、带向距、带中心距：整地方法、整地规格、整地排列图及整地图式、整地的具体技术措施；造林密度及株行距、造林图式、造林方法、混交方法、混交比例、树种组成、种植点配置；苗木年龄及规格，并说明造林树种的主要生物学特性及造林地、产地条件的主要特点及该典型设计的合理性、可行性。

第三，填写有关表格。

③计算工程量。对林业生态工程的预计工程量进行计算，为概算做准备。主要包括：

第一，种苗需要量。先按小班或造林种类型求出各树种草种所需量，以后进行累加，所依据的面积一律为纯造林种草地面积。计算中应该注意整地方法、种植点配置及丛植等对种苗用量的影响。最后，把计算出的种苗量再加 10%，作为造林时种苗的实际消耗量。

第二，造林种草工程量。包括整地、挖穴、运苗运种、栽植或播种、灌水等的工程量（材料用量、土方量、机械的台班及台时等）。

第三，其他附属设施工程量。道路、房建、灌溉、引水、苗圃建设等的工程量（土方量、材料用量等）。

第四，计算分部工程工程量。根据上述工程量合计分部工程量，如油松造林工程、红枣造林工程、人工林下种草工程、翻石工程等的工程量。

第五，计算单项工程工程量。合计分部工程量，计算单项工程量，如天然林保护工程、水土保持工程、果园灌溉工程等。

第六，项目总工程量。合计单项工程工程量，即为项目总工程量。

4. 施工组织设计及施工进度安排

林业生态工程施工组织设计首先是确定如何组织施工，包括施工设备、施工场地、人员编制（指专业队伍）、劳力安排、施工程序、施工注意事项等。其次是根据计划任务、工程量安排施工进度，一般为年度进度，一些外资项目要求有季度进度或月度进度。最后为施工设计。第三阶段设计时，应单独进行设计，即施工图设计。因林业生态工程建设期长及林业的特殊性（受气候限制、每年施工条件变动很大），需每年做年度施工设计，在初步设计中只作简单安排。

以造林施工为例，年度造林施工设计的主要任务就是在充分运用已有造林设计成果的基础上，按照下一年度的造林计划任务量（或按常年平均任务量），选定拟于下一年度进行造林的小班，并外业复查各小班的状况，若各小班的情况与造林设计不完全相符，则应根据近年来积累的造林经验、种苗供应情况及小班的具体情况，对各小班设计做全部或部分必要的修改，然后进行各种统计说明。确定年度施工的种苗需要量、用工量及支付承包费用，计算依据是将要施工的小班面积，在此过程中一定要保证其精度。当外业调绘的小班面积精度不能满足要求时，应该实测小班实际造林面积。通常在进行造林施工设计时用罗盘仪导线测量的方法实测小班面积和形状，也有的在检查验收时才实测或抽样实测小班面积。需要说明的是，用罗盘仪导线测量的误差也比较大，因而在外业调绘的小班面积误差较小时，一般不再实测小班面积。

5. 投资概算及效益分析

①投资概算：确定人工单价、材料单价、机械台班单价等，计算分部工程单价，再计算单项工程费用，最后汇总为项目总工程费用；其他费用计算，确定费率。根据建设工程费用，计算出其他费用；汇总计算项目总投资；根据施工进度安排，计算分期（年度或季度）投资费用。

②效益分析参见第六节。

6. 实施管理

实施管理包括行政组织管理、法律管理、技术管理等。

## 三、总概算书

总概算书是确定林业生态工程项目全部建设费用的文件，是根据各个单项工程和单位工程的综合概算及其他与项目建设有关的费用概算汇总编制而成的。总概算书是项目初步设计文件的重要组成部分之一，更是控制项目总投资和编制项目年度投资计划的重要依据。

### （一）总概算书的内容与编制程序

1. 总概算书的内容

总概算书一般应包括编制说明和总概算计算数表。

①编制说明。包括工程概况、编制依据、投资分析、主要设备数量和规格，以及主要材料用量等内容。

工程概况。扼要说明项目建设依据、项目的构成、主要建设内容和主要工程量、材料用量（如种子、苗木、化肥、水泥、木材、钢材）、建设规模、建设标准和建设期限。

编制说明。说明项目概算采用的工程定额、概算指标、取费标准和材料预算价格的依据。概算定额标准有国家标准、部颁、省颁（有些地区还有地颁）之分，在编制说明中均应加以说明。

投资分析。重点对各类工程投资比例和费用构成进行分析。如果能掌握现有同类型工程的资料，可对两个或几个同类型项目进行分析对比，以说明投资的经济效果。

②总概算计算数表。其是在汇总各类单项工程综合概算书和整个项目其他综合费用概算的基础上编制而成的。其他综合费用包括：勘察设计费、建设单位管理费、项目建设期间必备的办公和生活用具购置费等。

2. 总概算书的编制程序

①首先收集基础资料，包括各种有关定额、概算指标、取费标准、材料、设备预算价格、人工工资标准、施工机械使用费等资料。

②根据上述资料编制单位估价表和单位估价汇总表。

③熟悉设计图纸并计算工程量。

④根据工程量和工程单位估价表等计算编制单项工程综合概算书。

⑤根据单项工程综合概算书及其他有关综合费用，汇编成总概算书。

### （二）单项工程概算书

单项工程概算书是在汇总各单位工程概算的基础上编制而成的。单位工程是由各分部工程组成的，而分部工程又是由各分项工程所组成。概算计算数表的基本单位一般以分部工程为基础。所谓单项工程，是具有强立性的设计文件，竣工后可以强立发挥效益的工程；所谓分部工程，是指具有强立施工条件的工程，是单项工程的组成部分。

## 第五节　林业生态工程施工管理、竣工验收及评价

### 一、施工管理

林业生态工程建设项目的规划、可行性研究、初步设计完成以后，为使林业生态工程充分发挥其综合效益，必须严格按设计进行施工，加强施工管理，大型项目特别是城市、工矿区园林施工，应由有资格的工程监理公司进行监理，设计单位也需有现场技术指导和监督人员（1999 年国家生态环境建设工程已规定施工必须由监理公司监督完成）。监理和现场技术人员应按施工设计的要求严格把关，保证质量。林业生态工程附属建筑工程的施工监理按建设部有关规定执行。造林工程现尚无统一的规定，根据多年来的造林经验，监理应主要注意整地质量（深度最关键）、苗木质量、栽植质量和成活率。

## 二、竣工验收

竣工验收是林业生态工程项目管理的最后阶段。它是在项目完成时全面考核建设成效的一项重要评价活动。做好项目竣工验收工作，有利于保证建设质量，对促进其进一步发挥投资效果，总结开发建设和项目管理经验有着重要作用。

### （一）工作程序

林业生态工程竣工验收较为复杂，工作量大，竣工验收后，必须编写项目竣工验收报告。竣工验收的步骤是：

①成立项目竣工验收小组，由经济、工程、技术、项目管理等方面的专家组成。省级总项目由国家林业生态建设领导小组聘请有关专家或委托有关科研、教学单位组织竣工验收小组，对总项目进行竣工验收或抽样复验；重大工程完工或地（市）、县级林业生态工程建设项目完成时，由省级林业生态工程建设领导小组组织专家小组进行竣工验收或抽样复验。各子项目完工时，由县级林业生态工程建设领导小组组织验收。

各级领导小组根据需要也可以建立由农业、林业、水利、牧业、农业机构、财政、农业银行等部门的技术、工程、经验管理人员参加的竣工验收小组，对本级项目开展预验收。

②申报开展项目竣工验收的各级领导小组，在本级项目执行期满，建设任务完成之后，要向上一级验收小组提出开展项目竣工验收的申请报告，要求上级派出竣工验收小组对本级项目进行竣工验收。申请报告的内容大致包括：项目名称、审批文号；项目建设周期，开工日期；项目建设的主要内容及其完成情况；项目效益的初步估算。

上级领导小组收到项目竣工验收申请报告后，应立即备案，并研究布置正式开展该项目竣工验收工作，把研究结果及时地告知申请单位。

③竣工验收小组进入项目区进行全面验收。上级领导小组全面研究下属项目竣工验收申请报告之后，选择重点项目或者典型项目，决定派出项目竣工验收小组进入项目区开展全面验收或抽样复验工作。竣工验收小组对验收项目的前期立项工作事先应有一个全面系统的了解，掌握该项目规划、可行性研究报告、评估报告、项目初步设计的有关指标、建设内容、设计和实施办法，以确定验收该项目的重点和工作计划。

深入项目区后，除听取项目所在地领导小组或项目执行单位的全面汇报，详细审查有关资料之外，竣工验收小组还要亲临重点工程现场对其数量和质量进行考核验收，访问项目区农户，了解农民对项目建设的意见和农户受益情况，调查农户原始记录资料的完整性和真实性。

④基本调查工作完成后，把收集到的资料进行初步分析，然后提出项目实施中关系重大的一些问题，以座谈会的形式，由项目竣工验收小组成员和该项目负责人、管理人员以及具体执行人员共同深入探讨，进一步加以明确，寻找原因，商议决策。

⑤在全面调查研究的基础上，项目竣工验收小组应独立完成并编写项目竣工验收报告，

并且签署竣工验收小组组长、副组长、各成员的姓名、职务职称、工作单位以及项目竣工验收报告的完成时间。

⑥项目竣工验收报告完成之后，要立即报送上级项目管理部门或者委托验收部门。验收小组应对项目验收报告的科学性、真实性和准确性负技术责任。

上级或委托验收部门审核批准项目竣工验收报告后，对合格项目发放竣工验收证书，由各级林业生态工程建设项目办公室立案存档，并向有关生产和管理部门办理固定资产交付使用转账手续，充分发挥建设项目效益。对验收不合格的项目，要提出具体的完成期限或其他处理意见。

### （二）竣工验收的依据

省级林业生态工程项目的验收标准和依据，是国家林业生态工程建设领导小组与省林业生态工程建设领导小组签订的总项目协议书和项目评估报告所规定的目标；地（市）、县级分项目完成的验收标准和依据，是省领导小组与地（市）、县领导小组签订的项目协议书、经审批评估报告和初步设计所规定的目标；各子项目完工的验收标准和依据，是工程承包单位与县级领导小组签订的工程承包合同和项目初步设计所规定的质量标准、工程数量、完工时间和投资等目标。如项目经过中期调整，则应按调整后的目标来验收。

### （三）竣工验收的内容

林业生态工程一般可按组成的单项工程逐项验收，每个单项工程施工完工时，主要根据初步设计、施工图纸和工程承包合同对工程质量、数量、完工时间和工程费用等内容进行竣工验收。而总项目竣工验收则以单项项目的验收为基本依据，进行重点复查验收。验收结果分析要与项目协议书、项目评估报告、项目设计和计划的目标进行比较，如有差别，应说明原因。同时，对立项科学性、客观可行性以及项目管理机构的工作实绩等也要进行评价。重点考察内容有：

①新增固定资产。项目建设形成的林木、草地、附属设施和设备，如道路、井、桥、涵、闸、农业机械、电力设施、林产品加工等新增固定资产。

②土地生产率和劳动生产率提高的情况。如项目区通过实施项目促使主要农作物单位面积产量增长情况；项目建设后林产品进入流通领域的可能性和商品量。

③项目投资的经济效益。主要按国民经济评价指标进行计算分析。

④评价项目产生的社会效益和生态效益。包括项目区新增林地面积、森林覆盖率、林网面积产生的改善、生态环境效益和农业生产条件的改善以及增加农业持续、稳定、协调发展能力产生的作用。

### （四）竣工验收报告的编制

林业生态工程建设项目竣工验收报告一般包括以下内容：

①对项目立项及项目规划的评价，立项的明确性；项目规划原则与方法的科学性；项

目内容、项目范围、资金分配比例、项目效果标准的合理性。

②项目执行过程的总回顾及其评价。项目组织实施的工作网络分析；项目工程、资金投入、项目实施过程所采用的主要措施的评价；项目工程、资金投入、物资采购供应、科技推广及人才培训等计划完成情况分析；总结项目执行的经验与教训。

③基本生产条件改善情况及其评价。新增林地、林带、果园、草地、牧场，新增灌溉渠系、农路等，新增固定资产以及技术培训人次等。

④商品生产改善情况及其评价。产品的增产量，提供的商品量。

⑤生产率提高情况及其评价。土地生产率、劳动生产率。

⑥经济效益、社会效益和生态效益情况及其评价。

⑦项目管理职能机构的工作实绩及其评价。项目管理机构设置人员的合理性；各职能机构履行职责情况；项目执行与管理各方面的协调情况。

⑧结论和建议。总体评价意见；建议验收通过或暂缓通过和不通过；项目建设主要经验和教训；项目竣工后的建议。

建设项目竣工投产后，一般经过 1 ~ 2 年生产运营，要进行一次系统的项目后评价。主要内容包括：

①影响评价。项目完成后对各方面的影响进行评价，重点是生态环境影响评价。

②经济效益评价。对项目投资、国民经济效益、财务效益、技术进步和规模效益、可行性研究深度等进行评价。

③过程评价。对项目立项、设计、施工、建设管理、竣工投产、生产运营等全过程进行评价。

项目后评价一般按 3 个层次组织实施，即项目法人的自我评价、项目行业的评价、计划部门（或主要投资方）的评价。

建设项目的后评价工作必须遵循客观、公正、科学的原则，做到分析合理、评价公正，以达到肯定成绩、总结经验、研究问题、吸取教训、提出建议、改进工作、不断提高决策水平和投资效果的目的。

## 第六节　林业生态工程综合效益评价

林业生态工程综合效益评价是国内外尚未解决的一个重要问题，也是我国林业生态工程建设实践中亟待解决的一个应用性理论与技术问题。迄今为止，国内外关于林业生态工程综合效益的评价方法和成果尚且不多，多数是论述森林生态系统的综合效益，但从理论和实践上讲，森林生态系统的综合效益与林业生态工程建设的综合效益没有本质的区别。

## 一、综合效益的基本含义

林业生态工程的实质是根据生态经济学的原理，根据不同的侧重点，有效地发挥森林的生态、经济和社会三方面的效益。

森林的生态效益是指在森林生态系统及其影响范围内，对人类社会有益的全部效益；经济效益主要是指在森林生态系统及其影响范围内，被人们开发利用已变成经济形态的部分效益；而社会效益是指林业生态系统及其影响范围内，被人们认识且已为社会服务的那部分效益。三方面的效益只是一个人为的划分，对于不同的林业生态工程（或林种），其综合效益的形态是多种多样的。

## 二、综合效益评价的原则

### （一）生态、经济与社会三大效益相结合

追求整体功能健全，生态、经济和社会效益最佳，既是林业生态工程建设的重要目标，也是综合评价的重点。因而，评价过程应突出对系统功能进行全面、完整的分析，把生态、经济和社会效益综合地加以评价。围绕三大效益确定其投入产出率、内部收益率、投资回收率、成本利润率、财务效益、劳动生产率、土地利用率、商品率、社会总产值、总产量、年平均增长率、人均占有量、劳动就业率、林草覆盖率、土壤肥力增长率和水土流失控制率等主要指标。力求通过对这些指标的分析评价全面反映出林业生态工程建设项目的内涵和特点。

### （二）静态评价与动态评价相结合

对于评价结果，不仅应具有系统自身不同阶段的可比性，同时还应有不同系统在同一时段上的可比性。这就要求对林业生态工程各个系统的效益，不仅要进行静态的现状评价，还要通过动态评价以揭示系统功能的发展趋势，分析其结构的稳定性和应变力。

### （三）定性分析与定量分析相结合

为了客观、准确、全面地把握林业生态工程发展的现状和未来，应从数量、质量、时间等方面做出量的规定，得出较为真实、可靠、准确的数据。对少量难以定量、难以计价或难以预测的指标或因素则采用定性分析法， 在充分占有数据、资料的情况下，进行客观公正的评价。

### （四）近期、中期与远期相结合

为了准确评价其预期效益，把林业生态工程项目大体分为 3 个阶段：项目基期，选在项目实施的前一年进行评价，内容包括资料基础、经济发展水平、农民收入状况、生产技

术条件等，对人力、资金、原料、技术、市场、管理等诸生产要素进行充分估计，并以此为项目执行期和后期的评价依据；项目执行期，即项目实施过程，对林业生态工程项目的开发规模、实施进度、目标规模、优势与劣势、项目效益等进行系统评价；项目后期，即项目受益期，对项目预期的经济、社会、生态效益进行综合评价，力求全面反映项目在未来时期的整体作用与效果。

## 三、综合效益评价的具体内容

### （一）水文生态效益

林业生态工程通过森林生态系统中不同层次林木对降水、地表径流、土壤结构和物理性质的作用及植物的根系作用，综合表现为涵养水源、保土减沙和改善水质的水文生态效益。可从植被冠层截留降水量、枯枝落叶层的水文生态作用、林地土壤入渗、坡面产流与产沙、流域径流与泥沙，以及水质效应等几个方面加以评价。

### （二）涵养水源效益

主要从森林年水源涵养量、年降水量和年蒸散量三方面加以评价。

### （三）土壤改良效益

主要从土壤理化性质的改良、抗蚀抗冲性提高、抗剪作用增加及根系固土作用几个方面来评价。

### （四）改善小气候效益

森林小气候的改善效益主要体现在太阳辐射、气温、湿度、风速、风向、日照状况、树体温度和土壤温度等方面，其研究首先是选择不同的典型天气（包括晴天、多云和阴天等）进行小气候观测，同时与空旷地进行对比，进而计算森林改善小气候效益。

### （五）农田防护林对农田农作物的增产效益

计算农田防护林对农作物增产率的公式：

$$r=\frac{S-S_0}{S_0}\times 100\%$$

式中：$r$ 为相对增产或减产率，正值为增产率，负值为减产率；$S$ 为有林带保护农田（简称同幡农田）作物的平均单位面积产量，简称网格产量；$S_0$ 为无林带保护农田（对照农田）的作物平均单位面积产量，简称对照产量。

$S$ 的测算方法：根据网格农田面积的大小，选出几十个或更多些样方（小麦样方的面积旷野为 1m × 1m 或少一些）。样方的布设在网格中间部位，大体上平均分配，在林带附近设密些。根据实测记录绘出林网作物产量等值线平面图，再根据此图按不同产量的面积

进行加权平均，求出平均产量。计算公式：

$$S=\frac{1}{A}\sum_{i-1}^{n}\frac{1}{2}(S_i+S_{i+1})-A_{i,i+1}$$

式中：$S_i, S_{i+1}$ 分别表示某一网格相邻两条等产量线的数值；$\frac{1}{2}(S_i+S_{i+1})$ 代表 2 条带间的平均产量；$A_{i,i+1}$ 代表这 2 条线之间的面积（$m^2$）；$A$ 代表整个网格农田的面积。

### （六）森林游憩效益

国外比较有代表性的有以下几种：

①政策性评估。是森林主管部门根据经验对所辖区内的森林作出最佳判断而赋予的价值。

②生产性评估。是从生产者的角度出发，对森林游憩的价值至少应该等于开发、经营和管理游憩区投入的成本。

③消费性评估。从消费者的角度出发，对森林游憩的价值至少应该等于游客游憩时的花费。

④替代性评估。以“其他经营活动”的收益作为森林游憩的价值。

⑤间接性评估。根据游客支出的费用资料求出“游憩商品”的消费剩余，并以消费剩余作为森林的游憩价值。

⑥直接性评估。直接询问游客或公众对“游憩商品”的自愿支付价格。

⑦旅行费用法和条件价值法。是目前世界上最流行的两种森林游憩经济价值评估方法。但旅游费用法（TCM）只能评价森林游憩的利用价值。

⑧随机评估法（条件评估法，CVM）。既可评价森林游憩的利用价值，又可评价它的非利用价值。

### （七）碳氧平衡作用

①供氧量。根据光合作用和呼吸作用方程式的计算结果：森林每形成 1t 干物质可以放出 1.2t 氧气，再根据森林每年形成的干物质总量，可计算出森林每年的供氧量。

②固定 $CO_2$。国内外关于森林固定 $CO_2$ 量的计算，有根据光合作用和呼吸作用方程式计算的方法，根据这一方程式可知森林每生产 1g 干物质需要 1.6g $CO_2$。

### （八）经济效益分析

系统地研究林业生态工程的经济效益不仅对国家的国民经济宏观决策有重要影响，而且对地区的区域性国民经济发展技术具有十分重要的意义。经济效益的统计量一般有以下 4 种：

#### 1. 净现值

净现值是从总量的角度反映林业生态工程建设从项目开始实施到评价年限整个周期的

经济效益的大小的。它是将各年所发生的各项现金的收入与支出一律折算为现值。也就是将从整地造林到评价年限各年份的投资、费用和效益的值，以标准贴现率折算为基准年的收入现值总和与费用现值总和，二者之差为净现值，用公式表示如下：

$$NPV=\sum_{t=1}^{n}\frac{B_t}{(1+e)^t}-\sum_{t=1}^{n}\frac{C_t}{(1+e)^t}$$

式中：$NPV$ 为净现值指标；$B_t$ 为第 $t$ 年的收入；$C_t$ 为第 $t$ 年的费用；$e$ 为标准贴现率；$n$ 为评价年限。

净现值指标可以使人一目了然地知道林业生态工程建设从项目开始实施到评价年份为止的整个周期的经济效益的大小，同时也考虑了资金的时间价值和土地的机会成本等因素的影响，因此，能够比较真实客观地反映林业生态工程效益的好坏。

2. 内部收益率

也叫内部报酬率，是衡量林业生态工程经济效益最重要的指标，就其内涵而言是指收益与费用现值和为零的特定贴现率。它反映了从投资造林到评价年限投资回收的年平均利润率，也就是投资林业生态工程项目的实际盈利率，是用来比对林业工程生态盈利水平的一种相对衡量指标。这一指标着眼于资金利用的好坏，也就是投入的资金每年能回收多少（利润率）。内部收益率的计算，一般是在试算的基础上，再用线性插值法求出精确收益率。其公式为：

$$IRR=e_1+\frac{NPV_1(e_1-e_2)}{NPV_1-NPV_2}$$

式中：$IRR$ 为内部收益率；$e_1$ 为略低的贴现率值；$e_2$ 为略高的贴现率值；$NPV_1$ 为用低贴现率计算的净现值；$NPV_2$ 为用高贴现率计算的净现值。

3. 现值回收期

现值回收期就是用投资费用现值总额与利润现值总额计算的投资回收期。它表示林业生态工程建设的投入从每年获得的利润中收回来的年限，着眼于尽早回收投资，但在时间上只算至按现值将投入本金收回为止，本金收回后的情况不再考虑。

其具体计算方法，是将一次或几次的投资金额和各年的盈利额用贴现法统一折算为基准年的现值，当投资费用现值总额等于利润现值总额时，其年限为现值回收期。因此，现值回收期的计算式必须满足以下的要求：

$$\sum_{t=1}^{n}\frac{B_t}{(1+e)^t}=\sum_{t=1}^{n}\frac{C_1}{(1+e)^t}$$

式中：$B_t$ 为第 $t$ 年的收益（现金流入量）；$C_t$ 为第 $t$ 年的费用（现金流出量）；$e$ 为标准贴现率；$n$ 为评价年限；$(1+e)^t$ 为贴现系数。

4. 益本比

益本比反映了林业生态工程建设评价年限内的收入现值总和与费用现值总和的比率。从国民经济的角度分析，林业生态工程在社会、经济、生态各方面都是有效益的，这对国家建设林业生态工程尤为重要。益本比的计算公式为：

$$益本比(B/C)=\frac{收入现值总和}{费用现值总和}$$

$$即\frac{B}{C}=\sum_{t=1}^{n}\frac{B_t}{(1+e)^t}/\sum_{t=1}^{n}\frac{C_t}{(1+e)^t}$$

如果其比值大于1，说明林业生态工程建设收入大于费用，有利可得；反之则亏损。

林业生态工程经济效益的评价，涉及林学、生态学、气象学、土壤学、造林学、技术经济学、水利学、系统工程等许多学科。以上林业生态工程的效益评价的一系列指标可以借助于计算机计算，可极大减少人为计算工作量，提高工作效率。其中常用的方法有：

①相关分析法，包括两个方面：林业生态工程建设与复合农业的相关分析；林业内部各林种与林业产值的相关分析。

②运用农村快速评估法（RRA）和参与评估法（PRV）获取调查资料，参与层次分析法对心态调查结果进行分析，从林业生态工程建设经营者的角度考察其经济效益。

③运用林木资源核算法，以林木资源再生产过程为主要对象进行全面核算，系统地反映林木资源产业的经济运行过程、经济联系和经济规律，从而有助于从总体上全面评价林业经济效益。

④运用投入产出技术，编制营林投入产出模型，对营林生产过程中的各种投入与产出之间的内在联系加以分析，以提示营林投入与营林产出之间的内在规律性，并对营林生产进行预测和优化。

⑤参与可行性研究法，进行林业生态工程经济效益的分析。

此外，还有等效益替代法、指标法、因子分析法、相对系数法、模糊逆方程法以及层次分析法等。

# 第七章　江河上中游水源涵养林业生态工程

世界上大多数国家生产和生活用水，迄今仍以河水为主，江河的枯水流量过低，常成为生产、生活的限制因子。江河上游或上中游一般均是山区、丘陵区，是江河的水源地。能否保护和涵养水源、保证江河基流、维持水量平稳、调节水量，是关系到上游生态环境建设和下游防洪减灾的重要问题。我国主要江河的上游山区，居住着 3 亿以上的人口，由于过渡开垦，森林植被毁坏严重，水土流失和泥沙淤积已成为不容忽视的问题，同时也给下游防洪安全带来了十分不利的影响。

为了调节河流水量，解决防洪灌溉问题，最有成效的办法是修建水库。但水库投资大，加上库区淹没、移民以及环境保护等，常常会带来很多难以预料的问题，而且无法从根本上解决上游的水源涵养、水土保持及生态环境问题。近几十年来，世界各国对修筑大坝，长距离调水等工程重新审视，更加重视和关心上游林草植被的保护、恢复和重建。

早在 100 多年前，中欧阿尔卑斯山各国就普遍认识到森林调节径流的功能，并做了一些有意义的观测试验。此后，日本受西欧的影响，非常重视森林的水源涵养作用，从本国特殊的自然灾害出发，对森林涵养水源的机理做了详细的研究。1882 年就提出了“私有林既涵养水源、控制水土流失，又防止风蚀、阻挡雪崩，如果在与国土保护有关的各森林区乱伐树木，必将带来不可估量的灾害。所以这些森林自现在起，根据实地的情况应该停止采伐”。苏联、德国、奥地利等国家在水源七区及水库周围，都划出一定面积的禁伐林带，以保护水源和延长水库寿命。其他国家如美国、英国、加拿大、澳大利亚，也从不同角度进行了探讨。

我国早在明清时代，就有关于森林涵养水源、保持水土的记载，20 世纪二三十年代，有人做了些开拓性的工作。新中国成立后，有关部门即开始这方面的试验研究，1981 年 7 月四川出现了特大洪灾，激起了人们对这一问题的关注，从而推动了江河、水库上游森林涵养功能研究工作的广泛开展。1998 年的长江和松花江、嫩江洪水灾害再一次引起了人们的思考。虽然我们不能说上游森林植被破坏是“两江”洪水灾害的根本原因，但至少可以说是加剧洪水灾害的罪魁祸首。诸多事实、经验及科学研究证明，森林具有特殊的功能，“蓄水于山”“蓄水于林”对于河源区是十分必要的。可以肯定，在这些地区防止森林植被的消失，提高森林覆盖率，建设以水源涵养为主要目的的林业生态工程体系是调节河流洪枯流量，合理利用水资源的一个重要途径。

我国大江大河上中游和支流的上游（含大中型水库上游）地区，往往是我国国有和集体森林分布区，森林覆盖率相对较高。过去，我们只注重采伐利用木材，不少森林被采伐，造成了森林面积严重消减、控制和稳定水源功能差的局面。因此，必须因地制宜，从实际出发，制定长远目标和综合管理体系以及相应的技术政策，加强水源涵养林建设，形成完整的林业生态工程体系的建设。

水源涵养林业生态工程体系是由多种工程（或林种）组成的，本章所述的是其主要组成部分——生态保护型林业生态工程，即天然林保护、次生林改造、自然保护区和森林公园、水源涵养林营造及天然森林草地（含林间草地和林缘草地）保护工程。

## 第一节　水源涵养林业生态工程体系

### 一、水源涵养林

水源涵养林是以调节、改善水源流量和水质而经营和营造的森林，是国家规定的五大林种中防护林的二级林种，是以发挥森林涵养水源功能为目的的特殊林种。虽然任何森林都有涵养水源的功能，但是水源涵养林要求具有特定的林分结构，并且处在特定的地理位置，即河流、水库等水源上游。根据林业部关于《森林资源调查主要技术规定》，将以下三种情况下相应的森林划为水源涵养林：①流程在500km以上的江河发源地汇水及主流、一级二级支流两岸山地、自然地形中的第一层山脊以内的森林；②流程在500km以下的河流，但所处地域雨水集中，对下游工农业生产有重要影响，其河流发源地汇水区及主流、一级支流两岸山地，自然地形中的第一层山脊以内的森林；③大中型水库、湖泊周围山地自然地形的第一层山脊以内的森林，或其周围平地250m以内的森林和林木。就一条河流而言，一般要求水源涵养林的布置范围占河流总长的1/4；一级支流上游和二级支流的源头以上及沿河直接坡面都应区划一定面积的水源涵养林，必须使集水区森林覆盖率达到50%以上，其中水源涵养林覆盖率占30%。

### 二、我国水源涵养林的区划

我国水源涵养林建设的根本方针，首先是保持大江大河的水量平稳，这就必须在大江大河上游和主要支流的源头规划足够面积的水源涵养林。如何区划、采用何标准，除了《森林资源调查主要技术规定》中的粗略规定外，还未有人做过详细研究。王永安根据我国江河流域的地形地貌和森林分布把全国水源涵养林区划为七大块，这里简要列出，供参考。

### （一）东北三大水系涵养林

东北的大小兴安岭和长白山是辽河、嫩江和松花江三大水系的水源地，下游著名的松辽平原是我国主要粮食生产基地，还有沈阳、长春、哈尔滨、齐齐哈尔四大工业城市和星罗棋布的工矿区。山区森林面积约 3000 多万 $hm^2$，占全国的 28%；林木蓄积 21 亿 $m^3$，占全国的 33%；全区森林覆盖率 28%，是我国最大的木材生产基地，同时又是三大水系水源涵养林区。由于多年来以用材林经营，只顾采伐不顾水源涵养，划出的防护林仅 200 万 $hm^2$，其中水源涵养林不足 20 万 $hm^2$。近二十年来，洪水灾害发生频数增加，特别是 1998 年的松花江、嫩江大洪水，给东北林区森林采伐敲响了警钟，这与多年来森林的经营方针有很大的关系。根据三大水系基本水量要求，将用材和水源涵养相结合等多种因素考虑在内，至少要划出 150 万 $hm^2$ 以上专用水源涵养林，加快对采伐迹地的更新，把用材与水源涵养结合起来，才能起到调节水量，削洪增枯的作用。

### （二）西北三个山区水源涵养林区

我国西北干旱区多为内陆河，以高山雪水为水量来源。天山有大小冰川 6895 条，面积 8591$km^2$，储水 2433 亿 $m^3$，是座巨大的固体水库，也是南疆绿洲和北疆谷地唯一的水源，它全靠雪线下的森林涵蓄调节水源。天山林区现有森林 56.4 万 $hm^2$，覆盖率（加灌木 1.8 万 $hm^2$）仅 5.4%，应全划为水源涵养林。祁连山海拔 4000m 以上有冰川 3300 条，为河西走廊六大河流水源，雪线以下原有森林 26.7 万 $hm^2$，现只剩 23.1%，应划一半为水源涵养林。这两个山区共划水源涵养林 84.3 万 $hm^2$，加灌木 41.7 万 $hm^2$，共 126 万 $hm^2$，覆盖率 3%，这是保持当地各河水量的水源涵养林的起码规模。

### （三）燕山太行山区水源涵养林体系

燕山、太行山是海河、滦河和汾河水系的发源地，它不仅灌溉华北平原，还是京津地区的用水之源。历史上燕山和太行山森林茂密，由于历代乱砍滥伐，林木几乎损失殆尽。太行山现只有乔木林 34.7 万 $hm^2$，覆盖率仅 1.5%，加灌木 100 万 $hm^2$，覆盖率才 6%；燕山只有 15%，据典型调查，燕山和太行山地区水源涵养林至少应达 200 万 $hm^2$，即除现有林（包括灌木）区划 66.7 万 $hm^2$ 外，还需营造 133.3 万 $hm^2$。

### （四）长江中上游水源涵养林体系

长江中上游水源涵养林体系包括两部分：第一部分是上游高山峡谷区的金沙江（雷坡以上）、大渡河（石棉以上）、岷江（龙溪以上）和白龙江（武都以上），不包括甘孜以上荒漠区，总面积 3886 万 $hm^2$，占流域面积 23.6%。这些地区地势高、河谷深切、山高坡陡、土壤瘠薄，一旦失去森林，水土流失危害很大。据调查测算，本地区原有森林的覆盖率 50%，涵蓄水源 4000 亿 $m^3$，占总水量 40%；现有林地面积 866 万 $hm^2$，覆盖率 21.9%，涵蓄水量 1000 亿 $m^3$。要稳定长江水量，减免洪灾，森林面积需达到 1500 万 $hm^2$，覆盖率

35% ~ 40%，其中专用水源涵养林至少恢复 400 万 $hm^2$、蓄水量可达 2000 亿 $m^3$，主要靠从现有原始林中区划 300 万 $hm^2$，封山育林 100 万 $hm^2$ 寻以解决。第二部分是主要支流的上游水源涵养林，如发源于巴山、秦岭之间的汉水、巴山南坡的嘉陵江、大娄山区的乌江、南岭雪峰山区的湘资沅澧四水和赣江上游山区。这些水源区的森林多为集体林区，既是南方用材林基地，又是这些主要支流的水源涵养林区。应本着用材和水源涵养并举的原则，在应划范围内，从现有林中区划出一定面积的森林作为水源涵养林；在有条件的地区，利用南方优越的自然条件，封山育林，培育水源涵养林；在急需地段，利用充裕劳力营造标准水源涵养林。上述这些主要支流上游，有林地面积约 800 万 $hm^2$，由于分布零散，林相不整（经济林、灌木林和疏残林占 60%），储水功能虽小于原始林，但考虑用材需要区划，不宜过大，估计应从现有林中划出水源涵养林 200 万 ~ 250 万 $hm^2$，再封育营造 100 万 ~ 150 万 $hm^2$。

### （五）珠江上中游水源涵养林体系

珠江发源于云贵高原，上源为南北盘江、邕江和柳江，流域面积 42.5 万 $km^2$。全流域自然条件优越，上游森林覆盖率 25%，植被率 60% 左右，储水力大，由于上游处丰雨区，水量丰富，约 2000 亿 $m^3$，为黄河的 8 倍。全年水量较平稳，洪旱灾害频率小，危害比长江小，珠江上游有林地 733.3 万 $hm^2$，其西部丛山峻岭，弧形分布，北部三岭一山，蜿蜒连绵，植被虽有破坏，但恢复容易。当地植被多为阔叶林，其涵养水源的功能虽大小不同，但面积较广。现有林中已划水源涵养林 33.3 万 $hm^2$，只占 5% 左右。再区划出一部分现有林（包括灌木林），并结合封山育林，增加 33.3 万 $hm^2$，达到 10%。珠江的另几条支流如北江、东江等，也应在粤西、粤北山区和粤赣山区区划相应面积的水源涵养林。

### （六）黄河流域植被建设体系

黄河源头为青藏高原荒漠区，水量不大。黄河水主要来源于青海祁连山东段，甘肃子午岭及中游内蒙古的阴山和陕西黄龙山、乔山，秦岭北坡干流上游，湟水、洮河、渭河、泾河等主要支流。这些山区有林地 333.3 万 $hm^2$，是黄河流域主要林区，覆盖率在这些现有林地中，有防护林 92.7 万 $hm^2$，包括水源涵养林 46.7 万 $hm^2$，覆盖率仅为 3% 左右。如需稳定和保持黄河水量，水源涵养林应高于 10%，即 166.7 万 ~ 200 万 $hm^2$。其中祁连山东段、黄河干流（刘家峡至玛曲段）现有林约 36 万 $hm^2$，应划为水源涵养林，在此范围内，宜林地应封山育林，建设水源涵养林 33.3 万 $hm^2$（这些地区宜林地虽多，但缺乏封山育林条件，故可封面积也不大）。其他西倾山区（洮河上游）、乌鼠山区（渭河上游）、六盘山、子午岭（泾河、清水河上游）、秦岭北坡乔山、洛河上游和汾河吕梁山区，共划水源涵养林 100 ~ 133.3$hm^2$。这些河流的中下游，及包头以下流入干流的各支流，都以建设水土保持林为主；三门峡以下干流以建设防岸林为主。

### （七）其他水系的水源涵养林

闽江、富春江、瓯江等，分别发源于武夷山和天目山区。这些山区既是水源涵养林区，又是集体林区，也是主要木材产区，应充分利用山区现有森林覆盖率高和森林涵蓄水分效益好的优势，划出一定面积的水源涵养林（面积占 10% 以上），才可稳定水量，因此，至少应把河溪上游，小流域集水区和水库划为水源涵养林区。

山西省的各大林区位于汾河、沁河、三川河、昕水河、滹沱河、浊漳河、涞水河等主要河流上源，大部分森林应当划为水源涵养林。1949 年后，在多次森林资源清查和林业区划中，将其大部分划为水源涵养用材林。80 年代以前，在造林经营为主的方针指导下，虽然防护林面积划出仅 10%（大部分为残次林、灌木林，蓄积量仅占 2.5%），森林面积仍不断扩大；80 年代末以后，由于采取经营性皆伐的措施，森林遭受了一定程度的破坏，国家关于天然林保护通知出台后，山西省正在抓紧落实，到底需要划出多少森林面积作为水源涵养林，尚待调查研究后确定。

## 三、水源涵养林业生态工程体系

我们知道，任何森林都具有涵蓄水分和调节径流的作用。我国现有的山地原始森林和次生林，大部分分布在河流上游，无论是什么林种，都起着重要的水源蓄水涵养作用，从这个意义上讲，可以说是十分珍贵的水源涵养林。从全国总的情况看，江河上游的水源涵养林，以天然林、天然次生林和天然草坡（山、场）为主。在这些区域内，也存在着农业耕作、开垦林草地、砍伐森林的活动，存在着水土流失，因而也就存在着营造水源涵养林的任务。因此，一方面我们要强调保护现有天然林（原始林）和天然草坡，改造灌木林地、次生林地；同时应在水源区的无林地积极营造水源涵养林。此外，还应包括该区域的用材林、水土保持林及其他林种。

从长远来看，随着国家经济的发展和人民生活水平的提高，国家对森林和自然的保护越来越重视，到林区观光的人数日益增多，国家和省级的森林公园、自然保护区的数量和面积也在不断扩大，截至 1999 年底，全国已有林业自然保护区 822 处，面积超过 7427 万 $hm^2$，分别占全国自然保护区总量的 88.8% 和 96.5%。从布局上看，目前我国大部分森林公园和自然保护区位于江河、水库的上游，如山西省芦芽山自然保护区位于汾河上游；山西省庞泉沟自然保护区位于文峪河上游；四川省九寨沟自然保护区位于岷江上游等。实践证明，森林公园和自然保护区不仅有利于对森林生物资源的保护，同时也是这些地区水源涵养林业生态工程体系的重要组成部分。因此，自然保护区（含森林公园、风景名胜区等）也应纳入江河上游的林业生态工程体系。

因此，水源涵养林业生态工程体系主要应包括：天然林保护工程（包括原始林、天然灌木坡）、天然森林草地保护工程（包括林间草地和林缘草地）、天然次生林改造、水源涵养林营造工程、自然保护区及其他林种，如用材林、水土保持林等。

长期以来，我国林业以木材生产为主，森林经营的核心一直是用材林，有关水源涵养林的研究与实践颇少。从整体来看，由于缺乏统一规划，多零星分散，地理位置上不连贯，未能形成完整的体系。很多本应属于水源涵养林的森林，未成熟即被采伐，甚至皆伐而"剃了光头"，使水源涵养林面积与江河蓄水量很不适应，且森林结构不符合水源涵养林的要求，功能不能得到充分发挥。现有水源涵养林中，大部分是从原有的疏残林和灌木林中划出来的，生长良好、结构合理的水源涵养林，则被划为用材林。水源涵养林的区划、经营、营造等问题至今尚未得以深入研究。关于自然保护区、森林公园的旅游观光、资源保护和水源涵养林经营的有机结合问题，至今还少有人涉及。

## 第二节　天然林保护工程

我国国有林区多分布在大江大河的源头或上中游地区，经过几十年的采伐为国家提供了10亿 $m^3$ 以上的木材。但成、过熟林已由20世纪50年代初期的1200万 $hm^2$ 减少到了目前的560万 $hm^2$，涵养水源、保持水土的功能大大减弱，给生态环境、工农业生产和人民生活造成了巨大的损失。从1981年四川涪陵江、嘉陵江洪水，1991年长江洪水，到1998年长江、松花江、嫩江洪水，一次比一次造成的损失大，这也是自然对我们的惩罚，是我们应该吸取的历史教训。十五届三中全会明确指出："停止长江、黄河流域中上游天然林采伐，大力实施人工林营造工程；扩大和恢复草地植被；开展小流域治理，加大退耕还林和坡改梯力度；种植薪炭林，大力推广节能灶；依法开展森林植被保护工作与生态环境建设工程。"1999年1月6日，国务院公布实施了《全国生态环境建设规划》，停止天然林采伐，保护天然林工程在我国正式启动，这不仅是我国履行国际环境保护义务和加强国土整治的具体行动，同时也是建设江河上中游水源涵养林业生态体系的一个契机。

### 一、天然林保护工程建设的基本思路和保护类型

天然林保护工程是一项复杂、庞大的系统工程，涉及面广，技术复杂，管理难度大。由于工程建设刚刚开始，国家有关的较为完善的方针政策尚未出台，其定义、内涵、外延、内容及任务尚不明确。根据国家林业局有关资料，工程建设总的思路是：保护、培育和恢复天然林，以最大限度地发挥其生态效益为中心、以森林的多功能为基础、以市场为导向，调整林区经济产业结构，培育新的经济增长点，促进林区资源环境与社会经济协调发展。工程以长江上游（三峡库区为界）、黄河中上游（以小浪底库区为界）为重点，在工程管理上实行管理、承包与经营一体化；业务上以科学技术为支撑。本着先易后难的建设原则，根据国家和林区的经济条件，分期分批逐步实施。

我国有25个天然林区。天然原始林主要分布在大小兴安岭与长白山一带，其次在四川、

云南、新疆、青海、甘肃、海南、西藏和台湾地区也有一定面积的原始林。按照建设的总思路和原则，将 25 个林区划分为了 3 个大的保护类型：

1. 大江、大河源头山地、丘陵的原始林和天然次生林

①东北针叶、落叶阔叶林区：包括大小兴安岭、张广才岭、完达山及长白山林区，是东北平原的生态屏障，也是松花江、嫩江的水源涵养林区。

②云贵高原亚热带常绿阔叶林区：主要包括贵州高原常绿栎类、松杉林区、云南高原的常绿栎类、云南松、思茅松林区，是长江、珠江、澜沧江的水源涵养林区。

③南亚热带、热带季雨林、雨林区：主要包括滇南山地雨林和常绿阔叶林区、海南山地雨林和常绿阔叶林区，是我国仅存的热带雨林。重点是生物多样性保护，同时也是滇南和海南河流的水源涵养林。

④青藏高原的高山针叶林区：主要有甘南、川西藏东、川西南、滇西藏东南四个高山针叶林区，是我国的第二大天然林区，也是长江、黄河等河流的水源涵养林区。

⑤蒙新针叶、落叶阔叶林区：主要包括阿尔泰山针叶林、天山针叶林和祁连山针叶、落叶阔叶林区，是西北地区重要的水源涵养区。

2. 内陆、沿海、江河中下游的山地、丘陵区的天然次生林

①暖温带落叶阔叶林区：主要有辽东、胶东半岛丘陵松栎林区，冀北山地松林，黄土高原山地丘陵松栎林区。保护和恢复这里的天然林对改善区域生态环境、保护农牧业生产具有重要意义，同时也是区域中小河流上游水源涵养林建设的范畴。

②北亚热带落叶阔叶林带：其中包括秦巴山区落叶阔叶针叶林区、淮南长江中下游山区丘陵落叶阔叶针叶林区，是长江中下游支流的水源林区。这些地区虽不多见大片森林，但植物资源丰富，有栽培马尾松和杉木的优势。

③中南亚热带常绿阔叶林带：主要有四川盆地丘陵山地常绿栎类松柏林区、江南山地丘陵常绿栎类杉松林区和浙闽南岭山地常绿栎类杉木林区，是我国马尾松和杉木的主要栽培区。

④闽、粤、桂沿海丘陵山地雨林和常绿阔叶林区与台湾山地雨林、常绿阔叶和针叶林区主要分布在闽、桂沿海和台湾地区西南部。

⑤阴山贺兰山针叶、落叶阔叶林区。主要包括贺兰山、大青山、乌拉尔、狼山一带的天然林。

3. 自然保护区、森林公园和风景名胜的原始林和天然次生林

我国的自然保护区、森林公园和风景名胜区大部分分布在河流上游，其原始林和天然次生林的保护是水源涵养林业生态工程建设与天然林保护工程的重要组成部分。

## 二、天然林保护工程的基础——森林分类经营

森林分类经营是根据现代林业理论、“林业分工论”、可持续发展理论及社会对森林

的生活和经济的不同需求，以及森林（含林地）多种功能主导利用方向的不同，分析自然条件、地理位置、水系、山脉等因子，把森林划分成不同的类型，明确其主体功能和经营目标，并按照不同的经营方针和技术进行经营，它是实施天然林保护工程的最基础的工作。一般可分为生态公益林和商品林，生态公益林又分为禁伐林（重点生态公益林）和限伐林（一般生态公益林）。

禁伐林是对重点生态保护区的森林，包括河流重点水源地区的水源涵养林、河流两岸护岸林、水库湖泊周围水源林和水土保持林、国家与省级自然保护区和森林公园、名胜风景林、狩猎场森林以及国防林、母树林、种子园等。禁伐林区以封山为主，辅以飞播和人工造林，大力恢复和增加森林植被。限伐林为一般生态保护区的森林，是与禁伐林接壤的生态环境，比较脆弱，但森林恢复能力较强的森林。只对其实施一般性保护，进行合理的择伐和抚育间伐，实施限额采伐，加强天然更新管理，并辅以人工更新，就能保证森林多种功能的发挥。商品林则是以生产木材及林副产品为经营目的的森林，这类森林所处的地势较平坦，水土流失轻微，且不在重要的水源保护区，以建设速生丰产林为主，走高科技、高投入、高产出的道路。一般来说，大江大河上游水源区，禁伐林不应少于20% ~ 30%。其他两种类型视具体条件确定。

## 三、天然林保护工程实施措施

天然林保护工程的实施是我国林业战线上的一大转折，既是林业生态环境建设的一个良好机遇，也给森工企业带来了巨大的压力，它涉及资金、技术、人员等诸多问题，特别是几百万森工企业员工的出路。这就要求必须改革森工企业，构建多元经济结构，依靠科技，强化管理，在企业转型过程中，具体采取以下措施：

1. 落实各级领导负责制，健全组织领导机构

实行从国家到省、地、县（工程区、林业局）各级领导责任制，层层负责，健全组织领导机构。国家林业局已成立水保工程管理中心，省、地、县要成立相应机构或有专门的人员负责。

2. 建立完整的天然林保护的法规管理体系和执法监测队伍

目前，国家尚缺乏一系列行之有效的天然林法规管理体系。国家林业局正在制定相应天然林保护管理条例，同时应加紧制定资金使用管理、工程建设标准、检查验收标准、采伐规程、规划设计规程等多方面的法规，以保障天然林保护工程长期稳定的建设与发展。

要在贯彻《中华人民共和国森林法》的基础上，建立健全天然林保护的执法监测队伍，加强管护，杜绝破坏森林现象的出现，预防病虫害和火灾的发生。

3. 编制天然林保护工程规划，制定天然林保护工程的实施方案

加强森林经营分类及区划工作，以作为编制国家和省级天然林保护工程规划的依据。在规划的指导下，进一步制定天然林保护工程实施方案。把禁伐区、限伐区、商品林区落

实到林班、小班，确保天然林保护工程的实施。

4. 坚持高标准、高起点，增加天然林保护的科技含量

天然林保护工程从一开始就要坚持高标准、高起点，依靠科学技术，加强森林分类经营和区划的研究，掌握森林生长发育规律，制定合理的成熟林标准，确定合理采伐限额，管理好禁伐林和限伐林。同时，在商品林及林产品加工经营上，投入大量的科技力量，实施高投入、高产出的战略，盘活林区经济，保障天然林保护工程的顺利进行。

5. 加强天然林区宜林荒山绿化，实施封禁管护与人工育林相结合的战略

多年来，我们在天然林保护上欠账太多，仅采取禁伐保护是不够的，必须加大天然林区内宜林荒山的绿化，实现无林变有林、疏林变密林、纯林变混林、单层林变复层林，形成复层异龄林。把天然林管护与次生林改造、人工林营造结合起来，最大限度地发挥森林涵养水源、保持水土等多种功能。

6. 扩大自然保护区、森林公园和风景林的面积，把禁伐与旅游结合起来

在禁伐林区扩大自然保护区、森林公园和风景林的面积，把禁伐与旅游结合起来，加强旅游创收，激活林区经济。在保护自然、保护森林的基础上，进一步搞好林区的基础设施建设。

综上所述，天然林保护工程的内容和任务庞杂，不仅仅是一个禁伐与水源涵养的问题。在我国，由于天然林大部分分布在江河上中游地区，对江河上中游水源涵养起着决定性的作用。因此可以说，天然林保护的大部分工程，就是我国江河上中游的水源涵养林业生态工程，或者说天然林保护工程建设的主体是水源涵养林业生态工程建设。它几乎囊括了水源涵养生态工程建设的全部内容，包括水源涵养林营造、次生林改造、自然保护区与森林公园建设。

## 第三节　水源涵养林营造

水源涵养林的营造包括三个方面：一是现有水源涵养林（天然林和人工林）的经营管理，主要是水源涵养林的最佳（理想的）林型及培育（或作业法）；二是水源涵养人工林的营造，主要是水源区内草坡、灌草坡和灌木林及其他宜林地的人工造林；三是水源区内天然次生林，低价值（指涵养水源功能低）人工林、疏林的改造。关于低价值人工林前面已述，次生林则另辟一节论述，本节主要讨论前两个方面。有关此方面的问题在我国多少年来都未引起重视，除一些森林水文方面的理论研究外，水源涵养林的经营与造林的研究试验资料确实是凤毛麟角。这里根据国外的一些资料，提出一些看法、观点与方法，供参考。

## 一、水源涵养林的最佳林型

我们知道，根据森林的水文效应，森林减缓洪水、涵养水源的效果，一般是通过降水截留、蒸发散、缓和地表径流、增强和维持林地入渗性能四种水文效应而获得的。

一般而言，组成水源涵养林的树种应是深根性树种，树种生长快，根量多，根的分布广，根系分布深而均匀；单位面积上的叶量大、叶细密，在小枝上呈锐角着生，而且小枝聚集形成稠密的树冠。就林分来说，应是蓄积量大、郁闭度高、枯枝落叶厚的林分。最好是由多种树种、异林龄、深根性和浅根性树种组成的，且包含根系分布很广的一定数量的老龄林的郁闭的复层异龄壮龄林。

虽然在涵养水源和缓洪两个方面所要求的林型大致相同，但从缓洪防洪角度看，最佳的林型应具有降水截留量和蒸发散量大，拦蓄和滞缓地表径流功能强，能够增强和维持林地入渗能力；而从涵养水源角度看，则应具有林冠截留少、地面蒸发小、地表径流缓和、林地下渗能力强的特点。也就是说，水源涵养林要求有大量的水分入渗，蒸发散（包括截留蒸发）则小些，因此，林层过多也不一定好；而缓洪林则要求入渗和蒸发散都大，因此，复层异龄结构应是最好的。

总的来看，缓洪防洪、水源涵养的最佳林型大体上可以认为是异龄复层针阔混交天然林。当然，这还有待今后在森林流域试验中进一步论证。日本的研究认为，以柳杉为主体的择伐林，或非皆伐复层林（即使是人工林）可作为最佳的（理想的）缓洪防洪林型。我国水源区的大部分森林是由云杉、冷杉、落叶松、油松、马尾松、栎、杨、桦等组成的，何为最佳林型，仍需进一步研究。一般原始林和天然次生林的水源涵养功能比人工林好，这可能主要是人工林结构单一、生物多样性差的原因。

从目前的研究成果来看，由于北方降水量小、气候干旱，林型应以水源涵养为主，林层不宜过多；南方则降水量大，防洪是主要问题，林型应以缓洪为主，多层林结构最好。如东北地区落叶松林、红松林、桦树林水源涵养功能好；华北及黄土高原地区落叶松林、油松林、杨桦林，水源涵养能力强；南方亚热带地区的常绿阔叶林、常绿落叶阔叶林及南方热带地区的热带雨林的水源涵养效果较好。

## 二、水源涵养林的经营管理

根据江河规划，确定水源涵养林的面积和位置，从现有林划出来，定向培育经营的水源涵养林（天然林、天然次生林、天然灌木林），或通过封山育林培育的水源涵养林、人工营造水源涵养林，均应加强经营管理。这是确保森林涵养水源，维持江河水量平衡，促进国家长治久安的主要措施。经营水源涵养林要注意以下两个方面：

1. 经营技术政策

林业生产和经营都是长期性的社会公益事业，水源涵养林经营尤其如此，既需要符合林种目标的经营体系，又需要预见到将来的技术政策。

①国家要根据天然林保护的有关规定及全国大江大河的需要，区划出一定面积的国家水源涵养林区；各省（自治区、直辖市）也要根据本地内江河的需要，区划出省级水源涵养林。

②要根据国家制定的水涵养林管理条例，确定水源涵养林范围，划清界限，并立永久标志；要准确划定禁伐林区，在禁伐林应禁止主伐，只能对过熟木、病腐木和枯死木等进行卫生择伐；在不妨碍水源涵养功能的原则下，可小规模进行林副、特产品生产，如栽种经济林木、果木和林下种药材等；水源涵养林区不设企业局，不修运材性公路；水源涵养林内不准开荒，现有垦耕地应退耕还林；水源涵养林内禁止进行放牧、刮草皮、挖树根、采泥炭、收落叶、挖矿石等破坏植被活动。

③水源涵养林应有专门的管理机构，为了充分发挥水源涵养林的整体功能，水源涵养林区应直属省统一管理。应根据森林法的要求，依法征收生态补偿费，为保护水源涵养林区、发展水源涵养林提供基金。

2. 水源涵养林的成熟和更新

水源涵养林也是森林，其发展也遵循森林的一般规律。涵养水源功能大体随林分年龄的增大而增大，但到一定年龄，随着林分的衰老，功能也下降。通常把林分涵养水源功能最大的时期，称为防护成熟龄。根据测定，水源涵养林储水功能由于林分过熟而下降（但下降速度不快）的年龄在 100 ~ 120 年，即防护成熟龄在 100 ~ 120 年。近年来国外有人发现，水源涵养林的实际防护成熟龄要比规定的大，如德国规定的山毛榉林的防护成熟龄达 150 年以上、日本柳杉的防护成熟龄在 130 年以上。水源涵养林的防护成熟龄均比用材林的工艺成熟龄和数量成熟龄大，当然，水源涵养林到达防护成熟龄，并不意味着到这个年龄就要采伐，它只表示蓄水功能开始下降。

为了更好地发挥森林涵养水源和缓洪的功能，水源涵养林原则上是禁止皆伐的。但是，对于林龄远远超过防护成熟龄的过熟林来说，可采取必要的采伐和更新。因为采伐可以形成根道，增加土壤孔隙和林地下渗等。但是如何采伐、如何作业，则需引起足够重视。如果采伐作业不注意，也可能使地表遭到破坏，枯枝落叶层和土壤结构被压实和破坏，造成土壤的分散流行和孔隙被堵塞，甚至发生草化现象，给更新带来困难。因此，要求采伐迹地尽快更新。采伐方式上最好采用择伐作业，伐期应长些，使林地经常保持厚密林冠的覆盖。

从理论上讲，采伐林木可能会导致下渗增强，降水截留和蒸发散消失，林地蒸发增加，且林地地表受到破坏后会造成水土流失，皆伐显然是行不通的。皆伐和造林同时进行也不一定理想，而最好是采取择伐。但这一方法在技术和经济上存在很多困难，大面积择伐尚需进一步研究推广。从我国目前的现实状况考虑，尽可能设置沿等高线方向的带状小面积皆伐，或进行群状择伐。采伐过程中，应选择对林地践踏破坏很轻的采伐和集材方法，而且应当选择适当的树种进行迅速更新。根据目前掌握的资料，在涵养水源和缓洪防洪方面，最理想的作业法应是采伐率不超过 20% ~ 30% 的择伐作业法。我国规定一次择伐强度不应超过 20% ~ 40%。

日本民用林试行小面积更新的二层林作业法可供参考。方法是，在已有的主林下直接扦插造林，先培育成后备树，然后采伐。日本国有林及其他事业机构也正在对这一方法进行研究。他们还提出集材作业方案，即在非皆伐林地上，利用保留的主林进行简单的单线循环式集材，对采伐木用空中悬吊法运出，而不是从林地拖出，这样不至于破坏林地。这些作业法对我国来说，在技术、经济上还存在着一定的难度，还需做进一步的研究。

## 三、水源涵养林的营造

森林保持水土和涵养水源的机理是一样的，只是防护对象不同。河源区大部分是石质山地或基岩风化不严重的地区，森林的理水功能主要表现为涵养水源；而在表土疏松、基岩风化严重的水土流失地区，森林的理水功能主要表现为保土防冲。这是森林理水功能的两个方面在不同条件地区的反映。因此，尽管两者防护机制一样，但在配置和营造技术上是有区别的。

### （一）造林地选择

我国各河川的水源地区，多是石质山地和土石山区，一般都保存有一定数量的原始林，而且不能划出相当数量的土地面积供造林之用，只能利用林中空地、草坡、灌草坡造林。同时，应在大中型流域治理时将河川上游，特别是大型水库上游不宜作农田的坡地和不宜放牧的阴坡尽可能划为林地，用以营造水源涵养林。水源涵养林应营造在最适宜的地形上，如沟谷底、陡坡和源头等。

在水源涵养林的区划范围内，由于所处的海拔、坡度、坡向、土壤及其母质的不同，形成了非常复杂的立地条件。同时，这些石质山地和土石山区大都遭受过不同程度的人为破坏，存在着不同程度的水土流失。对于这些复杂的条件，在营造时必须加以认真的分析研究。

### （二）树种组成及密度

水源涵养林在我国多处在边远深山、地广人稀、交通不便的地方，因此选择营造水源涵养林的树种时，应遵循以下四方面的原则：①要从实际出发，以乡土树种为主。这不但符合植物区系和类型规律，形成的林分较为稳定，而且在组织造林时比较方便。②水源涵养林组成树种的寿命要长，不早衰，不自枯，且自我更新能力强。③选择树种以深根性、根蘖多和根域广的树种为主。④树冠大，郁闭度高，枝叶繁茂，枯枝落叶量大。要使混交树种具有固土改土的作用，最好是具有根瘤固氮的树种。

根据水源涵养林的最佳林型，不论在哪一种造林地上，若水源涵养林以混交复层林为主，将能够形成具有深厚松软的死地被物层。因此，要注意乔灌结合、针阔结合、深浅根性树种的结合。水源涵养林一般应由主要树种、次要树种（伴生树种）及灌木组成。北方主要树种可选落叶松、油松、云杉、杨树等；伴生树种可选垂柳、椴树、桦树等；灌木树种可选胡枝子、紫穗槐、小叶锦鸡儿、沙棘、灌木柳等。南方主要树种可选马尾松、侧柏、杉木、云南松、华山松；伴生树种可选麻栎、高山栎、光皮桦、荷木等；灌木树种可选胡枝子、紫穗槐等。

水源涵养林的造林密度可根据造林地的具体情况确定，一般可适当密一些，以便尽快郁闭，及早发挥作用。

#### （三）施工与抚育技术

水源涵养林多配置在中高海拔的土石山区，其整地技术与常规造林基本相同。一般来说，水源涵养林造林地多处高山地区，降水量大，造林易于成活，因此主要是要做好林地清理和整地工作，整地以带状整地为主，如水平沟、水平阶；条件好的地方也可全面整地。由于交通多不方便，应选择较为平坦肥沃的土地作为临时苗圃地，就地育苗、就地栽植，这不仅能够有效提高造林成活率，还节约投资。苗圃地起苗时可按一定的株行距留苗，造林结束后，苗圃地就变为林地了。另外，水源涵养林造林地多灌木，幼龄期抚育，特别是割灌非常重要。

## 第四节　次生林经营

次生林是原始林受到外部作用的破坏后，经过一系列的植物群落次生演替而形成的森林。我国通过封山育林、天然更新形成的天然次生林面积约 2667 万 $hm^2$，占全国森林面积的 1/3 左右。山西、陕西、河北原有的森林几乎都是天然次生林；南方仅马尾松次生林就达 1060 万 $hm^2$，天然次生林多分布在土石山区，有很大一部分是在江河上中游地区，如山西省的天然次生林分布在管涔山（汾河上游）、关帝山（汾河一级支流文峪河上游）、吕梁山中南段（三川河、昕水河上游）、五台山和恒山（滹沱河上游）；太岳山、中条山、太行山（沁河、漳河上游）均为水源涵养林区。对天然次生林进行经营管理，有效发挥其涵养水源、保持水土及其他生态功能，不仅是天然林保护的重要组成部分，还是水源涵养林业生态工程体系建设的重要组成部分。

### 一、次生林的特性

次生林从外貌上看，杂乱无章，但它是森林演替的结果，有其特有的植物群落特征。

1. 次生林的复杂多样性

天然林被破坏后，由于环境因子的巨变，各种森林植物也随之发生了变化，树种出现了一系列的演替，原始天然林中耐荫的、适应性弱的植物逐渐消失，取而代之的是喜光的、适应性强的树种。如果人为继续破坏，就会变成灌木林，甚至荒草地，如不再破坏，一些先锋植物就会侵入和生长，生态条件逐步得以改善，为一些中庸树种或耐荫树种的生长创造条件。一些中庸、耐荫树种便逐步侵入，最终向顶极群落演替。如山西省关帝山、管涔山阴坡的华北落叶松和云杉林被破坏后，山杨、桦木就会侵入，形成次生林；山杨、桦木再被破坏，就会形成山地灌丛草地。云杉林（青杆）被破坏后，山杨、桦树就会侵入，条件好的就会形成云杉、山杨、白桦针阔混交林。只要云杉种源有保证，最终又会被云杉取代。

由于原始林受破坏的程度和演替情况多不一样，因而形成了次生林的复杂多样性。主要表现在：面积零星分散、小片分布较多；疏密不均，密度适中较少；幼中龄林和小径木多，蓄积量小，出材量少；实生的较少，萌蘖的较多（南方的马尾松、云南松等适生地带除外）；同一林地上，因多次萌芽分蘖，尖削度大，端直的不多；无论是混交林还是纯林，以异龄林居多；多数树种组成复杂，林冠层不整齐，大小不等，林相比较复杂；林间空地较多，特别是阳坡，有的多为荒山秃岭。

2. 次生林的不稳定性

次生林不稳定性的外因，主要是人为对森林的破坏和干扰作用；内因则是被破坏林分通过多代树种更替过程，最终形成稳定的顶级森林群落。由于种间的不断竞争和演替变化，便决定了其不稳定的特性。

3. 次生林的旱化性

次生林的旱化性是指原始林被破坏后，随着环境的变化，特别是土壤的干旱特征的发展，耐旱植物种类相继出现，甚至旱生性植被取代了原始林植被。旱化过程使林地腐殖质减少，土壤湿度减小，林地生产力降低。

4. 次生林的速生性

速生性是次生林的一个优点。由于组成次生林的树种多为喜光树种，在幼、壮龄阶段比耐荫树种生长快；萌生林的初期生长也较快。我国华北、西北各地的山地油松林、栓皮栎、麻栎林，南方的山地马尾松林，高山地区云南松林等类型的次生林，生长迅速、干形良好、经济价值高，采伐更新也较容易。

5. 次生林分布的镶嵌性

次生林是人类生产活动扰动的结果，它往往表现出与其他植被类型和土地类型镶嵌性分布的现象。初期形成的次生林，其镶嵌性并不强。随着交通道路的建设，毁林开荒的扩大，次生林被割裂得越来越分散。一般地说，距居民点和交通道路线越近，其镶嵌性越大；反之，则越小。

可以看出，次生林的缺点是多数林相不好，林分质量不高；优点是大多分布在海拔相对较低，植物生长期长，土壤深厚湿润，适于森林恢复的山区。比原始天然林区有较优越的社会条件，比荒山地区有更优越的自然条件，是我国扩大森林资源，建设水源涵养林业生态工程较好的地区。只要利用好次生林的基础和有利条件，采取科学的经营技术措施去克服它的各种缺点，就会取得事半功倍的效果。

## 二、次生林的综合经营技术

经营次生林的目的，在于有效地保护和完善其森林生态系统，扩大森林资源，提高林分质量，合理利用森林资源，充分发挥并提高其生态功能与经济效益。根据次生林的特性，针对其不同类型、特点、地形条件、土地类型以及林分状况等，拟定经营方案。由于次生林的复杂多变及不稳定性，对次生林很难实施单一措施经营。只有采取综合培育技术，实行综合培育法，才能取得较好的效果。

综合培育法，是根据次生林演替动态和有关特性，划分其经营类型，再按类型确定主要培育技术措施及辅助技术措施，综合培育法主要包括抚育间伐、林分改造、主伐更新和封禁培育等措施，这些措施既是独立的、最基本的经营措施之一，又是彼此配合、互相联系、不可分割的整体。具体到一个地段来说，按照林分类型，一般以一种措施为主，结合其他措施，使其互为补充，互相配合，灵活运用，融为一体，综合培育法适应次生林多样性的特点，能够实现变疏林为密林，变灌木林为乔灌混交林，变萌生林为实生林，变劣质林为优质林的目标。目前有些次生林经营单位，通过综合措施培育次生林，已经取得了明显的生态效益和经济效益。如甘肃小陇山林业实验总场，通过综合培育措施改造疏林地，平均蓄积量由 16.9m$^3$/hm$^2$ 增到了 49m$^3$/hm$^2$。

综合培育法是就经营次生林的整体措施而言的。一般情况，凡是破坏较轻，通过封育已恢复成林并有培育前途的林分，应以抚育间伐为主；疏林、灌丛等经济价值低、无培育前途的林分，应以改造为主；成过熟林木较多、生长率低的林分，以及成过熟林木下有优良树种幼树、幼苗的林分，以采伐更新为主（水源区的次生林应禁止采用皆伐）。

### （一）抚育间伐

对次生林进行抚育间伐，就是要通过控制林木的质量，来改变整个森林生态系统的循环过程及其速度，使其朝着有利于人类的方向发展。抚育间伐的目的，是调节林分结构，改善林分环境，使林木能获得一定的营养和光照条件，促进林木生长，提高林分的生物产量，发挥森林涵养水源、保持水土等多种生态效益。同时，还可以获得一定数量的木材。合理的抚育间伐，可提高林分抗性，使整个森林生态系统形成良性循环。

1. 抚育间伐的方法与对象

①抚育间伐方法：通常有透光伐、除伐、疏伐和生长伐。前两者为透光抚育，后两者为生长抚育。透光抚育主要是在林木株间有目的地割灌、割蔓和除草，或在杂木林中伐掉一部分非目的树种，以改善目的树种的光照与营养条件；生长抚育主要是对林木伐劣保优，人为稀疏，促进优良林木的生长，增加林分的生长率、生物量和蓄积量。生长抚育对纯林主要是采用下层抚育法；对下层林冠中目的树种较多的复层林采用上层抚育法；对杂木林采用综合抚育法。

对于被划为水源涵养林的次生林，主要是改善林分结构与卫生状况，增强森林的防护效能与林分的稳定性，抚育间伐一般只进行卫生伐。

②抚育间伐的对象主要包括：优势树种或目的树种生长良好，林分郁闭度在 0.7 以上的幼、壮、中龄林；林分下层珍贵幼树较多，而且分布均匀的林分；林分经改造后，需要对目的树种进行透光抚育的林分；遭受病、虫、火等灾害，急需进行卫生伐的林分。

2. 抚育间伐注意的问题

抚育间伐应注意的关键性技术问题：

①合理确定间伐木：间伐木的确定，既要考虑有利于当前主要树种的成长，又要考虑次生林的演替规律，一般是根据抚育方法来确定间伐木。总的原则是保留目的树种和优势树种，伐劣留优，伐密留稀。

②确定抚育间伐的起始年龄：一般在林分出现明显分化时，开始间伐，宜早不宜晚。

③确定抚育间伐的强度与间隔期：应按照“强度大、次数少、强度小、次数多”的原则确定，间伐强度不应超过间隔期的生长量，强度一般为 20% ~ 30%，间隔期 5 ~ 6 年。生长速度快，强度大，间隔期短；生长速度慢，强度小，间隔期长。

④有特种经济价值的林分：如集中成片的漆树、板栗、栓皮栎、核桃楸等，应按经济林的经营要求及立地条件，先确定培育林分的密度，伐除非目的树种和无培养前途的树种，留下相应密度的目的树种。

⑤水源涵养林：主要是进行卫生伐，伐去病腐木、严重虫害（树干害虫）木、过密处的林木和影响保留木生长的上层林木等，尽量保留涵养水源、保持水土、改良土壤效能好的乔灌木，使其形成乔灌草多层次、多树种的混交林。

⑥抚育间伐的季节一般全年都可进行，但以冬、春树木休眠期为好。

⑦保证抚育间伐质量经标准地试点后确定实施方案，固定专人掌握间伐作业，做到“按号砍留，伐者全除，留者均匀，不伤下木，残物清净”，为培育木创造良好的生长发育环境。

### （二）次生林的林分改造

次生林的林分改造是次生林经营的重要内容，改造的对象是劣质或低价值林分，目的是调整树种组成与林分结构，增大林分密度，提高林分的生物产量、质量和经济价值，改造过程中必须注意保护森林生态环境，充分发挥林地的生产力以及原有林木的生产潜力，特别是要保留好有培育前途的林木，以及可天然下种更新的目的树种。对于划为水源涵养林的次生林，应尽量使保留林木形成良好的混交林。对于次生林的林分改造必须严格掌握尺度，不能对有培育前途的林分进行改造。

1. 林分改造的对象

次生林林分改造的对象应根据国家有关标准确定，一般包括：①多代萌生、无培育前途的低价值灌丛。②郁闭度在 0.3 以下，无培育价值的疏林地。③经过多次破坏性采伐，天然更新不良的残败林。④生长衰退、无培育前途的多代萌生林、速生树种在中龄林阶段

年生长量低于 $2m^3/hm^2$ 与中慢生树种低于 $1m^3/hm^2$ 的低产林。⑤由经济价值低劣树种组成的用材林。⑥遭受严重火灾及病虫危害的残败林分。

2. 林分改造的方法

林分改造一般以局部砍除下木和稀疏上层无培育前途的林木为主。在针阔混交林适生地带，尽可能把有条件的林分诱导为针阔混交林。对于被划为水源涵养林的次生林，禁止全面清除植被。在坡度平缓、水土流失轻微的地方，可适当考虑全面清除后实施人工造林。具体方法应根据各地林分状况与经济确定。在有可能天然更新为较好林分的地段，或劳力紧张而优良木较多的低产林，也可采取封山育林办法，而不急于改造。只要按照森林自然演替的客观规律，选择正确的林分改造方法，都能形成生产力高的稳定林分，取得良好效果。

①全部伐除，人工造林。对于林相残败、生长极差、无培养前途的林分，伐除全部林木（目的树种的幼树保留），然后在采伐迹地上重新实施人工造林，目的在于彻底改变树种组成和整个林分状况。根据改造面积大小，可分为全面改造和块状改造。全面改造的最大面积一般不超过 $10hm^2$；块状改造的面积应控制在 $5hm^2$ 以下，呈品字形排列，块间应保持适当距离，待改造区新造幼林开始郁闭时，再改造保留区。山区以块状改造为好。此方法一般适用于地势平坦或植被恢复快，不易引起水土流失的地方；在水源区和坡度较大，易发生水土流失的地区，此法禁止采用。

②清理活地被物，进行林冠下造林。造林时需先清除稀疏林冠下的灌木、杂草，然后进行整地，在林冠下采用植苗或播种的方法进行人工造林，一般适用于郁闭度低的次生疏林的改造。林冠下造林，森林环境变化较小，苗木易成活；杂草与萌芽条受抑制，可以减少幼林抚育次数。但必须注意适时适伐上层林木，以利于幼树的生长。一般喜光树种造林后一旦生长稳定，就应伐去上层林冠。在阴坡或阴冷条件下，林冠下造林不宜选用喜光树种。清除灌木、杂草的强度、整地方法和规格，与植苗或播种选用的树种密切相关，如在山西北部、中部较高海拔条件下，林冠下补植华北落叶松（幼年极喜光，且耐温性差），应在林冠下采用全面清理或宽带状、大块状整地造林，种植带上的杂草、灌木应彻底清除；而林冠下补植云杉（耐荫性较强、全光下生长不良）时，则应在林冠下以窄带状、小块状清除灌木杂草。此外，还应考虑树种不同年龄阶段的生态学特性，如红松幼龄期确有一定的耐萌性，郁闭度稍大生长状况较好。但随着年龄的增大，上层林冠郁闭度增加，红松生长则表现不良。因此，红松在林冠下造林后 10 年间，应进行上层疏伐。

③抚育采伐，插空造林。适用于林分郁闭度较大，但其组成有一半以上为经济价值低下、目的树种不占优势或处于被压状态的中、幼龄次生林；也适用于屡遭人畜为害或自然灾害的破坏，造成林相残破、树种多样、疏密不均，但尚有一定优良目的树种的劣质低产林分；还适用于主要树种呈群团分布，平均郁闭度在 0.5 以下的林分。实施时，首先对林分进行抚育间伐，伐去压制目的树种生长的次要树种，以及弯扭多叉、病虫害严重、生长衰退、无生长潜力和无培育前途的林木；然后在小面积林窗、林中空地内，人工栽植适宜

的目的树种。有些林分本身呈群团状分布，其中有的群团系多代萌生，生长过早衰退，则可进行群团采伐、群团造林；有些林分分布不均匀、有许多林中空地，则应在群团内进行抚育间伐，在林中空地补植目的树种。选择种树时应考虑林分立地条件、林窗和林中空地的大小。林中空地小时，可选用中性或耐荫树种；林中空地大的（大于3倍树高以上），选用喜光树种。在阔叶次生林中，宜选用针叶树种，使其形成复层异龄针阔混交林。在立地条件差的次生林中，应注意采用土壤改良树种，以提高地力。

④带状改造。主要应用于立地条件较好，但由非目的树种形成的次生林。改造的方法是在被改造的林地上，间隔一定距离，呈带状伐除带上的全部乔灌木，然后于秋季或春季整地造林。待幼苗在林墙（保留带）的庇护下成长起来后，根据幼树对环境的需要，逐渐将保留带上的林木全部伐除，最终形成针阔混交林或针叶纯林。此法在生产中应用广泛，它能保持一定的森林环境，减轻霜冻危害，造成侧方遮阴，发挥边行效应，施工容易，便于机械化作业。带状改造与带宽、造林树种、坡向、坡度等有密切关系。采伐带宽，光照条件充足，气温变化大，萌条、杂草生长就较旺盛，适宜栽植喜光树种；反之，采伐带窄（一般在5m以内），适宜栽植中性或耐荫树种。采伐带上最好选择适合于该立地条件的针、阔叶混交树种，以便形成带状针阔混交林。在山区坡度较大的阳坡和采伐后容易发生水土流失的情况下，采伐带的宽度应小；反之，宽度应大些。采伐带在坡度陡、有水土流失的地区，一般采用沿等高线布设的横山带，但有作业不便的缺点，因此，在地形较为平缓、水土流失轻微的地区，可顺坡布设（顺坡带）。

⑤封山育林，育改结合。该法最明显的特点是用工省、成本低、收效快、应用面广、综合效益较高，在许多地区是一种行之有效的方法，我国现有的大部分经济价值较高的次生林，都是经过封山育林发展起来的。经过封山育林，不仅扩大了次生林的面积，提高了次生林质量，且在改造残、疏次生林方面，也起到了良好的作用。

3. 诱导培育针阔混交林

在针阔混交林适生地带，由于次生林中有良好的伴生阔叶树种，有天然下种或有较强的萌芽更新能力，因此应通过林分改造，尽可能将其诱导培育为针阔混交林，这对于划为水源涵养林的次生林是十分重要的。这是根据多数阔叶次生林的特点，为促进次生林进展演替，变劣质低功能林为优质高功能林而采取的一种极为重要的改造方法。诱导针阔混交林的具体方法主要有：

①择伐林冠下栽植针叶树。在改造异龄复层阔叶次生林时，通过择伐作业，保留中、小径木和优良幼树，清除杂草、灌木后，在林间隙地种植耐荫针叶树，将其逐步诱导成针阔混交林。

②团、块状栽植针叶树。对阔叶次生林采伐迹地，不立即进行人工造林，而是待更新阔叶树出现后，在没有更新苗木和没有目的树种的地方，除去杂草、灌木和非目的树种，然后呈团、块状栽植针叶树，使其形成团、块状针阔混交林。

③人工营造针叶树与天然更新阔叶树相结合。这种方法适于有一定天然更新能力的皆

伐迹地和南方亚热带地区。当种植的针叶树成活、天然阔叶幼苗成长起来后，在幼林抚育时，有目的地保留生长良好的针阔叶树种与具有增加土壤肥力的灌木，使其形成针阔混交林。

### （三）次生林的采伐更新

次生林的采伐更新属于经营性质，它与森林主伐的区别，在于不能采伐全部成过熟木，要保留一部分，以解决森林更新问题和维持森林的防护作用。次生林采伐更新主要是针对坡度在 45° 以下的成过熟林分，以及各类林分中的成过熟木。为了提高林分质量，并保证主要树种的恢复与生长，有时也可能会采伐少部分未成熟的林木，实践说明，对次生林的采伐更新，必须贯彻以营林为基础的方针，在确保更新的基础上进行采伐利用，才能达到预期目的。

一般次生林区的成过熟林，多分布于偏远的高山，多为程度不等的复层异龄林，具有树种组成复杂、卫生状况不良、林下更新情况不一等特点。因此，次生林采伐更新的规划，必须从实际出发，分别采用相应的方式方法。一种情况是次生林经营任务不大、目的树种少、更新情况不良的地区宜采用小面积皆伐（尽可能不用此法，以免造成水土流失）、带状皆伐或渐伐方式，并以人工更新为主，人工更新与天然更新相结合的方法；另一种情况是次生林经营任务大，有一定数量的目的树种，更新情况较好的地区，应以择伐促进天然更新为主。对各种采伐迹地，凡有良好天然更新效果的，都应充分利用；更新幼苗不足时，进行人工促进天然更新或人工更新。

对于水源区，或坡度较大，容易引起水土流失、滑坡以及土层浅薄不易恢复森林地区的次生林，应严禁采用皆伐、小面积皆伐，或可能导致功能剧烈下降的采伐作业法。应采用单株择伐法，或只进行卫生伐，并注意保护幼苗、幼树。对于天然更新条件好的地区，二次渐伐是一种较好的方法，即第一次伐去 50% ~ 60% 的林木，以促进天然更新，或在天然更新不良时，辅以人工更新，待幼林形成后，伐去剩余的全部林木。

## 第五节　自然保护区

自然保护即保护人类赖以生存和生活的自然环境与自然资源，使之免遭破坏。目的是给当代人建立最适的生活、工作和生产环境，同时给后代留下足以让他们生存和生活的自然环境与自然资源，保证生态、社会、经济的可持续发展。自然保护区就是以自然保护为目的，把包含保护对象在内的一定面积的陆地或水体划出来，进行特殊的保护和管理的区域。保护的对象主要包括：有代表性的自然生态系统，珍稀濒危动植物的天然集中分布区、水源涵养区，有特殊意义的地质构造、地质剖面和化石产地等。自然保护区是自然保护的一项重要方法和手段。

近代的自然保护区，从 1879 年美国建立国家黄石公园（National Yellow Stone Park）

开始，已有100多年的历史了。截至1987年，全世界已有136个国家建立了面积在1000hm²以上的保护区4190个，自然保护区在国外有许多种，根据保护的对象和性质的不同，名称也不同，如自然保护区、生物圈保护区、森林保护区或禁伐区、禁猎区、动物保护区、景观保护区、国家公园、森林公园、自然公园，自然遗产保护区等。

我国的自然保护区建设开始于1956年，保护区的类型一般分为三类，即森林与其他植被自然保护区、野生动物自然保护区和自然历史遗迹保护区。名称上一般都冠以自然保护区，少数有称为森林公园的，如张家界国家森林公园。以森林、草地和野生动物保护为目的的保护区占大多数。近10年来，我国的自然保护区建设发展迅速，到1999年，全国自然保护区（含森林公园、名胜风景保护区）达925处，面积6.7万hm²，其中林业自然保护区822处，面积7427.2hm²，几乎覆盖了全国所有的典型生态系统和绝大多数珍稀野生动植物物种及栖息地。目前，已有11个林业自然保护区加入了国际人与生物圈保护网，7个被列为国际重要湿地。但从国际上看，我国的自然保护区面积和数量还比较少，仅占陆地总面积的0.7%，而一些发达国家的自然保护区面积达到了国土总面积的5%～10%，一些发展中国家也在1%以上。扩展自然保护区的类型、数量、面积，提高其管理质量仍是今后我国自然保护区建设的重要任务。

自然保护区是根据自然性、稀有性、典型性、多样性、脆弱性等原则选择确定的，这就决定了自然保护区一般都布设在人类相对干扰少的地区。我国是一个人口众多的国家，开发历史悠久，平原和交通较为方便的山区都已开发为农业区，能够保持或基本保持自然状态的区域，实际上都是交通困难的山区。从目前已设立的自然保护区看，大部分分布在江河上游的水源区，其林草覆盖率一般都在60%以上，专门的森林生态系统保护区的森林覆盖率都在80%左右。不管何种性质的自然保护区，由于采取一定的措施，保护了自然环境，也就必然保护了区内的森林、草地。因而直接或间接地起到了保护水源涵养林的作用。如贵州梵净山自然保护区，是为保护灰金丝猴、珙桐等珍稀动植物及其生态系统而设立的，它也是9条山溪的水源地，每年也为贵州印江、松桃、江口三县稳定提供着7000万m³的用水，保护了这一区域的自然环境，实际上就是保护了水源涵养林。又如山西省的芦芽山自然保护区是为了保护以褐马鸡为主的动物及暖带山地亚高山针叶林而设立的，同时芦芽山是汾河的发源地，保护区森林实际上就是水源涵养林。因此可以说，扩大自然保护区的数量和面积，可直接或间接地起到建设和保护水源涵养林的作用。

山西省自1980年以来已陆续建立了11个自然保护区、30个森林公园，其中4个国家级自然保护区、18个国家级森林公园，受保护的森林面积占全省总面积的2.4%。这些保护区，除两个野生动物保护区——河津灰鹤越冬地自然保护区和运城天鹅越冬地保护区外，都是森林生态系统及野生植物类型的自然保护区，大部分属于国有林区，分布在山西省大中河流的上游，是典型的水源涵养林区。

自然保护区的建设是在自然保护理论的指导下进行的，有其自身的特点和要求。它的经营方针是以保护为主，积极保护、科学经营和合理利用相结合，充分发挥其保护、科研、教育和旅游四种功能。科学合理的经营可以达到以旅游养保护，以旅游促保护的良性发展目的。这一点对于水源涵养林业生态工程的建设应具有启迪意义。如何把自然保护区建设与水源涵养林业生态工程结合起来，是今后需要研究的课题。

## 第六节　天然森林草地保护工程

在我国东北、华北、西北、西南部分地区及南方山地森林的林间及其林缘地段，分布着许多可供畜牧业利用的草地，如山西省的赫赫岩草地、舜王坪草地、荷叶坪草地、黄草梁草地等都是被天然林或天然次生林所包围的林缘草地。这些草地既可放牧，又能割草，是发展畜牧业的良好基地之一。这些草地大部分与天然林一起分布在江河上游地区，与森林构成了一个大的天然林草复合系统，同样起着涵养水源的作用，也是生物多样性的重要组成部分，应实施强有力的保护。

### 一、林间草地保护工程

林间草地气候条件好，土壤肥力较高，适宜于多种牧草的生长，其产量高，而且放牧割草后，恢复更新能力强。其首要的任务是在保护好森林的基础上进行合理利用。如果对林间草地利用不当，破坏森林，将引起水土流失，使这些草地与森林一起退化或消失。因此，建立围栏保护森林，合理利用林间草地和管理畜群，不仅是畜牧业发展的问题，还是水源涵养的一项重要措施。如美国森林系统 4100 万 $hm^2$ 土地，分成了 11600 个放牧场，放牧饲养着 700 万只羊、牛和马。这些放牧场上共有 38000 个牲畜饮水设施，传统的森林林间草地放牧家畜，多为全年放牧，很少或不进行补饲。但是由于冬季在林中放牧，会伤害幼树，影响林木更新，所以林间草地，没有建立起围栏保护森林的，冬季应严格控制或禁止放牧。林间草地由于气候条件好，又有森林调节气候，防护效益明显，所以一般不另配置防护林。

### 二、林缘草地保护工程

林缘草地是森林外缘地带的草地，一种情况是分布在森林分布线以上地带，由于海拔高，常称为亚高山草地（甸）；另一种情况是林缘附近分布的小片或带状的草地，如大兴安岭森林西缘中低山、丘陵地段，山地阴坡分布有白禅、山杨林，东南还有部分山地樟子松林，林地以外山坡和谷地为林缘草地。草地以中生杂类草为主（海拔高，为亚高山草地特征），其特点是不像干草原那样干旱，又有天然林为之防护，因此比干草原草层高、密度大、产草量高，适宜多种优良牧草生长。林缘草地的利用同样主要是保护好原有森林，正确处理好林、牧矛盾。林缘草地外侧有稀疏均匀分布的乔木疏散防护林，也有不正规条带式森林与宽幅草地（或片林）的林、草交替类型。因此，应在保护好已有的森林树木外，根据风口及分水岭、坡度，人工改造或促进更新，营造必要的堵风口林带、水流调节林带（东北漫岗地区），使林缘草地外缘森林（实际就是草地防护林）分布更趋于合理。关于林缘草地的利用，原则上与林间草地一样，有条件的地区要逐步过渡为以割草为主，放牧为辅。暂时尚无条件的，如亚高山林缘草地，仍为放牧利用，但必须遵守国家制定的《中华人民共和国森林法》有关条款。对于水源涵养林区的禁伐林地，要禁牧。有条件的，可以割草，不允许割掉灌木。同样也不允许靠近森林边缘冬季放牧。因为冬季时在林中进行放牧，会使幼树芽鳞受到啃食，从而伤害树木更新。冬季应进行补饲。

# 第八章 山区丘陵区水土保持林业生态工程

## 第一节 水土保持林业生态工程体系

### 一、概念的发展与形成

水土保持林业生态工程概念的提出是有其历史发展背景的，对国内外林业措施在水土保持上应用的发展历史，有必要进行一下回顾，以便真正了解其概念的实质与内涵。

我们知道，世界各国由于水土流失特点和生产传统的差异，使得林业在水土保持上的应用方法与侧重点也有所不同，苏联在防止土壤侵蚀危害的工作中，比较多地注重发挥森林的作用，如在侵蚀地、荒谷、森林草原和草原等一些水土流失地区营造防蚀林；同时强调坡耕地上营造水流调节林，以控制地表径流和调节坡耕地上的径流泥沙；石质山地强调山坡造林与坡地工程相结合，以避免水土流失和山地泥石流危害。欧洲一些国家如德国、奥地利，为了防止山区山洪、泥石流、滑坡、雪崩等灾害，采用“森林工程体系”的治理措施，在流域治理中十分强调沟道、坡面工程，加强现有林经营管理以及人工造林措施的有机结合，从而取得良好的效果。美国、澳大利亚、新西兰等国强调宏观的流域管理和环境保护，而在防治措施上，往往没有把人工营造水土保持林作为水土保持的重要手段。在日本，其会对一些土砂流泻山腹，结合砂防工事营造水土保持林，以防止耕地（主要是水田）被水冲压和沟道泥石流的发生。

我国人民对于森林的保持水土作用早有所认识，南宋嘉定年间，魏岘所著的《四明它山水利备览·自序》，较系统地阐述了森林的水土保持作用及其改善河川水文条件的功能等；明代刘天和提出了“治河六柳”（卧柳、编柳、低柳、深柳、漫柳、高柳），巧妙地利用活柳调节洪峰和顶流归槽的特殊功能，治河保堤，至今不失为有效措施。山区农民历来对村庄、住宅前后的“照山”和“靠山”倍加爱护，也说明了对森林保持水土作用的认识。至于在生产上广泛采用人工造林和封山育林等方法，用以护坡、保土、保田、护路、保护水利工程（渠道、水塘、水库、水工建筑物等），防护河川，防止滑坡、山崩、泥石流等，在中国的一些水土流失地区都有长期的历史传统。20 世纪 20 年代，我国水土保持学的先驱者就在山东崂山、山西五台山等地，研究森林的水土保持效应。1934 年，陕西省林务局在渭河沿岸冲积滩地，采用柳树、白杨、白榆、臭椿等进行造林，并创建了天水市林场、宝鸡市陈仓区林场。而且在沟道治理中应用各种活柳谷坊，在沿河护滩中应用“柳篱挂淤”等生物工程，以及在水库周围采取防护林、梯田地坎的护坡林等水土保持措施，这些也得到了推广和完善。

1949 年以后，我国大力开展水土保持工程。根据水土流失发生发展规律，以及长期积累的经验，提出了水土保持必须按照流域或水系进行综合治理的新思路。水土保持林因此在小流域综合治理中得到了更加广泛的推广和应用，其概念也得到了不断地完善。三北防护林体系工程中，水土保持林是重要的组成林种。之后，北京林业大学又提出了水土保持林体系的概念。1989 年出版的《中国农业百科全书 · 林业卷》定义：“水土保持林是以调节地表径流，控制水土流失，保障和改善山区、丘陵区、农、林、牧、副、渔等生产用地，水利设施，以及沟壑、河川的水土条件为经营目的的森林。而水土保持林则是水土保持综合治理的一个重要组成部分。”水土保持林体系作为山区的防护林体系，实际包括流域内所有木本植物群体，如现有天然林、人工乔灌木林、四旁树和经济林等，是以木本植物为主的植物群体所组成的水土保持植物系统。

近年来，人们提出了林业生态工程及其体系的概念。在水土流失地区，水土保持林业生态工程实际上就是水土保持林体系的深化和拓宽。可以说，水土保持林业生态工程是在水土流失地区人工设计的以木本植物群为主体的生态工程，其目的是控制水土流失，改善生态环境，发展山丘区经济，它包含了原有水土保持林内容，更加注重其组成结构的设计与施工。而水土保持林业生态工程体系则是以水土保持林业生态工程为主体的，包括林农牧水复合生态工程及其他林业生态工程的系统整体。

总结新中国几十年来水土保持的科学研究和生产实践，对于林业生态工程，至少可以说有以下几点认识：一是按大中流域综合规划，小流域为具体治理单元，在调整土地利用结构和合理利用土地的基础上，实施山水田林路综合治理，逐步改善农牧业生产条件和生态环境条件，而造林种草等林业生态工程是不可缺少的措施。二是积极发展造林种草。建设林业生态工程是增加流域内林草覆盖率，改善生态环境的根本措施，也是防治水土流失的主要手段和治本措施。三是由于林业生态工程不仅具有生态防护效益，同时也是当地的一项生产措施，发展林业生态工程可为当地创造相当的物质基础和经济条件，可以说也是水土流失地区脱贫致富的有效措施之一。这是由林业本身的防护、生产双重功能决定的，即所谓的生态经济型工程。四是由于水土保持是一项综合性、交叉性很强的学科，林业生态工程（即通常所说的生物措施）与水利工程是防治水土流失相辅相成、互为补充的两大措施，前者是长远的战略性的措施，后者是应急保障措施，二者必须紧密结合起来，才能真正达到控制水土流失、发展农牧业生产、改善生态环境的目的。五是由于林业生态工程是以木本植物为主的林、草、农、水相互结合的生态工程，乔灌草相结合的“立体配置”和带、网、块、片相结合的“平面配置”是其发挥最大的防护和经济效益的技术保证。

总之，对于广大的基本无林的、生态条件恶劣的水土流失地区，通过林业生态工程建设，大面积地恢复和营造林草植被，是可以实现生态环境根本好转的战略目标的。在这些区域，只要围绕农业生产的需要，严格规划设计，建设完善的林业生态工程体系，也是可以达到改善农牧业生产条件目的的。

## 二、水土保持林业生态工程

水土保持林业生态工程实际上就是专门用来控制水土流失的林业生态工程。相当于在水土保持林这个总的林种范畴内，根据其所配置的地貌部位和各类土地防护方面的或经济需求（生产性）的特点，而具体地划分的若干个水土保持林的林种。从造林学的角度看，林种是具有相同或相似营造目的和技术措施的森林群落；而从生态工程角度看，林种则是具有相同或相似功能和结构，采取相应的设计方案能够施工完成的森林生态工程。因此，其命名可在林种命名的基础上加“工程”二字，以更加明确其工程设计的性质，即小地貌形态（或地形或土地类型）+ 防护性能 + 生产性能。如侵蚀沟道防冲用材林工程、坡面防蚀放牧林工程、梯田护坎经济林工程等。实际应用中为了简便，常采用防护性能 + 生产性能，如护坡用材林工程、护坡薪炭林工程等。有时也采用小地貌形态（地形或地类）+ 防护性能（或生产性），如河川护岸林工程、沟头防护林工程等。略去其中某一项，是因为其本身已指明其他的性能或地形，如护坡放牧林工程明显地是指坡面防蚀放牧林工程；河川护滩林工程则表明其生产性可能是用材林，也可能是薪炭林，或者放牧林等多种性能。

## 三、水土保持林业生态工程体系及配置

### （一）水土保持林业生态工程体系

20 世纪 60 年代初，北京林业大学曾经提出过我国黄土高原和石质山区水土保持林林种、体系的划分。随着时间的推移和工作的深入，特别是三北防护林体系建设工程的兴建，他们又提出以我国北方地区为主，中小流域范围内水土保持林林种、体系的内容，分坡面上的水土保持林、黄土高原塬面、塬边农田防护林、山区水文网与侵沟道的水土保持林及河川两岸防护林 4 大类 15 个类型。此后，又指出，在任何一个中小流域范围内除了人工的水土保持林之外，实际上还存在和分布着以其他功能为主的林种或林业生产内容，如现有的天然林、天然次生林，现有保存的人工林（用材林、风景林等）、四旁植树、木本粮油基地、果园及其他经济林基地，它们和水土保持林一起构成了水土流失地区的防护林体系。90 年代中期高志义等人又根据三北防护林建设中经济林和果园等有较大经济效益的林业措施的作用，提出山区、丘陵区的水土保持林体系应把它们包括在内，建立一个“生态经济型的水土保持林体系”或者称之为“生态经济型水土保持防护林体系”。

我们认为，在一个地区（或区域）或流域内除了各种专门的水土保持林业生态工程外，还包括具有其他防护和生产功能的林业生态工程。它们在发挥其防护、生产功能的同时，

也在一定程度上起着保持水土的功能，如山地经济林工程在设计和施工中为了保证其成活和生长，必须进行整地和蓄水保墒，成林后为了获得较高的经济收益必须扩大树体的叶面积和树冠总的覆盖度，直接或间接地起到了水土保持作用。只不过是有些工程水土保持功能相对较强，有些则相对较弱而已。因此，水土保持林业生态工程体系实际上就是以防治水土流失为主要目的，在大中流域总体规划指导下，以小流域为基本治理单元，合理配置的呈带、网、片、块分布的，以水土保持林业生态工程为主体的，各种林业生态工程有机的结合体系。

### （二）水土保持林业生态工程体系的配置

#### 1. 理论依据与配置原则

水土保持林业生态工程体系配置的理论依据有三个方面：一是林业生态工程的基本理论，主要是生态学、林草培育理论和生态经济理论，这在第一章中已叙述；二是水土保持基本理论，主要是土壤侵蚀控制理论，即水土流失的发生、发展规律及防治对策；三是防护林学理论，主要是森林的生态防护原理与防护林的配置理论。总结起来，可以说水土保持林业生态工程体系配置的基础理论是森林生态学和土壤侵蚀学，应用基础与技术理论是林草培育学和防护林学，规划设计的指导理论是生态经济学。

所谓水土保持生态林业工程体系的配置就是各种生态工程在各类生产用地上的规划和布设。为了合理配置各项工程，必须认真分析研究水土流失地区的地形地貌、气候、土壤、植被等条件及水土流失特点和土地利用状况，并应遵循以下几项基本原则：

①以大中流域总体规划为指导，以小流域综合治理规划为基础，以防治水土流失、改善生态环境和农牧业生产条件为目的。各项生态工程的配置与布局必须符当地自然资源和社会经济资源的最合理有效利用原则，做到局部利益服从整体利益、局部整体相结合。

②因地制宜，因害设防，进行全面规划，精心设计，合理布局，根据当地林业生产需要和防护目的，在规划中兼顾当前利益和长远利益，生态和经济相结合，做到有短有长、以短养长、长短结合。

③对于水土保持林业生态工程体系，在平面上实施网，带、片、块相结合，林、牧、农、水相结合，力求各类生态工程以较小的占地面积达到最大的生态效益与经济效益。

④林业生态工程在结构配置上要做到乔、灌、草相结合，植物工程与水利工程相结合，力求设计合理，简便易行。

#### 2. 配置方法与模式

在一个流域或区域范围内，水土保持林业生态工程体系的合理配置，必须体现各生态工程，即人工森林生态系统的生物学稳定性，显示其最佳的生态经济效益，从而达到持续、稳定、高效的水土保持生态环境建设目标。水土保持林业生态工程体系配置的主要设计基础是各工程（或林种）在流域内的水平配置和立体配置。

所谓“水平配置”是指在流域或区域范围内，各个林业生态工程平面布局和合理规划。

对具体的中、小流域应以其山系、水系、主要道路网的分布，以及土地利用规划为基础，根据当地水土流失的特点和水土保持要求，发展林业产业和满足人民生活的需要，结合生产与环境条件的需要，进行合理布局和配置。按照上述 4 条基本原则，在配置的形式上，兼顾流域水系上、中、下游，流域山系的坡、沟、川，左、右岸之间的相互关系，统筹考虑各种生态工程与农田、牧场、水域及其他水土保持设计相结合。

所谓林种的“立体配置”是指某一林业生态工程（或林种）的树种、草种选择与组成，人工森林生态系统的群落结构的配合形成。合理的立体配置应根据其经营目的，确定目的树种与其他植物种及其混交搭配，形成合理群落结构。并根据水土保持、社会经济、土地生产力、林草种特性，将乔木、灌木、草类、药用植物、其他经济植物等结合起来，以加强生态系统的生物学稳定性和形成长、中、短期开发利用的条件，特别应注重当地适生植物种的多样性及其经济开发的价值。除此之外“立体配置”还应注意在水土保持与农牧用地、河川、道路、四旁、庭院、水利设施等结合中的植物种的立体配置。在水土保持林业生态工程体系中通过各种工程的“水平配置”与“立体配置”使林农、林牧、林草、林药得到有机结合，使之形成林中有农、林中有牧、植物共生、生态位重叠的，多功能、多效益的人工复合生态系统。以充分发挥土、水、肥、光、热等资源的生产潜力，不断提高和改善土地生产力，以求达到最高的生态效益和经济效益。

在具体的生产实践中，应在上述原则指导下，把各种林业生态工程的生态防护效应作为其配置的主要理论依据，根据对实际条件的研究，灵活应用，组合各种林业生态工程，决不能不研究具体条件，而机械地套用已有模式和规格进行配置。例如，配置在农田、牧场、果园及其周围的水土保持林业生态工程，是带状、块状，还是网、片相结合，其宽度、面积、结构、配置、部位如何确定等，虽然都有着一定的原则要求，但同时也存在着相当的灵活性.往往由于生产要求和土地利用条件不同而不同，如果土地面积较大，条件较好，则可适当扩大林业生态工程的建设面积，侧重于发展林业生产；而有的则因耕地面积少，人口密度大，条件不允许，宁可少造林种草，甚至不造林种草，而适当地发挥其他水土保持措施的作用。

此外，在大中流域或较大区域水土保持林业生态工程建设中，森林覆盖率或林业用地比例往往也是确定林业生态工程总体布局与配置所要考虑的重要因素。因为，森林覆盖率会大大改善区域气候与环境条件。如山西省右玉县森林覆盖率从新中国成立前的 0.3% 提高到了现在的 45% 左右，生产条件和自然环境都发生了深刻的变化。人们普遍认为森林覆盖率达 30% 以上（或更高些）的国家和地区，一般生态环境较好，有人认为黄土高原地区的覆盖率达到 20% ~ 30% 还是有可能的。当然所谓森林覆盖率仅仅是一个考虑的因素，实际上，工程总体布局与配置主要还取决于当地的生产传统、社会经济条件及林业生态工程建设的可行性。

## 第二节　坡面荒地水土保持林业生态工程

坡面既是山丘区的农林牧业生产利用土地，又是径流和泥沙的策源地。坡面土地利用、水土流失及其治理状况不但影响着坡面本身生产利用方向，而且也直接影响着土地生产力。在大多数山区和丘陵区，就土地利用分布特点而言，坡面除一部分暂难利用的裸岩、裸土地（主要是北方的红黏土、南方崩岗）、陡崖峭壁外，多是林牧业用地，包括荒地、荒草地、稀疏灌草地、灌木林地、疏林地、弃耕地、退耕地等，我们统称为荒地或宜林宜牧地；以及原有的天然林、天然次生林和人工林，后者属于森林经营的范畴，前者才是水土流失地区主要的水土保持林业生态工程用地，主要任务是控制坡面径流泥沙、保持水土、改善农业生产环境，在坡面荒地上建设水土保持生态林业工程。

坡面荒地坡度较大，水土流失十分严重、土壤干旱瘠薄、土地条件差，企望生产大量的木材是不切实际的，应建设以固坡防蚀、调节控制径流泥沙为防护目的，以解决三料（燃料、肥料、饲料）的坡面防蚀林为主，同时考虑其他类型的生态工程，如有一定的土层厚度和肥力，水土流失中度侵蚀以下，可通过造林整地工程措施，建设护坡用材林；也可选择背风向坡度相对平缓的、有相当肥力的土地，通过较大幅度的人工整地工程，建设有经济价值的护坡经济林；还有一些坡面荒地可建设护坡放牧林、护坡薪炭林、护坡种草工程。

由于山丘区坡面荒地常与坡耕地或梯田相间分布，因此，就局部地形而言，各种林业生态工程在流域内呈不整齐的片状、块状或短带状分散分布。但就整体而言，它在地貌部位上的分布还是有一定的规律的，它的各个地段联结起来，基本上还是呈不整齐而有规律的带状分布，这也是由地貌分异的有规律性决定的。

坡面荒地水土保持林业生态工程配置的总原则是：沿等高线布设，与径流中线垂直；选择抗旱性强的树种和良种壮苗；尽可能做到乔、灌相结合；采用一切能够蓄水保墒的整地措施；以相对较大的密度，用品字型配置种植点，精心栽植，把保证成活率放在首位。在立地条件极端恶劣的条件下，可营造纯灌木林。

### 一、坡面防蚀林

#### （一）防护目的

坡面防蚀林是配置在陡坡地（30°　~ 35°　）上的水土保持林业生态工程，目的是防止坡面侵蚀、稳定坡面、阻止侵蚀沟进一步向两侧扩张，从而控制坡面泥沙下泻，为整个流域恢复林草植被奠定基础。

### （二）陡坡面特点

坡面防蚀林配置的陡坡地基本上是沟坡荒地，坡度大多在 30 °以上，其中以上的沟坡面积占沟坡总面积的 40%。有些地方，由于侵蚀沟道被长期切割，沟床深切至红土，有的甚至出现了基岩露头，使沟坡面出现除面蚀以外的多种侵蚀形式，如切沟、冲沟、泻溜、陷穴等；沟坡基部出现塌积体、红土泻溜体；陡崖上可能出现崩塌、滑塌等，它们组成了沟系泥沙的重要物质来源。坡面总的特点是水土流失十分剧烈，侵蚀量大（可占整个流域侵蚀量的 50% ~ 70%，甚至更多），土壤干旱瘠薄，立地条件恶劣，施工条件差。

### （三）配置技术

陡坡配置防蚀林，首先考虑的是坡度，然后考虑地形部位，一般配置在坡脚以上陡坡全松的 2/3 为止。因为陡坡上部多为陡立的沟崖（50 °以上），如果这类沟坡已基本稳定，应避免因造林而引起其他的人工破坏。在沟坡造林地的上缘可选择一些萌蘖性强的树种，如刺槐、沙枣等，使其茂密生长，再略加人工促进，让其自然蔓延滋生，从而达到进一步稳固沟坡陡崖的效果。在沟坡陡崖条件较好的地方也可考虑撒播一些乔灌木树种的种子，让其自然生长。

沟床强烈下切，重力侵蚀十分活跃的沟坡，只要首先采用相应的沟底防冲生物工程，固定沟床，当林木生长起来之后，重力侵蚀的堆积物将稳定在沟床两侧，在此条件下，由于沟床流水，无力把这些泥沙堆积物携走，逐渐形成了稳定的天然安息角，其上的崩塌落物也将逐渐减少，在这种比较稳定的坡脚（约在坡长 1/3 或 1/4 的坡脚部分）建议首先栽植沙棘、杨柳、刺槐等根蘖性强的树种，在其成活后，可采取平茬、松土（上坡方向松土）等促进措施使其向上坡逐步发展，虽然它可能会被后续的崩落物或泻溜所埋压，但是依靠这些树木强大的生命力，坡面会很快被树木覆盖。如此，几经反复，泻溜面或其他不稳定的坡面侵蚀最终将被固定。

沟坡较缓时（30° ~ 50° ），可以全部造林和带状造林。可选择根系发达、萌蘖性强、枝叶茂密、固土作用大的树种，如阳坡选择刺槐、臭椿、酯柳、紫穗槐等，阴坡选择青杨、小叶杨、油松、胡枝子、榛子等。

## 二、护坡薪炭林

### （一）防护与生产目的

发展护坡薪炭林的目的是在解决农村生活用能源的同时，控制坡面的水土流失。

据林业部造林经营司调查统计，我国农村人均年需薪柴 0.66t，8 亿农村人口中薪柴基本可以自给者仅占 7.8%，其余一般多缺柴 4 ~ 6 个月。这里所谓的燃料“自给”，实际还包括一些不应作为薪柴的成分，如作物的秸秆、草根、树皮，甚至牛羊粪等，如果剔除应该合理用作饲料、肥料等的部分，燃料短缺的情况将更为严重。

在发展中国家，有15亿人至少有90%的能源是来自木材和木炭，另外有10亿人所需50%能源来自木材和木炭。据估计，世界木材生产总量中至少有一半用作薪炭材，我国也大致如此。严重缺燃料的非洲国家，中、近东国家如巴基斯坦、阿富汗、孟加拉国和印度等，由于薪柴严重缺失，不少地方把牛羊粪作为传统的农村燃料（我国西藏、西北地区也同样如此）。由此引发的植被破坏、水土流失、干旱等环境问题，已引起很多国家的注意，并设法找出解决能源的途径，韩国是国际上采用营造薪炭林的方法成功解决农村能源问题的例子之一。这个国家差不多利用国土面积的1/3来发展各种形式的薪炭林，10年就解决薪柴需要，他们应用灌木、胡枝子作薪炭树种取得了成功经验。我国政府也把解决了农村能源作为解决国家能源的主要组成部分，竭力从制定政策、开源节流，以至科学研究等方面寻求有效的解决途径。

发展薪炭林解决农村能源比起开发其他能源，有其独特的优势，主要表现为投资少、见效快、生产周期短、无污染。在水土流失地区，利用坡面荒地营造薪炭林，不但能够有效解决农村能源需要，而且其本身也是一种很好的水土保持治理措施。

### （二）适用立地与配置技术

1. 适用立地

距村庄近，交通方便，利用价值不高或水土流失严重的沟坡荒地。

2. 树种选择

薪炭林的树种，一般应选择耐干旱瘠薄，萌芽能力强（或轮伐期短），耐平茬，生物量高，热值高的乔灌木树种。

选择薪炭林的树种时，热值是必须考虑的重要评价指标。所谓热值，是指树种所储存的化学能，在氧气充足的条件下，将树木各部分完全燃烧时释放的热量（kJ/kg）。评价不同树种的薪柴价值时，多以风干状态热值的大小进行比较。

3. 造林技术

薪炭林的整地、种植等造林技术与一般的造林大致相同，只是由于立地条件差，整地、种植要求更细。在造林密度上，由于薪炭林要求轮伐期短、产量高、见效快，适当密植是一个重要措施。从各地的试验结果看，北方的灌木密度可为0.5m × 1m，20000株/$hm^2$，南方因雨量大，一些短轮伐期的树种，也可达此密度，如台湾相思、大叶相思、尾叶桉、木荷等。北方的乔木树种可采用1m × 1m或1m × 2m的种植密度进行种植，南方可根据情况，适当密植。

## 三、护坡放牧林

### （一）防护与生产目的

护坡放牧林是配置在坡面上，以放牧（或刈割）为主要经营目的，同时起着控制水土流失作用的乔、灌木林。它是坡面最具有明显生产特征的，利用林业本身的特点为牲畜直接提供饲料的水土保持林业生态工程。对于立地条件差的坡面，通过营造护坡放牧林，特别是纯灌木林可以为坡面恢复林草植被创造有利条件。

发展畜牧业是充分发挥山丘区生产潜力，发展山区经济，脱贫致富的重要途径。“无农不稳，无林不保，无牧不富”道出了山丘区农、林、牧三者互相依赖，缺一不可，同等重要的关系。黄土高原地区山区坡面是区域畜牧业发展的基地，南方山区坡地也拥有发展畜牧业的巨大潜力。但是，水土流失的山区，由于过度放牧（很少刈割），坡面植被覆盖度小，载畜量过低，不但严重限制了畜牧业的发展，而且加剧了水土流失和“林牧矛盾”。因此，在坡面营造放牧林（或饲料林），有计划地恢复和建设人工林与天然草坡相结合的牧坡（或牧场）是山区发展畜牧业的关键。

护坡放牧林除了上述作用外，在旱灾年份会牧草枯竭；冬春季厚雪覆盖时，树叶、细枝嫩芽就成为家畜度荒的应急饲料，群众称为“救命草”。

### （二）适用地类

护坡放牧林一般适用于沟坡荒地，不宜发展用材林或经济林的坡面，但需要立地条件稍好些的地类，因为放牧时牲畜践踏，易造成水土流失，特别是在荒草地上可形成鳞片状面蚀。根据试验研究和山区群众的经验，可发展放牧林的地类有：

1. 弃耕地和退耕地

弃耕地是由于土地退化严重或交通不便等原因，放弃耕种的土地；退耕地是按《水土保持法》规定禁止种植的大于等于 25° 的坡耕地，这两种地类对于发展林牧业来说是立地很好的地类。应选择沟蚀、面蚀严重，地块较破碎，不宜发展经济林和用材林的弃耕地和退耕地营造放牧林。

2. 荒地、荒草地和稀疏灌草地

荒地是草被盖度很低的（$<0.2$）的未利用地，水土流失严重，几乎不能进行生产利用，山区多数是阳坡；荒草地是草被盖度稍高（0.2 ~ 0.4）一些的草坡，鳞片状侵蚀和沟蚀严重，可以放牧，但载畜量低，山区多是条件稍好的阳坡或半阳半阴坡；稀疏灌草地是灌林盖度低于 0.2，灌下有疏密不等的草（多是禾本科或菊科），林草总盖度可达 0.5 ~ 0.6，多是条件较好的半阴半阳坡或条件稍差的阴坡。

3. 稀疏灌木林地和疏林地

稀疏灌木林地是盖度小于等于 0.4 的灌木林地；疏林地是郁闭度小于等于 0.3 的林地。

这两种地类在山区都是立地相对较好的沟坡地。

### （三）配置技术

1. 树种选择

护坡放牧林应根据经营利用方式、立地条件、水土保持、树种特性确定。在黄土高原地区由于适用于护坡放牧林的立地条件不好，选择乔木树种，生长不良，且放牧不便，故多选用灌木树种。即使选用乔木树种，也多采用丛状作业（按灌木状平茬经营）。

①适应性强，耐干旱、瘠薄。由于用于护坡放牧林的各种地类均存在着植被覆盖度低、草种贫乏、水土流失严重、立地干旱贫瘠的问题，上述地类中直接种植牧草效果不好的，只要选用适应性强的乔、灌木树种，就可获得一定的生物产量和较为满意的放牧效果。北京林学院（北京林业大学前身）在甘肃庆阳的测定结果表明，在相同立地条件下的饲料灌木树种，如柠条、沙棘、杭子梢等饲用嫩枝叶产量比一些传统牧草高。

②适口性好，营养价值高。北方一些可作饲料的树种的叶子或嫩枝，如杨类、刺槐、沙棘、柠条等均有较好的适口性。据研究，略有异味的灌木如紫穗槐等也可作为饲料，大多数适口性好的饲料乔灌木树种的枝叶均有较高的营养价值。1989 年北京林业大学测定比较了黄土高原部分饲料灌木树种与传统牧草的营养元素含量，结果表明，测定灌木树种均达到或超过了优良牧草的标准（优良牧草指标为：粗蛋白 10% ~ 20%，粗脂肪 2.5% ~ 5.0%，无氨氮浸出物 30% ~ 45%，粗纤维 20% ~ 30%）。

③生长迅速、萌蘖力强、耐啃食。在幼林时就能提供大量的饲料，并且在平茬或放牧啃食后能迅速恢复。如柠条在生长期内平茬后，隔 10 天左右即可再行放牧。乔木树种进行丛状作业（即经常平茬，形成灌丛状，便于放牧，群众称为“树朴子”，如桑朴子、槐朴子等）时，也必须要求有强的萌蘖力，如北方的刺槐、小叶杨等。

④树冠茂密，根系发达。水土保持功能强，并具有一定的综合经济效益。如刺槐既可作为放牧林树种，又具有强保土能力，此外，还是很好的蜜源植物。

2. 配置

①荒地、荒草地护坡放牧林（或刈割饲料林）的配置。此类属于人工新造林的范畴。可根据地形条件采用短带状沿等高线布设，每带长 10 ~ 20m，每带由 2 ~ 3 行灌木组成，带间距 4 ~ 6m，水平相邻的带与带间留有缺口，以利牲畜通过。山西偏关营盘梁和河曲曲峪采用柠条灌木丛均匀配置，每丛灌木（包括丛间空地）约占地 5 ~ 6m²，羊可在丛间自由穿行。也可选用乔木树种，采用丛状作业，如刺槐。不论应用何种配置形式，均应使灌木丛（或乔木树丛）形成大量枝叶，以便牲畜采食。同时，应注意通过灌木丛（或乔木树丛）的配置，有效截留坡面径流泥沙。由于灌木丛截留雨雪，带间空地能够形成特殊的小气候条件，有利于天然草的恢复，从而大大提高了坡面荒地和荒草地的载畜量。一般营造柠条、沙棘放牧林 5 年后，其载畜量是原有荒草地的 5 倍多。

②稀疏灌草地、稀疏灌木林地和疏林地护坡放牧林（或刈割饲料林）的配置。可根据灌木和乔木的多寡、生长情况及盖度，确定是否重新造林。如果重新造林，配置方法与荒地荒草地基本相同；如果不需用重新造林，可通过补植、补种或人工平茬、丛状作业等形式改造为放牧林。

③放牧林造林方法。灌木放牧林多采用直播造林。播种灌木后头 3 年以生长地下部分的根系为主，3 年左右应进行平茬，促进地上部分的生长，乔木树种栽植造林后，第 2 年即可进行平茬，使地上部分成灌丛状生长。一般作为放牧的林地在造林头 2 ～ 3 年后，应实施封禁，禁止牲畜进入林内。

④放牧林管理。为了保证林木正常的萌发更新，保持丰富的采食叶枝，应注意规划好轮牧区，做到轮封轮牧。同时，应提倡人工刈割饲料林饲养，并开展舍饲，既有利于节约饲料，又有利于水土保持。

#### （四）人工草坡的配置

在护坡放牧林建设的同时，可选择较好的立地（最好是退耕地、弃耕地）人工种草，一般采用豆科与禾本科草混播。也可灌草隔带（行）配置，结合形成人工灌草坡，如宁夏固原采用柠条、山桃、沙棘与豆科牧草或禾本科牧草立体配置取得了好的效果；也可乔灌草相结合，乔木如山杏、刺槐，灌木如柠条、沙棘，草本如红豆草、紫花苜蓿等。

### 四、护坡用材林

#### （一）防护与生产目的

护坡用材林是配置在坡度较缓、立地条件较好、水土流失相对较轻的坡面上，以收获一定量的木材为目的，同时，也能够保持水土、稳定坡面的人工林，是坡面水土保持林业生态工程中，兼具较高经济效益的一种。多年来的生产实践表明：北方山地和黄土高原，由于长期侵蚀的影响，即便相对较好的立地，也很难获得优质木材，只能培育一些小规格的小径材（如檩材、椽材）或矿柱材；南方水土流失地区的坡面，石多土薄，特别是崩岗地区，风化严重，地形破碎，尽管降水量大也不可能取得很好的效果。对人口稀少的高陡山地，应依托残存的次生林或草灌植物等，通过封山育林，逐步恢复植被，以水源涵养林的定向目标来经营。

#### （二）适用地类与立地

1. 平缓坡面

指明坡度相对较为平缓的坡面。此种地形一般都已开发为农田，很少能被用作林地，但也有一些距离村庄远，交通不便的平缓荒地、荒草地、灌草地，或弃耕地、退耕地，或因水质、土质问题（如水硬度太大、土壤中缺硒或碘等）而不能居住人的边远山区。

2. 沟塌地和坡麓地带

沟塌地是地史时期坡面曾发生过大型滑坡而形成的滑坡体，此类地形多发生在侵蚀活动剧烈的侵蚀沟上游沟坡。比较稳定，且土质和水分条件适中的已开发为农田；尚不稳定，或地下水位高，或土质较黏，不宜进行农作的，可配置护坡用材林。坡麓地带是指坡体下部的地段，也称坡脚，由于是冲刷沉积带，坡度较缓，土质、水分条件好的可辟为护坡用材林地。

在北方，由于干旱严重，阳坡树木的生长量很低，除采取必要的措施，一般不适于培育用材林；阴坡水分条件好，树木生长量大，适于配置和培育护坡用材林。

### （三）配置

以培育小径材为主要目的的护坡用材林，应通过树种选择、混交配置或其他经营技术措施，提高目的树种的生长速度和生长量，力求长短结合，以及早获得其他经济收益。

1. 树种选择

护坡用材林应选择耐干旱瘠薄，生长迅速或稳定，根系发达的树种。北方黄土高原地区如油松、侧柏（生长虽慢，但很稳定，抗旱性极强）、华北落叶松（海拔 1200m 以上可考虑）、刺槐、杨树（配置在沟塌地或坡麓）、臭椿等；北方土石山区如油松、侧柏、华北落叶松（海拔 1200m 以上可考虑，1600m 以上最好）、元宝枫等；南方山地如马尾松、杉木、云南松、思茅松等。混交树种宜用灌木（乔木易出现种间竞争），北方如紫穗槐、沙棘、柠条、灌木柳；南方如马桑、紫穗槐等。

2. 混交方式与配置

①乔灌行带混交。即沿等高线，结合整地措施，先造成灌木带，每带由 2 ~ 3 行组成，行距 1m，带间距 4 ~ 6m，待灌木成活经过一次平茬后，再在带间栽乔木树种 1 ~ 2 行，株距 2 ~ 3m。

②乔灌隔行混交。乔、灌木同时进行造林，采用乔木与灌木行间混交。

③乔木纯林。是广泛采用的一种方式，如培育、经营措施得当，也能取得较好的效果。营造纯林时，可结合窄带梯田或反坡梯田等整地措施，在乔木林冠郁闭以前，行间间作作物，既可获得部分农产品（如豆类、花生、薯类等），又可达到保水保土、改善林木生长条件、促进其生长量的目的。

无论是混交还是纯林，护坡用材林的密度都不宜太大，否则会因水分养分不足而导致其生长不良。

3. 造林施工

一般护坡用材林因造林地条件较差（如水土流失、干旱、风大、霜冻等），应通过坡面水土保持造林整地工程，如水平阶、反坡梯田、鱼鳞坑、双坡整地、集流整地等形式，改善立地条件。关键在于确定适宜整地季节、规格（特别是深度），以及栽植过程中的苗木保活技术。造林施工要严把质量关，不但要保证成活，而且要为幼树生长创造条件。

4. 抚育管理

护坡用材林成林后的抚育管理十分重要。在黄土高原地区，扩穴（或沟）、培埂（原整地时的蓄水容积，经 1 ~ 2 年的径流泥沙沉积淤平）、松土、除草、修枝、除蘖等，往往是能否做到既成活又成林的关键。

## 五、护坡经济林

### （一）防护与生产目的

护坡经济林是配置在坡面上，以获得林果产品和取得一定经济收益为目的，并通过经济林建设过程中高标准、高质置整地工程，以蓄水保土，提高土地肥力，同时其本身也能覆盖地表，截留降水，防止击溅侵蚀，在一定程度上具有其他水土保持林类似的防护效益。因此，护坡经济林可以说既有生态效益，又有经济效益，是具有生态、经济双重功能的林业生态工程，是山区水土保持林业生态工程体系的重要组成部分。护坡经济林包括干果林、木本粮油林及特用经济林。应当注意的是，由于坡度、地形、土壤、水分等原因，一般不具备集约经营的条件，管理相对粗放，不能期望其与果园和经济林栽培园那样，有非常高的经济效益。当然，采取了非常措施，如修筑梯田、引水上山等的坡地干鲜果园除外。

### （二）适用地类与立地

护坡经济林一般配置在退耕地、弃耕地及土厚、肥水条件好、坡度相对平缓的荒草地（盖度要高，盖度高说明肥水条件好）上。由于经济林需要较长的无霜期，且一般抗风、抗寒能力差，因此，选择背风向阳坡面。

### （三）配置和营造技术

护坡经济林应为耐旱、耐瘠薄、抗风、抗寒的树种，一般宜选择干果或木本粮油树种，如杏、柿子、板栗、枣、核桃、文冠果、君迁于、黑棕子、翅果油、柑橘等；特用经济林，如漆、白蜡、银杏、枸杞、杜仲、桑、茶、山茱萸等。应当强调，护坡经济林的密度不宜过大（375 ~ 825 株 /hm$^2$），矮化密植除非采用集约型的栽培园经营，一般不宜采用。应当特别注意加强水土保持整地措施，可因地制宜，按窄带梯田、大型水平阶或大鱼鳞坑的方式进行整地。在此基础上，有条件的可结合果农间作，在林地内适当种植绿肥作物或草，以改善和提高地力，促进丰产。在规划护坡经济林时，应考虑水源（如喷洒农药的取水）、运输等条件。如果取水困难，则可考虑在合适的部位修筑旱井、水窖、陂塘（南方）等集雨设施。在果园周围密植紫穗槐等灌木带，可调节果园上坡汇集的径流，并就地取得绿肥原料，得到编制篓筐的枝条。

有关其栽培和建园内容见有关章节或专门书籍，这里不再介绍。

## 六、护坡种草工程

### （一）目的

护坡种草工程是在坡面上播种适宜于放牧或刈割的牧草，以发展山丘区的畜牧业和山区经济；同时，牧草也具有一定的水土保持功能，特别是防止面蚀和细沟侵蚀的功能不逊于林木。坡地种草工程与护坡放牧林或护坡用材林结合，不但可大大提高土地利用率和生产力，而且也提高了人工生态工程，即林草工程的防蚀能力，起到了生态经济双收的效果。

### （二）适用地类和生境条件

山丘区护坡种草工程一般要求相对平缓的坡地或坡麓、沟塌地。刈割型的人工草地需更好的条件，最好是退耕地或弃耕地；也可与农田实施轮作，即种植在撂荒地上（此属于农牧结合的问题）。在荒草地、稀疏灌草地、稀疏灌木林地、疏林地上，均可种植牧草。北方在郁闭度较大的林地种植牧草，因光照、水分、养分等问题，一般不易成功，坡面种草多选在阴坡或半阴半阳坡上；南方由于水分条件好，可以考虑，但林地枯枝落叶量大、下地被盖度高、光照不足、土层薄是一些限制因子。

### （三）配置技术

1. 草种选择

坡地种草的草种选择应根据具体情况确定。由于生态条件的限制，最好采用多草种混播，如北方的无芒雀麦＋红豆草＋沙打旺混播、紫花苜蓿＋无芒雀麦＋扁穗冰草混播等；南方的紫花苜蓿＋鸡脚草（鸭茅）、红三叶＋黑麦草等。专门的刈割型草地也可单播，一般豆科牧草为好，如紫花苜蓿、小冠花、沙打旺等。在林草复合时，草种应有一定的耐荫性，如鸡脚草、白三叶、红三叶等。

2. 配置

①刈割型草地。专门种植供刈割舍饲的人工草地。这类草地应选择最好的立地，如退耕地、弃耕地或肥水条件很好的平缓荒草地，并进行全面的土地整理，修筑水平阶、条田、窄条梯田等，并施足底肥、耙耱保墒，然后播种。

②放牧型。应选择盖度高的荒草地（接近天然草坡或略差一些），采用封禁和人工补播的方法，促进和改良草坡，提高产草量和载畜量。

③放牧兼刈割型。应选择盖度较高的荒草地进行带状整地，带内种高产牧草，带间补种，增加草被盖度，提高载畜量。

④稀坡淮木林或坡林地下种草。在林下选择林间空地，有条件的在树木行间带状整地，然后播种；无条件的可采用有空即种的办法，进行块状整地，然后播种。特别需要注意草种的耐荫性。

## 第三节　坡耕地水土保持林业生态工程

我国是一个多山的国家，山区丘陵区约占国土总面积的 2/3，其中耕地面积约为 1.33 亿 $hm^2$，耕地中有 4667 万 $hm^2$ 为坡耕地，占总耕面积的 35%。目前，全国有 800 万 $hm^2$ 的坡耕地修筑为梯田，约占坡耕地面积的 17%。因此，可以说在山区丘陵区，坡耕地是农业生产的主要场所，其坡度较缓（一般为 15°～ 25°），坡面较长，土层较厚，水肥条件较好，在长期的农业开发过程中，坡耕地逐渐形成了坡耕地、带坎坡梯地和梯田相间分布的格局。山丘区的基本农田，除沟坝地、河流两岸的阶地、沟川、河川地等外，大部分分布在坡地上，在东北漫岗丘陵区，坡耕地坡度较缓（一般为 5°～ 8°），坡长很长（800 ～ 1500m）；在黄土缓坡丘陵、长梁丘陵、斜梁丘陵区，地广人稀，耕地以坡耕地（＜ 15°）为主；在黄土高塬、旱塬、残塬区，坡耕地则集中分布在塬坡部位（＜ 20°），比例较小；在黄土梁峁丘陵区，坡耕地占了农业用地的绝大多数，坡度陡（＜ 25°，少数超过 25°），坡长短（十几至几十米），为了提高土地生产力，已有部分修成水平梯田。南方山地丘陵除石坎梯田外，存在着大量的坡耕地，长江上游、西南地区，坡度大于 25° 以上的坡耕地占的比例相当大，有的地区可达 90% 以上，坡度最大的可达 35° 以上，坡耕地是山丘区水土流失最严重的土地利用类型，治理坡耕地的水土流失是一项重要任务。一般坡度小于 15° 的坡耕地可修建成水平梯田；坡度小于 10° 的也可通过水土保持耕作措施（或称农艺措施）达到控制土壤侵蚀的目的；另一项水土保持措施就是建设水土保持林业生态工程。

由于坡耕地的水土保持林业生态工程是在同一地块上相间种植农作物和林木（含经济林木和草），广义上可称为山地农林复合经营（系统或工程），主要包括配置在缓坡耕地上的水流调节林带、生物地埂（生物坝、生物篱），配置在梯田地坎的梯田地坎防护林及坡地农林（草）复合工程。

### 一、水流调节林带

#### （一）目的与适用条件

配置在坡耕地上的水流调节林带能够分散、减缓地表径流速度，增加渗透，变地表径流为土内径流，阻截从坡地上部来的雪水和暴雨径流。多条林带可以做到层层拦蓄径流，达到减流沉沙，控制水土流失的目的。同时，林带对林冠以下及其附近的农田，有改善小气候条件的作用，在风蚀地区也能起到控制风蚀的作用。水流调节林带适用于坡度缓，坡长长的坡耕地，此种工程最适用于我国东北漫岗丘陵区的坡耕地；山西北部丘陵缓坡区、河北坝上等地区也可采用。苏联在其欧洲部分的坡式耕地上，营造沿等高线布设的水流调节林，并进行了试验研究，结果表明，配置水流调节林是控制坡耕地水土流失的有效措施。

### （二）配置原则

①水流调节林带应沿等高线布设，并与径流线垂直，以便最大限度地发挥它的吸收和调节地表径流的能力。

②林带占地面积应尽可能地小，即以最少的占地发挥最大的调节径流的作用。林带占地以不超过坡耕地的 1/8 ~ 1/10 为宜。

### （三）配置技术

1. 坡度与配置

①坡度小于 3° 的坡耕地。因侵蚀不严重，按农田防护林配置。

②坡度为 3° ~ 5° 的坡耕地。林带配置的方向，原则上应与等高线平行，并与径流线垂直。但自然地形变化是很复杂的，任何一条等高线均不可能与全部径流线相交，因此沿等高线配置的林带对与其不能相交的径流线就起不到应有的截流作用；即使相交径流线，也因长短差异很大，林带各段承受的负荷不均匀，以致不能充分发挥其调节水流的作用。一般当坡度 3° 左右时，林带可沿径流中线（或低于径流中线的连线位置）设置走向，为了避免因林带与径流线不垂直而产生的冲刷，可在迎水面每隔一定距离（20 ~ 50m）修分水设施（土埂或蓄水池），以分散或拦截径流。

③坡度很陡的坡耕地。坡面的等高线彼此接近平行，坡长亦将基本趋于一致，此种情况下，林带应严格按等高线布设。

在实际工作中，林带配置走向应尽可能为直线，以便于耕作。

2. 地形与配置

为了尽可能地使林带占地面积小，使发挥调节径流的作用尽可能大些，林带的位置应选在侵蚀可能最强烈的部位。①在凸形坡上，斜坡上部坡度较缓，土壤流失较轻微；斜坡中下部坡度较大，距分水岭远，流量流速增加，所以林带应设在坡的中下部。②在凹形坡上，上部坡度较大，土壤常有流失和冲刷，下部凹陷处则有沉积现象；斜坡下部距分水岭越远，坡度越小，流速反而减小，不宜农用，应全面造林。③在直线形坡上，斜坡上部径流弱，侵蚀不明显，越往下部径流越集中，到中部流速明显增大，易引起侵蚀，林带应设在坡的中部。④在复合型坡上，应在坡度明显变化的转折线上设置林带，下一道林带应设在陡坡转向平缓的转折处。

3. 林带的数量、间距、宽度和结构

①数量与间距。林带在坡面上设置的数量及其间距具有很大的灵活性，在同一类型的斜坡上，如坡面较长，设置一条林带不能控制水土流失时，应酌情增设林带。一般情况下：坡度为 3° ~ 5° 的坡耕地，每隔 200 ~ 250m 配置 1 条；坡度为 5° ~ 10° 的坡耕地，每隔 150 ~ 200m 配置 1 条；坡度为 10° 以上的坡耕地，每隔 100 ~ 150m 配置 1 条；坡

长小于 100 时，可不配置这种防护林带，而配置灌木带时，一般间距在 60 ~ 120m。

②宽度。林带的主要功能是保证充分吸水，所以应具有一定的宽度，林带的宽度可参考下式计算：

$$B=\frac{AK_1+BK_2+CK_3}{hL}$$

式中：$B$ 为林带宽度（m）；$A$、$B$、$C$ 分别为上方耕地、草地、裸地的面积（$m^2$）；$h$ 为单位林带面积有效吸水能力（mm），$L$ 为林带长度（m）。

上式不能生搬硬套，如果林带上方的耕地、草地、裸地水土保持措施比较完备，能最大限度地吸收地表径流，则林带可窄些。另外，也可通过改善林带结构和组成的方法，来提高林带的吸水能力，从而也就可以缩小林带的宽度。总之，林带宽度应根据坡度、坡长、水土流失程度，以及林带本身吸收和分散地表径流的效能来确定。通常坡度大、坡面长、水蚀严重的地方要宽些，反之则窄些。一般林带宽度为 10 ~ 20m。

③结构。水流调节林带的结构以紧密结构为好。若乔灌木混交型，要在迎水面多栽 2 ~ 3 行灌木，以便更多地吸收上方来的径流。树种选择可采用杨树、胡枝子、紫穗槐、柠条等。

## 二、植物篱（生物地埂和生物坝）

### （一）定义

植物篱是国际上通行的名称，我国一般称由灌木带的植物篱为生物地埂（因为通过植物篱带拦截作用，在植被带上方泥沙经拦蓄过墟沉积下来，经过一定时间，植物篱就会高出地面，泥埋树长，逐渐形成垄状，故称为生物地埂）；由乔灌草组成的植物篱称为生物坝。它是由沿等高线配置的密植植物组成的较窄的植物带或行（一般为 1 ~ 2 行），带内的植物根部或接近根部处互相靠近，形成一个连续体。选择采用的树种以灌木为主，包括乔、灌、草、攀缓植物等。组成植物篱的植物，其最大特点是有很强的耐修剪性。植物篱按用途分为防侵蚀篱、防风篱、观赏篱等；按植物组成可分为灌木篱、乔木篱、攀援植物篱等。

植物篱的优点是投入少，效益高，且具有多种生态经济功能；缺点是占据一定面积的耕地，有时存在与农作物争肥、争水、争光的现象，即有“协地”问题。虽然如此，在大面积坡耕地暂不能全部修成梯田的情况下，仍不失为一种有效的办法。

### （二）目的和适用条件

坡耕地上配置植物篱，目的是通过其阻截滞蓄作用，减缓上坡部位来的径流，起到沉淤落沙、淤高地埂、改变小地形的作用。其不仅具有水土保持功能，还具有一定的防风效能。同时，也有助于发展多种经营（如种杞柳编筐、种桑树养蚕等），增加农村收入。

植物篱适用于地形较平缓，坡度较小，地块较完整的坡耕地。如我国东北漫岗丘陵区，长梁缓坡区、长城沿线以南、黄土丘陵区以北、山西内长城以北地区高塬、旱塬、残塬区的塬坡地带，以及南方低山缓丘地区、高山地区的山间缓丘或缓山坡均可采用。

### （三）配置技术

1. 配置原则

①与水流调节林带一样，植物篱（如为网格状系指主林带）应沿等高线布设，与径流线垂直。

②在缓坡的地形条件下，植物篱间的距离为植物篱宽度的 8 ~ 10 倍。这是根据最小占地、最大效益的原则，通过试验研究得出的结论。

2. 配置方式

①灌木带。适用水蚀区，即在缓坡耕地上，沿等高线带状配置灌木。树种多选择紫穗槐、杞柳、沙棘、沙柳、花椒等灌木树种。带宽根据坡度大小确定，坡度越小，带越宽，一般为 10 ~ 30m，东北地区可更宽些。灌木带由 1 ~ 2 行组成，密度以 0.5m × 1m 或更密。灌木带也适用于南方缓坡耕地，选择的树种（或半灌木、草本）如剑麻、蓑草、火棘、桑、茶等。

②宽草带。在黄土高原缓坡丘陵耕地上，可沿等高线，每隔 20 ~ 30m 布设一条草带，带宽 2 ~ 3m。草种选择紫花苜蓿、黄花菜等，以起到与灌木相似的作用。

③乔灌草带。亦称生物坝，是山西昕水河流域综合治理过程中总结出的经验，它是在黄土斜坡上根据坡度和坡长，每隔 15 ~ 30m，营造乔灌草结合的 5 ~ 10m 宽的生物带。一般选择枣、核桃、杏等经济乔木树种稀植成行，乔木之间栽灌木，在乔灌带侧种 3 ~ 5 行黄花菜，生物坝之间种植作物，形成立体种植。

④灌木林网。适用于北方干旱、半干旱水蚀风蚀交错区（长梁缓坡区），既能保持水土，又能防风固沙。灌木林网的主林带沿等高线布设，副林带垂直于主林带，形成长方形的绿篱网格，每个网格的控制面积约为 $0.4hm^2$，带间距视坡度大小而定，5° ~ 10° 坡，带间距 25m 左右；10° ~ 15° 坡，带间距 20m；15° ~ 20° 坡，带间距 15m；20° ~ 25° 坡，带间距 10m。副林带间距 80 ~ 120m。

⑤天然灌草带。即利用天然植被形成灌草带的方式。适用于南方低山缓丘地区、高山地区的山间缓丘或缓山坡的坡地开垦。如云南楚雄市农村在缓坡上开垦农田时，在原有草灌植被的条件下，沿等高线隔带造田，形成了天然植物篱。植被盖度低时，可采取人工辅助的方法补植补种。

## 三、梯田地坎（埂）防护林

### （一）目的与适用条件

梯田包括标准水平梯田（田面宽度 8 ~ 10m）、窄条水平梯田、坡式梯田（含长期耕种逐渐形成的自然带坎梯地），是坡地基本农田的重要组成部分。梯田建成以后，梯田地坎（埂）占用的土地面积约为农田总面积的3% ~ 20%（依坡地坡度、田面宽度和梯田高度等因子而变化），且易受冲蚀，会导致埂坎坍塌。建设梯田地坎（埂）防护林的目的，就是要充分利用埂坎，提高土地利用率、防止梯田地坎（埂）冲蚀破坏、改善耕地的小气候条件；同时通过选择配置有经济价值的树种，增加农民收入，发展山区经济。梯田地坎（埂）防护林的负效应是串根、萌蘖、遮阴及与作物争肥争水等，应采取措施克服。

### （二）土质梯田地坎（埂）防护林的配置

土质梯田一般坎和埂有别。大体有两种情况，一是自然带坎梯田（多为坡式梯田，田面坡度2° ~ 3°），有坎无埂，坎有坡度（不是垂直的），占地面积大，有的地区坎的占地面积可达梯田总面积的16%，甚至超过了20%，由于坎相对稳定，极具开发价值。二是人工修筑的梯田，坎多陡直，占地面积小，有地边埂，有软、硬埂之分。坎低面直立、埂坎基本上重叠的，占地面积小，坎高而倾斜不重叠的，占地面积大。一般坡耕地梯化后，坎埂占地约为7%；土质较好的缓坡耕地小于5%。因此，埂的利用往往更重要。

1. 梯田坎上的乔灌配置

①坎上配置灌梯田地坎可栽植的1 ~ 2行灌木，选择杞柳、紫穗槐、柽柳、胡枝子、柠条、桑条等树种。栽植或扦插灌木时，可选在地坎高度的1/2或2/3处（也就是田面大约50cm以下的位置），灌木丛形成以后，一般地上部分高度有1.5m左右，灌木丛和梯田田间尚有50 ~ 100cm的距离，防止“串根胁地”及灌木丛对作物造成遮阴影响。灌丛应每年或隔年进行平茬，平茬在晚秋进行，以获得优质枝条，且不影响灌丛发育。

坎上配置的经济灌木，枝条可采收用于编织，树枝和绿叶就地压制绿肥，同时灌木根系固持网络埂坎，起到巩固埂坎的作用。甘肃定西水土保持站测定，在黄土梯田陡坎上栽植杞柳，在造林后3 ~ 4年采收柳条21000kg/hm$^2$，经加工收入可达数千元；在一次降雨101.4mm，历时4.5h，降雨强度为23.1mm/h的特大暴雨中，杞柳造林的梯田地坎，没有冲毁破坏现象的发生。

②坎上配置乔木适用于坎高而缓，坡长较长，占地面积大的自然带坎梯田，为了防止“串根胁地”，应选择一些发叶晚、落叶早、粗枝大叶的树种，如枣、泡桐、臭椿、楸树等，并可采用适当稀植的办法（株距2 ~ 3m）。栽植时可修筑一台阶（戳子），在台上栽植。

2. 梯田地埂上配置经济林木

在黄土高原，群众有梯田地埂上种植经济林木（含果树）的传统习惯，地埂经济林往往是当地群众的重要经济来源。配置时，沿地埂走向布设，紧靠埂的内缘栽植1行，株距为3 ~ 4m。一些根蘖性强的树种如枣，栽植几年后，能从坎部向外长根蘖苗，并形成大树，这也是黄土区梯田陡坎上生长大量枣树的原因。

### （三）石质梯田地埂防护林配置

石质梯田在石山区、土石山区占有重要的地位，石质梯田坎基本上垂直的，埂坎占地面积小（3% ~ 5%）。但石山区、土石山区人均耕地面积少，群众十分珍惜梯田地埂的利用，在地埂上栽植经济树种，已成为群众的一种生产习惯，也是其一项重要的经济来源，如晋陕沿黄河一带的枣树、晋南的柿树、晋中南部的核桃等。石质梯田防护林对提高田面温度，形成良好的作物生产小气候具有一定的意义。其配置方式有三种：一是栽植在田面外紧靠石坎的部位；二是栽植在石坎下紧靠田面内缘的部位；三是修筑一小台阶，在台阶上栽植。

总之，梯田地埂（坎）防护林以经济树种栽植为多，选择适宜的树种十分关键。总结全国梯田地坎栽培经济树种的研究与实践成果看：北方可选择的树种有柿树、核桃、山楂、海棠、花椒、文冠果、枣、柿树、君迁子、花椒、桑条、板栗、玫瑰、杞柳、柽柳、白蜡条、枸杞等；南方有银杏、板栗、柑橘、桑、茶、荔枝、油桐、菠萝等。

除乔灌木、经济林外，地埂也可种植有经济价值的草本，如黄花菜等。

## 四、坡地农林（草）复合工程

农林（草）复合工程有广义和狭义之分，广义的农林（草）复合工程包括以林业为主，农、牧、渔为辅的复合；林木为防护系统，以农、牧、渔为主要生产对象的复合，以及林、农或其他兼顾的复合，这就是农林复合的全部。第一种情况，如人工林或果树幼林期的农林间作，是一种短期复合，树木郁闭后，复合终止；第二种情况，如上面所述的坡耕地防护林；第三种情况，是在连片的耕地上的林农长期复合。农林（草）复合工程是指最后一种，即在连片坡耕地或梯田上，同时种植林木和农作物，效益兼顾，这种类型经济林多稀植（225 ~ 300 株 /$hm^2$ 或更稀），林下长年种植农作物，且二者都有较高的产量。如枣树与大豆间作、核桃与大豆间作等。

# 第四节　塬面梁峁顶水土保持林业生态工程

塬面是指黄土高原沟壑区的塬（如甘肃董志塬、白草塬，陕西洛川塬、长武塬等）或残塬（如陕西宜川残塬、山西隰县残塬）以及汾渭地堑形成的台塬（如陕西渭北旱塬、渭南白鹿塬、晋南峨眉台地）的分水岭地带，包括塬面（分水台）、坳地（分水鞍）、嵝岘（分水凹脊）、塬嘴（分水斜脊）。这些地貌上已基本辟为农耕地，地块大而平坦，是区域粮、棉、果的生产基地。梁峁顶是指黄土丘陵沟壑区的分水岭地带，包括梁峁顶（又称丘陵）、焉（分水凹背）、湾（分水鞍除边通山区外），已大部分开垦为农田。在边远地区或人口稀少地区，也可能有相间分布小块或大块的荒地，如很小的節顶荒地和塬边荒地。总体上，塬面梁峁顶水土保持林业生态工程，实际上主要是农耕地上的林业生态工程问题。

## 一、塬面农田防护林

黄土塬塬面平坦开阔，一望无际，但塬迫侵蚀沟密布，且常被切割呈锯齿状，塬区沟谷地面积可占总面积的 50% 以上。塬面可分为大塬面和残塬面（旱塬与大塬面接近，大塬面平坦完整，除塬边斜坡坡度 3° 左右外，塬面中央极为平坦，肉眼不易觉察其斜坡倾向，其真正的分水线很难寻觅。因此，塬面也称分水台）。残塬面较小，塬面常见有明显的斜坡，邻近沟缘的斜坡可达 10° 以上，因而横断面略成弓形，所以有时也称作平梁或梁塬。残塬的分水线比较明显，塬面面积小于沟谷面积（占 30% 以下），残塬区中作锐角交汇的沟谷相间的“分水斜脊”群，称为塬嘴。塬嘴地表斜坡由塬面本身向两沟谷交汇点倾斜，塬嘴可被切割为极狭小的碎塬，有时也呈孤立的梁或峁状，因而有人误认为黄土丘陵可能也是为塬进一步切割而成的。大塬面集中在陕甘两省，山西省除峨眉台地外，有 330 ~ 660hm$^2$ 的残塬 14 个，如吉县三后塬、大宁太德塬、蒲县古县塬、隰县德后塬等。

### （一）塬面的特点与治理防护要求

1. 特点

①地势平坦，土层深厚，地块面积大，是塬区的牧业生产基地。

②地势高，塬、沟相对高差大（70 ~ 200m），水源缺乏，风大霜多，限制着农业的稳定高产。

③塬中面蚀轻微，向塬边延伸侵蚀越来越严重，至塬边沟蚀剧烈。由于沟头延伸和沟壁扩张等破坏作用，塬面不断遭受蚕食，面积逐年减少，保塬固沟是首要任务。

2. 治理与防护要求

①针对上述特点，应以基本农田建设为中心，田、路、渠、林综合规划，保塬、固沟、护坡“三位一体”综合治理，以控制塬面蚕食，提高塬面土地生产力，改善塬面生态环境。

②建设塬面防护林业生态工程体系，农田防护林、护路林、护渠林、村落庭院绿化、片状经济林、零散树木相结合，形成农田防护屏障，防止害风霜冻之灾害，特别是干热风和大风对农作物的危害，改善农田小气候条件。与农田基本建设、引水蓄水工程以及其他农业措施相配套，共同发挥改善农业生产条件的作用。同时，通过合理布设也可提供一定数量的林果产品。

### （二）塬面防护林配置

1. 农田防护林

塬面农田防护林的配置原则与方法同平原地区农田防护林的配置原则相同，但在配置中须注意处理好两个问题：

①防护与胁地的关系。塬面最严重的问题是干旱缺水，防护林木必然会与农田作物争水争肥，导致局部减产。因此，林网面积不宜太小，小则胁地严重，一般网格面积应在

10 ~ 15hm²，塬面大的，可在 20hm² 以上。并应采取挖沟断根、修枝缩冠、种植林下绿肥和豆科作物等多种形式，减少胁地危害。

②农田防护林与其他林业生态工程的结合。由于胁地及经济核算等原因，有些农民对林网还不太认可，加之农村以户承包，难以做到统一规划，完全划方成网不符合现实情况。因此，农田防护林应尽可能利用道路、渠系、村庄绿化，以及与埝地软埂防护林、塬边防护林和片状果园相结合，形成“似网非网，功能强大”的防护林业生态工程格局。

农田防护林的具体配置，应根据黄土高原沟壑区的条件确定，一般可由 2 ~ 3 行乔木及 2 行灌木组成上下均匀的透风结构林带，建议采用新疆杨、旱柳、紫穗槐等乔灌木树种。为了适应当地对经济树种的需求，可在林带背风向阳的一侧，种植梨、苹果、桑、柿等。总的要求是少占耕地，少胁地。实践证明，由于各方面因素的限制，林带往往由 1 ~ 2 行乔木组成，在这种情况下，为了发挥较好的效果，建议株距缩小为 1 ~ 2m，或乔木与灌木进行隔株混交。

另外，在塬面基本农田建设还不能完全达到高标准（大部分是埝地）的情况下，在塬面到塬边过渡地带的农田（坡度 3° ~ 5°，残塬区 5° ~ 8°）防护林配置，除考虑防风效果外，还要林带具有分散、拦截径流的作用。

2. 其他林业生态工程

①经济林栽植园。其是塬区重要经济来源和支柱产业，主要栽培树种有：苹果，梨、核桃、桃、葡萄、柿、枣、杏等，幼树期可与低秆作物、绿肥、牧草等间作。

②经济林栽植园周边的防护林。大型经济林栽植园可按农田林网的形式配置；片状经济林栽培园则与农田、道路防护林结合，形成圈带式防护林。

③村落庭院绿化。塬面村庄周围、庭院绿化是塬面林业生态工程的重要组成部分。村庄及庭院周围的闲散土地，是塬面用材林树木的重要栽植区（如甘肃西峰某村庄宅旁用材林占全村用材林的 43%），可选择的树种有泡桐、杨、楸、梓、槐、榆等。塬面庭院大（可达 0.1hm²），有的可达 0.2hm²，发展庭院小果园及栽植经济干杂果树是塬区果品业的主要组成部分，选择的树种有：苹果、梨、桃、李、杏、核桃、山楂、枣等。

## 二、梁峁顶防护林的配置

黄土丘陵向一侧或两侧倾斜，呈长条状分布的称为梁。梁顶坡度较缓，较大的梁顶一般不超过 5°，狭小的梁顶可达 8° ~ 10°；一般宽 30 ~ 50m，宽者可达 100 ~ 150m，梁顶以下，坡度变化较大，有明显的波折。峁（塔）是被割切呈孤立、点状的丘陵，峁顶面积不大，外形为帽状，呈明显弓形，向四周倾斜，峁顶斜坡一般为 5° ~ 10°，宽 10 ~ 20m（也有的小于 10m），峁顶以下为峁坡，顶坡之间也有明显的波折。

### （一）梁峁顶特点与防护目的

梁峁顶水蚀比较轻微，但地势高寒，温变剧烈，危害严重，土壤干旱瘠薄。人口密度大的地区，大部梯化平整，已成为农田；人口密度相对小的地区，宽缓梁顶多为农田，狭小峁顶多为撂荒地、草田轮作地或荒地。配置林业生态工程的目的是减免风害、霜冻、蓄水积雪，控制径流起点，防止土壤侵蚀，保护农田，改善农作物生长的环境条件。

### （二）配置

1. 配置模式

梁峁顶防护林的配置应根据梁峁顶部的形状和宽窄，风害严重程度，以及土地利用状况来决定。黄土丘陵沟壑区梁峁按其顶部形状，大体可分为两类：一类顶部比较平缓，边坡断面多呈凸形，土壤侵蚀较微，但因分水线向两侧斜坡，侵蚀程度急剧增加，以细沟侵蚀与切沟侵蚀为主。梁峁顶部多为耕地，需营造农田防护林，以防止风害，保护农田。另一类顶部尖削，面积狭小，边坡的断面多呈凹形或直线形，水蚀比较严重，风蚀亦很强烈，多分布在海拔较高、黄土层较薄的地区。顶部多为荒草地，斜坡下方坡度较缓处一般为农田。应全部造林，拦蓄径流，固定陡坡，保护下部农田。总结一句话就是："宽梁农田周边树，狭峁荒地全造林。"

2. 配置技术

①宽梁（峁）顶农田防护林。配置在农田边缘四周，凸形斜坡坡度开始变陡的地方，或切沟顶联线布设。梁峁顶防护林造林比较困难，必须选择抗、耐干旱、瘠薄的深根性乔灌木树种。除考虑地区的不同外，还应注意迎、背风向的差异，迎风坡风速大，蒸发与蒸腾均较强烈，不但易造成土壤干旱，也常常易造成生理干旱，因此迎风坡需选择抗风、耐旱性更强的树种。

梁峁顶防护林，根据其防护目的，一般采用疏透结构，乔灌木行间混交的方式，沿等高线布设，在农田附近的林带边缘，配置 2 ~ 3 行萌蘖力强的带刺灌木，如柠条、沙棘，以防人畜危害。在平缓的梁峁斜坡修成梯田时，为减少对耕地的遮阴，可营造比较窄的纯灌木带。在水分较好的地段，可于林带中间配置一些果树。梁峁顶防护林一般以山杏、白榆、小叶杨、河北杨、青杨、刺槐等作为主要树种，侧柏、杜梨、沙枣、桑等作伴生树种。灌木主要采用沙棘、柠条、柽柳、紫穗槐、虎榛子等。带宽不小于 6m，8m 时即能起到良好的作用，一般为 10 ~ 20m，在较高的梁峁顶部，林带可加宽至 20 ~ 30m。山西省河曲县道黄沟梁峁顶防护林为乔灌木混交，带宽 15m，共 15 行，中间 11 行为乔木，以青杨、河北杨为主，两侧各为 2 行灌木，以柠条、桑条、柽柳、荆条为主。陕西榆林地区有些地方以刺槐或白榆、臭椿为主，侧柏伴生，柠条混交，组成针阔乔灌行式混交林，增加了防风、固土、保墒的作用。

②狭峁（梁）顶全面造林。也称带帽造林，适用于立地条件差、不能进行农业利用的峁（梁）顶，选择的树种应抗风耐旱，如刺槐（条件差时呈小乔木或灌木状）、侧柏（山西实践表明生长良好）等。条件太差时选择灌木，如柠条。

此外，梁峁坡防护林规划时，应考虑与峁边防护林、梯田地坎防护林、护坡放牧林、护路林等相结合，使之成为一个完整的防护林业生态工程体系。

## 三、塬边、梁峁边防护林

黄土塬区的地貌分异规律是：塬面—塬坡—坡麓（古代河谷谷底）—现代沟谷（侵蚀沟道）。塬面中部称为塬中，塬面边缘坡度出现明显转折的地带称为塬边（也包括塬嘴）。较大的塬坡间实际存在一个过滤地带，坡度小于 15° 的大都修为硷地（二坡地），而塬坡的坡度一般均大于 15°，塬边和这个过渡带紧密相连，有时不易明确分开。梁峁边则是指梁峁顶与古代沟谷的交界地带。在一些平梁宽峁地貌中，梁峁边与塬边很相似，其上方部位都是与大面积农田相接，下方均为较陡的沟坡面；当然对于一些狭小的梁峁，梁峁边和塬边是有区别的，但是其防护林配置的基本原则相同。这里需要强调的是，在很多情况下，当古代沟谷凹地侵蚀掉后，古代沟谷界线（塬边线、梁峁边线）与现代侵蚀沟界线（沟缘线）两条线重合，此时塬边线、梁峁边线与沟缘线是一条线，也就没有塬坡或梁峁坡，而只有沟坡。

### （一）侵蚀特点与防护目的

塬边和梁峁边地带（包括硷地）是以翾蚀、面蚀为主的塬面、梁峁顶，是以切沟侵蚀为主的塬坡、梁峁坡的过渡地带。塬面和梁峁坡面的径流由此处下泻入沟，常常会造成陷穴和裂缝，并进一步发展成为侵蚀凹地和栅状沟，是塬边、梁峁边崩塌和沟岸扩张的主要原因，因此，配合塬面、梁峁顶防护林业生态工程及其塬边、梁峁边埂，营造塬边、梁峁边防护林业生态工程是十分必要的。其目的在于分散滞缓径流，固定沟岸，防止沟头溯源侵蚀和沟岸扩张，保护塬面、塬坡和梁峁坡面的农田。

### （二）配置技术

1. 配置原则

塬边、梁峁边防护林的配置应考虑塬边、梁峁边上部农田防护林业生态工程与其下部塬坡、梁峁坡耕地林业生态工程的衔接问题，同时要考虑陡坎的稳定性及其土地利用状况，还应考虑如何更好地与塬边埂、梁峁边境结合，以最大限度地发挥其防护效应的问题，以及根据立地条件选好树种和布设适当的林带宽度。对于塬嘴和梁峁边地带突出的锯齿状碎地块，应根据具体情况分别对待，如果面积较小可以全面造林，总之，应以少占耕地为总原则，当塬边、梁峁边与沟缘线一致时，配置原则与沟边防护林相同。

2. 配置要求

①当塬边、梁峁边与沟缘线不重合时。此种情况下，塬边、梁峁边上下均为耕地，上坡部位为塬面、梁峁顶平坦耕地；下坡部位为塬坡、梁峁坡坡耕地或梯田，塬边、梁峁边实际是一个过渡带，其防护林业生态工程从树种组成及结构配置等方面与塬面、梁峁顶防护林业生态工程相似。如坡度转折较大，有非常明显的陡坎，可在塬边线、梁峁边线营造

一条较宽的林带（8 ~ 10m），结构以乔灌混交为好；如坡度转折较小，陡坎不高，可按梯田地坎防护林的配置方式配置。

②当塬边、梁峁边与沟缘线重合时。塬边、梁峁边防护林与沟边防护林是一回事，应按沟边防护林的配置方式配置，参见侵蚀沟水土保持林业生态工程。

# 第九章　平原区农业综合防护林业生态工程

平原区在我国除东北西部与内蒙古东中部平原地区、华北中原平原地区、长江中下游平原地区外，还应包括西北绿洲灌溉农业区。这些地区是我国粮、棉、油、肉、蛋、奶生产基地，是最大的农业生产区，所谓农业系指大农业，从土地利用角度，包括农田（主要在三大平原）、牧场（主要在东北西部、内蒙古东中部、西北绿洲灌溉农区）和渔业等。所谓平原是一个大地貌的概念，也包括局部的低山丘陵。因此，平原区农业综合防护林业生态工程实际是以农田、牧场防护林、海岸（沿海地区）防护林为主体框架的，包括固沙林、水土保持林、盐碱地造林、小片用材林、薪炭林及“四旁”绿化与其他林种相结合的防护林业生态工程体系。我国平原区，可分为平原农业区、沿海（岸）地区（浙南、闽粤交界、桂南、海南沿海多为低山丘陵，间有河谷盆地和河口海积平原）和风沙区。平原农业区以农田防护林网为主体；沿海（岸）地区以沿海防护林为主体；风沙区以防风林（含农田的牧场）的固沙林为主体。平原沿海及山间低平谷地，局部还有盐碱地造林的问题。

## 第一节　平原区农业综合防护林业生态工程体系

### 一、东北西部、内蒙古东中部平原地区

本区除沿海岸地区外，大部分地区年降水量 350 ~ 550mm，自东向西雨量渐减，耕地面积占总土地面积的比例与雨量同步减少；而草原所占比例，则逐步增加。全区多属旱作农业区，并由东部以农为主，向西逐步转向以牧业为主。间有大面积的盐碱地、流沙地错综分布。为我国多风地区之一，8 级以上大风日数一般 20d 以上。吉林双辽市这种大风日数多达 98.6d（1961—1970 年平均），沙暴日数一般 10d 左右，干热风日数一般 15d 左右。干热风主要发生在 5—6 月，正值农作物幼苗期，危害不严重。本区的主要危害是尘风暴，秋季暴风造成倒伏、风折、脱粒；早霜危害也造成严重减产。由于风沙、干旱无雪而造成的“黑灾”，连降大雪造成的“白灾”，以及草原沙化，则是牧区的主要灾害。另外，本区分布的少量丘陵、低山水土流失严重。

根据以上情况，本区应以农田防护林为主体，农田防护林与基本草牧场防护林、固沙林、水土保持林相结合，防护林与小片用材林、薪炭林及“四旁”绿化相结合，构成以护

田护牧为主、生态效益与经济效益相结合的综合防护林业生态工程。

基本草牧场是指土壤比较肥沃、具有水源条件、集约经营程度较强的牧场，类似农业中的基本农田，具有营造防护林的条件。根据各地经验，饲料基地防护林与农田防护林的规划设计相同。基本牧场林网状防护林的林带宽度应增加到 5 行以上，并与多刺灌木混交，以增强林带的稳定性，内蒙古昭乌达盟采用沙棘与乔木混交，取得了较好的效益。牧场防护林还可呈带状、块状、伞状。块状的可结合固定流沙，为牲畜提供暴风雪来临时的庇护场所和饲料，应以灌木为主。

在本区边缘的缓坡丘陵漫岗地带，也有水土流失，应以沿等高线布局的水流调节林带、沿岗顶的防护林带为主，设计具有防风、防止水土流失双重功能的农田防护林，顺坡的防风林带应沿岗顶、沟边、路边设置。对水土流失严重的荒坡，可营造成片的水土保持林。

小块农田边缘为流动沙地的，应推广西北灌溉绿洲农业区的模式，即农田的护田林网与田边的防沙林带、成片固沙林相结合，构成固沙护田林体系。

本区从鸭绿江畔到山海关的沿海岸地带，年平均气温为 10 ℃，降水量 600 ~ 700mm，为沙质海岸，间有泥质或基岩海岸。还应将沿海防护林与农田防护林、水土保持林（低山丘陵地带）等林种结合起来，形成沿海防护林业生态工程体系，这方面大连市可谓是一个示范样板。

## 二、西北绿洲灌溉农区

新疆、甘肃、青海、宁夏、内蒙古西部的灌溉绿洲农区，除宁夏、内蒙古耕地连片集中外，一般均呈大小不等的块状，零散分布于广阔的戈壁、沙漠之中。本区各地 8 级以上大风日数相差较大，在多风地区达 30d 以上，特别是沙暴日数较多，一般达 20d 以上。本区降水稀少，大气干旱，加上从青藏高原下降于盆地气流的增温现象，干热风日数为全国之冠。南疆靠近昆仑山各县，干热风日数多在 80d 以上；北疆地区年达 20 ~ 40d；河西走廊地区 10d 左右。每遇一次强型干热风，小麦往往减产 10% 以上。

该区防护林业生态工程的布局应是：在绿洲外围建立宽 200m 以上的灌草固沙带；在绿洲与沙漠、戈壁交界处，营造一条较宽的防沙林带；在绿洲内营造农田林网。此外，还应与护岸护滩林、薪炭林、小片用材林、经济林等紧密结合。此外，还可以遇到盐碱地土地的造林问题，应按盐碱地造林要求进行。

## 三、华北中原平原地区

本区是我国最大的平原，土地平坦，耕地广布。除沿海地区外，年降水量 550 ~ 800mm，以旱作为主，但多有灌溉条件，在干旱季节辅以灌溉。本区大风日数一般 10 ~ 20d，少数地区达 29d 或仅几天，风害较前两类地区为轻。沙暴日数 5 ~ 15d，也较上述两区少。干热风日数年达 10d 左右，主要产麦区晋南、冀南、鲁西南、鲁南、豫北、豫东等地年均 13 ~ 18d。干热风危害季节主要在 5 月中旬至 6 月中旬，并以 5 月下旬到 6 月上旬较多，正值冬小麦灌浆至蜡熟期，危害较为严重，此时最适于小麦生长的气温为 20℃ ~ 22℃，空气相对湿度 60% ~ 80%，而干热风气温却达 32℃以上，相对湿度在 30% 以下，使小麦植株蒸腾加剧，发生水分平衡失调，轻则减产 10% 左右，重则减产 20% 以上。

本区各地 20 世纪 50 年代初期进行了卓有成效的重点固沙（滨海沙区、黄泛沙区）造林活动，并积极开展了四旁绿化。70 年代推广了农田林网化，并大力推广了传统的农桐、农枣、农条（条子林）等农林间作；80 年代兴起了营造小片速生丰产林的热潮。从 50 年代国营园艺场的兴办到 80 年代群众的小片果园逐步增多，本区已成为北方一个重要的水果基地。因此，这种既符合改善平原生态环境，又符合基本经济规律和需求的发展，便自然地构成了以农田林网为主体，与教林间作、“四旁”绿化、固沙林、小片速生用材林、小片果园等相结合的综合防护林业生态工程，形成了农作物与林木相结合的多层次立体农业，在生态环境得到优化的同时，生物量也显著增加，并取得了较高的经济效益。

本区农田林网应结合路、渠绿化配置，还应与带状的小片用材林、农桐间作、农枣间作、村庄绿化、小片果园等多林种、多树种实行统一规划，可具有更好的生态效益与经济效益。

本区从河北秦皇岛至江苏连云港以南有很长的海岸线，多为淤泥海岸、海潮内浸、盐渍化严重，应建设以防潮为主沿海防护林，并与内缘农田防护林衔接，特别要注意盐渍化地、沿海岸沙地造林。

## 四、长江中下游平原地区

本区年降水量 800 ~ 1400mm，水热资源丰富，湖泊较多，河流、沟渠密布，以种植水稻或稻麦轮作为主，耕地连片集中。从江苏滨海、射阳一带到浙江镇海江口一带，海岸多为淤泥质。虽大风日数较少，风沙危害轻微（干热风也有出现，但比华北中原轻），倒春寒、寒露风有时对水稻造成一定的危害。但洪涝灾害较为严重，沿海台风暴袭击，对沿海地区农业和渔业生产构成了很大的危害。

本区在河旁、湖边、海岸堤防工程结合，营造了防浪防潮护堤林带和海岸、湖岸滩涂，开发了绿化片林。同时，在大、中型渠道旁植树造林，构成了防护林业生态工程的重要组成部分。因此本区应充分利用纵横交错的河、渠水网系统、海岸，营造以农田林网为主体，与堤岸防护林带、防浪防潮林带、盐碱地造林、季节性淹没地带的速生用材林、农林复合经营，以及环村林相结合的农业综合防护林业生态工程。

我国除上述平原地区外，还有很多局部冲积平原及盆地、河谷盆地、山间盆地，如珠江三角洲、四川盆地、汾渭冲积平原、川西南与云贵山间盆地（坝子）等的农业综合防护林业生态工程，也可参照上述地区，根据当地实际情况，因地制宜地确定和布局。

# 第二节　农田防护林

农田防护林是以一定的树种组成、一定的结构成带状或网状配置在田块四周，以抵御自然灾害，改善农田小气候环境，给农作物的生长和发育创造有利条件，保证作物高产稳产为主要目的的人工林生态系统。

农田防护林抵御的自然灾害主要是：①尘风暴，是风沙危害的主要形式。强烈的风沙常导致侵蚀表土，吹走或刮露肥料、种子、甚至发芽的幼苗，沙土入农田，又造成沙压，使种子不能出土。也有时由于沙割（沙粒不断抽打叶片），而使幼苗枯萎。在我国，尘风暴主要发生在春季，不仅会延误农时，造成作物减产，还会导致土地沙漠化，甚至失去耕种价值。②干热风，是指气温为 32℃ ~ 35℃，相对湿度 25% ~ 30% 时，风速大于 3m/s 的风导致农作物强烈蒸腾，因生理干旱而严重减产，减产幅度 10% ~ 30%。③风灾，指由于风力过大，导致作物生理干旱而萎蔫或枯死。当风速大于 10m/s 时，作物同化作用降低，产生机械损伤，如倒伏、落花落果、成熟籽粒脱落等。风灾以东北西部、西北、内蒙古和沿海较多。④低温冷害，低温冷害是气温在 0℃以上，有时甚至接近 20℃的条件下对农作物产生的危害。多发生于秋季水稻抽穗扬花期。当冷空气入侵，气温降低到 20℃以下时，花药不能开裂，15℃以下开花停止，造成不育或灌浆不饱满而致减产。⑤其他自然灾害，如涝、土壤盐渍化，霜冻及冰雹等。

## 一、我国农田防护林的营造简史

我国营造农田防护林的历史比较悠久，概括起来大致有 3 个发展阶段。

1.1949 年前小型农田防护林营造

1949 年前，我国农田防护林主要是个体农民为防止风沙的危害在田地边缘栽植成行的林木，用以保护农作物取得较好的收成，同时又获得木料以增加经济收益。它的特点是不规整、网眼小、分布零散、规模小，是一种分散式的林带，形不成完整的防护林体系。

2.20 世纪 50 年代初期到 60 年代末期大网格宽林带建设

此阶段主要学习苏联营造农田防护林的经验。为了改善农田小气候环境和保障农作物高产稳产，由国家或集体统一规划营造大面积的农田防护林带。如东北、华北、西北和东南沿海地区营造的防护林带，要求主林带的走向与主要害风方向垂直，带距都按林带有效防护距离来配置，林带宽大都在 30 ~ 40m，具有宽林带、大网格的特点，它们对改善农田小气候环境与保障农业增产方面起到了良好的作用。由于我国耕地少、人口多和自然灾害性质复杂，宽林带大网格的配置形式不是最佳模式。但是，营造的质量还是比较好的，成绩是显著的。当时，我国东北西部地区约营造了 1700km 长的防护林带，在苏北和山东南部地区营造了1500km长的护田林带。

3.20世纪70年代至今窄林带小网格并实现农田林网化

70年代农田防护林建设的特点是以生态学与生态经济学的原理为基础，实现山、水、田、林、路综合治理和开发利用，逐步建立起生态农业。为此，各地区结合当地的生产实际，改造旧日的农田防护林带。把宽林带大网格变为窄林带小网格，并实现农田林网化。现在，有的省、自治区已经营造了全县统一的、全区统一的农田防护林体系。这种新的防护林体系以农田林网化为骨架，将四旁植树、速生丰产林、林粮间作以及经济林融为一体，构成农业地区完整的防护林体系，这就是生态农业的基础。自1977年以来，我国农田林网化面积已达到1300万$hm^2$，林粮间作的耕地已达190万$hm^2$以上，四旁植树共72亿株。

## 二、农田防护林带对农作物的增产效果

国内外大量的生产实践及科学研究表明，林带对农作物的增产效果是十分明显的，一般增产幅度10% ~ 30%。

### （一）国外关于林带对农作物的增产效果

世界上许多国家为了防止各种自然灾害营造了大面积的农田防护林带、林网，由于各国地理位置、气候条件、灾害的性质和程度、土壤特性、农业技术和经营水平以及作物的品种有很大差异，防护效果不完全一致，但各国大量的实地观测研究均能证明，林带对其保护下的农作物有明显的增产效果。

苏联在长期试验对比的基础上，总结出了不同自然气候带防护林的平均增产效果。前全苏森林土壤改良科学研究所认为，农田防护林增产效果与灌溉基本相似。森林草原地带在农田防护林的有效防护范围内，农作物可增产14% ~ 27%，牧草可增产31% ~ 44%；草原地带农作物可增产16% ~ 30%，牧草可增产22% ~ 25%；干旱草原地带农作物可增产22% ~ 30%，牧草可增产25% ~ 32%。美国营造农田防护林规模较大，分布范围广，在蒙大拿州、堪萨斯州林带保护下的冬小麦可增产10% ~ 24%。埃及在河谷和三角洲营造农田防护林后，棉花、小麦、玉米、尼罗玉米和水稻分别增产35.6%、38%、47%、13%和10%。南斯拉夫沃日高狄纳地区营造林带后，农作物增产10% ~ 20%。匈牙利18个地方的统计资料表明，在最大增产地段内，可提高小麦产量9.8% ~ 26%，玉米2.9% ~ 28.7%。捷克营造的5 ~ 7行杨树林带使玉米平均增产10%。土耳其巴拉国营农场营造农田防护林带成林后，由于土壤水分增加了27% ~ 38%，农作物产量增加了24.4%。

### （二）国内主要农田防护林类型区林带对农作物的增产效果

我国各农田防护林区的气候条件、土壤类型及作物品种、耕作技术等差异较大，各区

林带、林网对农作物的生长发育都有明显的影响，对作物产量和产品质量都有明显的提高作用。

东北西部、内蒙古东部农田防护林区，该区主要农业气象灾害是风沙、干旱。东北林业大学陈杰等对黑龙江省肇州县农田防护林内的玉米产量做了调查。结果表明，在 1 ~ 30H 范围内，平均产量比对照区增产 49.2%，而且增产的最佳范围是 5 ~ 15H。同时，农田防护林网内的玉米产品质量也有明显提高，玉米中淀粉、蛋白质、脂肪含量高于对照地。

华北北部农田防护林区，如河北坝上、张北地区，地势高寒，作物以莜麦、谷类为主。在 20H 范围内，林带对黍子和莜麦的产量有明显的增产效果，黍子平均增产 50%，莜麦平均增产 14.2%。

华北中部农田防护林区是我国的主要农作区，主要作物有小麦、棉花。从河南、山西、山东等省的调查表明，林网保护下的小麦平均增产幅度为 10% ~ 30%。华北平原许多地区常采取小麦—玉米复种，经河南修武调查，在林网保护下，后茬作物秋玉米可增产 21.5%，山东省林业科学研究所于 1980 年观测研究了林网对提高棉花产量的影响，结果表明，在林网保护下的棉田产量明显高于对照地，增产区增产率为 17.4%。考虑到林缘树根等争夺土壤水分、养分和遮阴的原因造成的减产，林网内平均增产率仍可达 13.8%。

据西北农田防护林区、河西走廊张掖灌区的调查，受林带保护的农田比无林带保护的农田春小麦平均增产 8%。主林带间距在 100 ~ 250m，副林带间距在 400 ~ 600m，网格面积 4 ~ 15hm$^2$，其中林带胁地减产区面积（林网负作用区）占 7.5% ~ 17%，平产区面积占 5.2% ~ 11.8%，增产区面积占 71.2% ~ 86.9%。

## 三、农田防护林的配置技术

### （一）防护林带结构的选择

林带有三种基本结构类型，即紧密结构林带、疏透结构林带和通风结构林带。

紧密结构林带的距离最小，而在林缘附近减低风速最明显（有明显的弱风区），这是因为夏天易在林缘积聚，不易和四周空气交换。在风沙危害比较严重的地区，采用这种结构林带，容易在带内和林缘附近静风区内形成堆沙，并使带间田地产生风蚀现象，以致使农田形成中间低两边高的“牛槽地”，影响耕种和产量。堆积冬季降雪，推迟解冻，延误春播。所以紧密结构林带不适用于农田防护林。但是，在林缘附近降低风速作用大，可以用于阻止流沙的防风固沙林带，也适合作为防止平流寒害的种植园和苗圃的防护林带，也可用于阻止地表径流、保持水土的水土保持林带和水源涵养林带，以及护村林、护路林等。

疏透结构林带与紧密结构林带相比，防风范围较远，林带减低风速慢而均匀，不会在林带内及林缘造成大量淤沙，也不会造成“牛槽地”，也不会在林带附近形成大量堆雪。与通风结构相比也不易在林带和林缘造成风蚀，所以适于作农田防护林，特别是在低丘陵起伏农田，既可防风，又可避免水土流失，同时也适于山地果园中间的林带。

通风结构林带的防风范围最大，特别是可以用以减免干热风。另外，在降雪多的地区，采用通风结构林带还可以使积雪在带间田地上均匀分布。但在林带内和林缘附近风速大，易引起土壤风蚀。因此，除易风蚀的农田地区外，都可采用这种结构林带。

### （二）防护林带宽度与横断面

林带宽度是指：（林带行数 -1）× 行距 + 两侧林缘宽度。林带宽度不同，防护效果也有差异。林带宽度应符合林带的结构要求及选择树种的生物学特性。同时，尽可能少占土地，发挥最大的防护效果。

过去都认为林带宽度大和栽植行数多，防护效益则高，因此 20 世纪 50 年代，营造基干林带和防护林主林带时，宽度达 20 ～ 30m，现在理论上已证明，多行宽林带有紧密结构的缺点，目前，国内外林带宽度多不超过 20m，我国现多系采用 10m 以下，3 ～ 5 行窄林带。在山、水、田、林、路相结合的情况下，一般采用 1 路 2 渠 4 行树，或者 2 ～ 3 行的林带，只要树势生长旺盛，林带完整，抚育跟上，就能形成合理的防护林带。沿大型渠系和公路两侧的林带行数虽多，带幅也宽，但因有渠系的路面间隔，并可适当调整林木密度，不致形成紧密结构，也能发挥较大的防护效益。

林带的密度大小与所选择的树种和自然条件有关系。水分条件好的地区，如渠道附近，株距可大些；喜光、树冠大的树种行距要大些，反之要小些；土壤条件好的株行距可小些，土壤瘠薄干旱的株行距离要大些，以保证树木有足够的营养面积和良好的水分状况。

林带断面形态对防护效果的影响比较明显，它决定着林带表面气流涡动性质，可以决定空气动力影响带的长度和高度，苏联的斯玛利科在野外观测过不同结构林带四种断面形状，其结果表明，紧密结构林带以不等边三角形断面形状背风面坡度小的林带防护距离最远，疏透结构横断面以矩形林带的防护距离最远，透风结构断面以屋脊形的林带防护距离最远。

此外，据美国的伍德拉夫、日本的田忠真雄、英国的卡色尔、丹麦的扬森等做过的大量风洞实验以及中国科学院林业土壤研究所在辽宁省昌图县观测过 5 种断面形状的模型林带——风障所得结果，多数认为以矩形断面疏透结构林带的防护距离最远。

### （三）防护林带方向

林带方向（特别是主林带的走向）主要是根据害风方向来决定的。害风是指对农业生产造成危害的风（如大风、旱风等），一般是指危害农作物生长的风速最大而频率最多的风，为了确定主林带走向，首先要确定主要害风方向（即主风方向），一般是根据气象观测资料绘制风向频率图，即根据当天 13 时的湿度、温度和风速，达到害风标准为害风日，然后统计这种风的风速和次数，计算出风的频率，按 16 个方位有比例地绘制风向风速频率图。

林带与主害风风向的夹角为林带的交角。林带与理想设计林带（与主害风垂直方向的林带）的夹角为林带的偏角。随着林带交角的减小（或偏角的增大），林带的防风效能逐渐降低。即林带与主要害风方向交角 90° 时，防护效应最大，当交角小于 90° 时，防护效应减小。因此，原则上主林带应与主害风方向垂直，副林带则与之平行，起辅助作用，这样才可最大限度地发挥林带阻截害风的作用。但也要考虑当地农业技术措施和耕作习惯，道路、沟渠的原有布局走向等。林带走向确定不能单纯局限在与主害风风向垂直这一点上，允许有一定的偏角。如果只有主林带，而不设副林带，林带走向可以有 30° 偏角；农田林网化之后，可降低来自任何方向的害风，主林带与主害风风向允许有不大于 45° 的偏角（当林带偏角大于 45° 时，防护效果明显降低）。综合乾安县林业局、中国科学院沈阳应用生态研究所对松辽平原中部乾安县杨树农田防护林带的调查结果和中国林业科学研究院林业研究所在黄淮海国家攻关项目安徽宿县农田林网（1990）的研究表明：

①当主害风风向频率很大，即害风风向较集中，其他方向的害风频率均很小时，主林带应与主要害风垂直配置。由于次害风频率极小，危害不大，副林带作用较小，副林带间距可宽些或不设副林带。如林网采取主林带为长边的长方形网格，风向偏角变化不超过 45%。

②主害风与次害风风向频率均较大，害风方向不集中，或主害风与次害风的风向频率均较小，而且在两三个或更多方向上害风风向频率相差无几，主林带与副林带所起的作用同等重要，林网可设计成正方形林网，前者林带走向可在相当大的范围内进行调整；后者则可不予考虑。

③主害风风向频率较大而不太集中，主林带方向可以取垂直于 2 个频率较大的主害风方向的平均方向。副林带间距可以较大或不设副林带。

### （四）林带间距与网格面积的确定

合理的确定林带间距也是营造农田防护林的一个重要环节，林带间距过大，往往不能使林带间的农田得到全面的防护；间距过小又会过多地占用农田，根据我国 50 年的研究与实践，林带间距与林带本身结构的性能、自然灾害状况以及地形等环境因子有关，应因地制宜，全面考虑。

1. 主林带间距

①尘成暴危害地带。为防止表土风蚀，保证适时播种和全苗，保持土壤肥力，主林带间距应当以林带成林树高的 15 ～ 20 倍为准。

②以干热成为主的危害地带。由于干热风风速不大，在背风面林带高度 20 倍处，仍能降低风速 20% 左右，对温度的调节和相对湿度的影响仍然明显，加上下一条林带的迎风面的作用，主林带间距按当地林带成林时高度的 25 倍设计。

③风害盐清化地带。本区生物排水和抑制土壤返盐是设计林带要考虑的又一重要因素。林带影响以上因素的明显范围，据江苏、新疆对影响地下水位和抑制土壤返盐范围的调查，一般最大不超过 125m。在盐渍化土壤上，树高又较低。因此，这类地带一般主林带间距

不应超过 200m。江苏沿海地带，结合条田排水系统，有人认为以 100m 较为适宜。

以上两三种灾害同时存在的地带，应以其低限指标来设计主林带间距。

2. 副林带间距

以主林带间距的 2 ~ 4 倍设计为宜。如害风来自不同的方向，仍可按主林带间距设计，构成正方形林网。

3. 网格面积

按上述设计，风沙危害严重地带的网格面积为 $10m^2$ 左右，风沙危害一般地带为 $13.3hm^2$ 左右，仅少数严重风蚀沙地和盐渍化地区可以小于 $6.7hm^2$。以干热风为主的危害地区，一般为 16.7 ~ $26.7hm^2$。总的原则，按不同灾害性质，轻重和不同立地类型，因地制宜、因害设防地确定当地的适宜结构，不搞千篇一律。窄林带、小网格类型是相对宽林带大网格类型而言的，绝不是林带越窄越好，网格越小越好，应当科学地具体确定当地适宜的规格。

### （五）适生树种与配置

1. 适生树种

农田防护林生长好坏、能不能稳定持久地起到防护作用和选择树种有着很大关系。因为只有树种选择适当，才能迅速成林提早发挥防护作用，将来生长也更稳定持久。如果树种选择不当，轻则树木生长不良，形成小老树林带；重则树木不能生存，形成缺树断带的局面，使林带营造工作全部失败。

因此，在选择树种时，必须从本地区的气候、土壤特点出发，按照适地适树的原则全面考虑：①首先选择当地生长的优良的乡土树种。②选择速生、高大、树冠发达、深根性的树种。③选择抗病虫害、耐旱、耐寒且寿命长的树种。④防止选用传播虫害的中间寄主的树种，如棉区的刺槐、甜菜区的卫矛（蚜虫中间寄生），落叶松、杨树有杨锈病共同病害等。⑤适当选用有经济价值的树种作为伴生树种或灌木，如木本粮油树种、果树、药用植物、香精植物等。在灌木区可考虑选择蒸腾量大的树种，以有利于降低地下水位；在平原区、沿海地区有盐渍化问题的农田上，则要考虑耐盐碱的树种。

2. 树种配置及几种成功的混交形式

我国的窄林带一般多由纯林构成。如果树种选择恰当，适当控制修枝，多能构成适度通风结构或疏透结构。同时，主要乔木树种的生长速度多能达到速生丰产林的标准，从而达到生态效益与经济效益的结合。因此，在一定范围内，选择适宜树种构成生长稳定的纯林林带今后仍然适用。

经验证明，在主乔木两侧配置适合的灌木树种，对于改善林带结构，抑制林内杂草丛生，保护林带土壤免受风蚀，促进乔木树种生长，以及通过对灌木的适当利用，取得短期收益等，都有其重要意义。因此，乔灌结合型的窄林带应当因地制宜地提倡和推广。

新疆天山以南的灌溉绿洲农区，新疆杨生长良好，但它是窄冠树种，由 2 ~ 3 行新疆杨构成的窄林带往往会形成上下皆疏的高度通风结构林带，防护效益很小。但是，据新疆林业科学研究所的观测，由1行新疆杨与1行小叶白蜡构成的2行窄林带，由于小叶白蜡枝叶密集，构成了适度通风结构林带，显著提高了防护效益。

广东新会县的窄林带，一种是由4行池杉或落羽杉为主乔木，两侧配以荔枝、蒲葵等；一种是由2行落羽杉（或池衫）配以番石榴。落羽衫、池衫都是窄冠树种，前一种配置多能形成疏透结构林带；后一种配置则可构成适度通风结构林带，都能起到良好的护田增产效益。与此同时，也显著提高了林带本身的经济收益。据在该县调查，以蒲葵的收入来看，林带两侧大约有蒲葵3000株/km，收入3300元/km，年收入3.3元/m，加上荔枝收入，就更为可观。

新疆农八师143团农场营造的中间1行箭杆杨，两侧各1行白榆，边缘各1行沙枣的窄林带，从上到下，枝叶密集匀称，杨、榆郁闭良好，构成了疏透结构林带。

南疆麦盖堤县营造了一条2行行道树式窄林带，路一侧为高大的窄冠树种新疆杨，另一侧为1行树冠宽阔、枝叶密集的白柳，构成了适度通风结构林带。

白榆、沙枣、桑行间混交窄林带是吐鲁番市前进四村的一种林带，中间2行为白榆，白榆两侧各为1行沙枣和桑树。3个树种枝叶密集，而且未予修枝，构成从上到下枝叶均匀的疏透结构林带，效益很好。

华北中原地区普遍推广的一种混交型为路杨沟柳桐镶边的行道树式林带，林带由路两侧各1行毛白杨，路两侧沟底（边）各1行旱柳，农田边各1行泡桐构成，毛白杨为主乔木，占据第一层林冠，旱柳、泡桐构成第二层林冠。最外的泡桐栽于路沟外侧的耕地边，这样就明显地减轻了林带的胁地范围，并改善了林带的结构。

刺槐、杨树行混林带是由两种喜光树种组成的，但相互间生长协调，生物学稳定性强。其原因是，刺槐可以消灭杨树生长的大敌——茅草，为杨树的生长扫除障碍；刺槐落叶的分解及刺槐的固氮作用可以提高土壤肥力，促进杨树生长；刺槐为浅根性树种，与杨树根系矛盾不大；杨树在沙地生长的速度和刺槐相似。这种林带一般为适度通风结构，但当刺槐的萌蘖繁生幼树较多时，也可以形成疏透结构，刺槐的水平根系很长，是胁地较多的树种，因此，这种林带只适于在田边沙地上采用。

### （六）造林技术要点

农田防护林主要分布在平原的田边、路旁、渠侧等处，立地条件较好。但是，保证形成生长整齐、结构合理、效益较高的林带，并非易事，其在造林技术上有它自己的特点与要求。

①营造护田林带的地区一般为粮棉生产基地，人多地少，地形平坦，其中部分农田防护林是在原有耕地上营造的。造林工作必须打破传统的作业方法，部分地或全盘地实行机械化作业。农田林网的规划设计多与道路、渠系、建筑结合配置，整地造林技术措施可以因地制宜、多种多样，必须与道路、渠系等施工建设结合进行。

②尽管农田防护林的造林立地条件较好，但必须要考虑平原区的一些特殊问题，如土壤含盐量、地下水位及排水状况、水源条件、钙积层的厚度、土壤肥力等，做到适地适树。

③选择适宜的造林技术措施。主要是大坑、大苗、合理密度、整齐划一、精心栽植。大坑就是整地规格大，如杨树一般为 1m×1m×1m。大苗多是移植苗，一般阔叶树为 3 ~ 4m，针叶树为 1 ~ 1.5m（有时要求更高），苗木地径高为 1 ∶ 100。合理密度就是按照立地条件、经营状况、树种特性来确定的适当密度，一般乔木树种为（2 ~ 3）m×（3 ~ 4）m，灌木树种为 1m×1m。整齐划一就是要划行放线，下灰定点。精心栽植就是按照要求，铺好根，放好苗，覆好土，踏实扶正，栽后浇水。

④营造农田防护林带是在指定的窄长地带的土地上进行的防护林带，营造时需建立有效的造林技术组织和劳动组织，以提高劳动生产率，保质保量地完成造林工作，特别是营造不同类型的混交林，在苗木的准备、造林技术组织或劳动组织上，要求更为严格，施工技术难度也比较大。

## 四、林带胁地及其对策

### （一）林带胁地

林带胁地是指，由于林带树木与作物生长中的争水、争肥、争光，使靠林缘两侧 1 ~ 2H 范围内的农作物生长发育不良而造成的减产现象。林带胁地范围影响最大的是 1H 范围以内，林带胁地程度与林带树种、树高、林带结构、林带走向和不同侧面（南缘、北缘等）、作物种类、地理条件及农业生产条件等因素有关，一般侧根发达而根系浅的树种比深根性侧根少的树种胁地严重；树越高胁地越严重；紧密结构林带通常比疏透结构和透风结构林带胁地要严重；农作物种类中高秆作物（玉米）和深根系作物（花生和大豆）胁地影响范围较远，而矮秆和浅根性作物（小麦、谷子、荞麦、大麻等）影响较轻；通常南北走向的林带且无灌溉条件的农作物，林带胁地西侧比东侧严重，东西走向的林带南侧比北侧严重。有灌溉条件的农作物，水分不是主要问题，由于林带遮阴的影响，林带胁地情况则往往与上面相反，北侧重于南侧，东侧重于西侧。

产生林带胁地的原因主要有：①林带树木根系向两侧延伸，夺取一部分作物生长所需要的土壤水分和养分。②林带遮阴影响了林带附近作物的光照时间和受光量，尤其在有灌溉条件，水肥管理好的农田，林带遮阴是胁地的主要原因。

在林带胁地范围内，作物减产程度是比较严重的。黑龙江安达市和泰来县等地的调查表明：在 1H 范围内，作物减产幅度在 50% ~ 60%。辽宁章古台防护林实验站的调查表明，在林带两侧 1H 范围内，谷子减产 60%，高粱减产 52.7%，玉米减产 55.9%。山西夏县林业局调查表明，南北走向的林带对两侧小麦的影响是：东侧距林带 4m 处，小麦减产 20%；西侧距林带 4m 处，小麦减产 8%。一个网格内胁地情况是：林带胁地宽度东面为

4.4m，西面 3.6m，北面 4.2m，在林带两侧 1 ~ 2H 范围内，北面 4.2m，南面 2.5m。

### （二）减轻林带胁地的对策

①挖断根沟。以林带侧根扩展与附近作物争水争肥为胁地主要影响因素的地区，在林带两侧距边行 1m 处挖断根沟。沟深随林带树种根系深度而定，一般为 40 ~ 50cm，最深不超过 70cm，沟宽 30 ~ 50cm。林、路、排水渠配套的林带，林带两侧的排水沟渠可起到断根沟的作用。

②农作物合理配置。在胁地范围内安排种植受胁地影响小的作物种类。如豆类、薯类、牧草、蓖麻、绿肥、瓜菜、中草药等。

③树种的选择及林带的合理配置。选择深根性树种（根系垂直分布深，水平分布短），并结合田边、水渠、道路合理配置林带，可减少相对应的胁地距离。对紧靠农田的林带边行乔木树种，可适当考虑树冠较窄或枝叶稀疏、发芽展叶较晚、根系较深的树种，如新疆杨、泡桐、枣等。在中等或较轻风沙危害区，林带配置以疏透结构或透风结构为宜，以增加透风透光度，减少林带遮阴，使林带两侧小气候得到改善，以减轻林带胁地的影响。

④保证水肥。在农田边缘近林带处，对受林带胁地影响明显范围内的作物，保证充足的水分供应和增施肥料也是减少胁地影响的有效措施。

## 五、幼林抚育与成林更新

### （一）幼林抚育

林带幼林抚育基本上和对用材林的抚育相同，主要目的是促进林带成活和郁闭。采取的措施有：

①松土除草。对幼树进行除草松土是农田防护林造林成败的重要环节。第一年应当保证 3 次，第二年 2 次，第三年可视情况 1 ~ 2 次，盐碱地及年降水量 300 ~ 500mm 的半干旱地区，抚育年限还应当延长到 5 ~ 7 年。

②林农间作。实行林粮、林油（料）、林肥（绿肥）、林菜、林药间作，以耕代抚，是一项成功经验，但不宜间种高秆、密茬谷类和藤本作物，农作物应距幼树 50cm 以上。

③幼树培土在沙质土地带，如有风蚀表土现象，应对幼树培土，第一至二年内也不要全面除草松土，只沿树行带状除草松土，在行间保留一条草带、待林带两侧灌木成长起来，起到固沙作用后，再全面除草松土。

④灌溉。有条件的地方应进行灌溉，促进幼树快速郁闭。西北绿洲灌溉农区除了常年过水渠道两侧的窄林带外，必须保证对林带的灌溉。春季定植后，应立即灌水 1 次，半月内再灌水 1 次，以后每隔 15 ~ 30d 灌水 1 次，第三至四年要继续灌溉 5 ~ 6 次。当成林后，每年还要灌溉 3 ~ 4 次。在土质粘重地带，应适当增加灌溉次数；在地下水位高的地带，可以减少灌水次数。

⑤补植。及时做好林带个别缺苗断条的补植特别重要，补植处必须搞好局部整地，并选用同高度的大苗精心栽植，精心抚育，必要时浇水，保证成活，促其生长。

⑥平茬。林带两侧的灌木应在幼树根系生长壮大后进行平茬。视树种不同，可 2 ～ 4 年平茬 1 次，以促使其复壮，丛生更多枝条，提高防护效益，并得到一定的收益。

### （二）成林管理

#### 1. 修枝

林带修枝应与用材林修枝有区别。修枝的主要目的是维持林带的适宜疏透度，改善林带结构，其次才是提高木材质量。林带的适宜疏透度依靠林带适应的枝叶来保持。修枝不当或修枝过度会使疏透度过度增大，降低其防护效果。这是当前很多地区存在的一个严重问题。华北、中原地带有大量的窄林带由于修枝过度，成了高度通风结构林带，防护效益很差。一般修枝高度不应超过林木全高的 1/3 ～ 1/2。

①无论适度通风结构，还是疏透结构，其适宜疏透度最大不能超过 0.4。因此，在暴风多、尘风暴多，以疏透结构林带为宜的地区，一般窄林带不能修枝。②大风较少、以防止干热风为主要目的的林带，为保持适度的通风结构，可适度修枝。③紧密结构的防沙固沙林带不宜修枝。④以防风为目的的林带，应通过修枝使其形成疏透结构或适度通风结构。

#### 2. 间伐

林带间伐应坚持：①间伐后疏透度不能大于 0.4，郁闭度不能小于 0.7，过分降低郁闭度会导致杂草滋生。②必须坚持少量多次、砍劣留优、间密留稀、适度间伐的方法。③对 3 ～ 4 行乔木林带，只能砍去枯立木、严重病虫害木和被压木的小部分。其间伐的株数，加上未成活的缺株，第一次、第二次均不能超过原植株数的 15%。至于单、双行林带，除极个别枯立木、严重病虫害木外，不需要间伐。

#### 3. 更新

当林带树木出现衰老和个别林木死亡时，林带的结构会变得疏松，防护效益降低，要保证林带防护效益的永续性，就必须建立新一代林带，代替自然衰老的林带进行更新。

①更新方法。林带的更新主要有植苗更新、埋干更新和萌芽更新 3 种方法。植苗更新、埋干更新与植苗造林和埋干造林的方法相同。萌芽更新是利用某些树种萌芽力强的特性，采取平茬或断根的措施进行更新的一种方法，如杨、柳林带。

②更新方式。为了防止因采伐更新造成农田突然失去防护，造成环境剧变和农作物减产，林带更新应按照一定的顺序，在时间和空间上合理安排，逐步更新。就一条或一段林带而言，可以有全带更新、半带更新、带内更新和带外更新 4 种方式。

全带更新。将衰老林带一次伐除，然后在林带迹地上建立起新一代林带。全带更新形成的新林带带相整齐，效果较好，在风沙危害不大的一般风害区可采用这种方式，全带更新宜采用植苗造林方法，如用大苗在林带迹地上造林，可使新林带迅速成林，发挥防护作用。萌生能力强的树种，如杨等，也可以采用萌芽更新方法进行全带更新，这样能节省种苗用量。

全带更新可采用隔带皆伐，即隔一带砍伐一带，待新植林带生长成型后，再将保留林带进行更新，这在更新期间能起到一定的防护作用。

半带更新。将衰老林带一侧的数行伐除，然后采用植苗或萌芽等更新方法，在采伐迹地上建立的新一代林带郁闭发挥防护作用后，再进行另一侧保留林带的更新。半带更新适宜于风沙比较严重的地区，特别适宜于宽林带的更新。半带更新因受原林带的影响，植苗造林较困难，对萌生能力强的树种宜采用萌芽更新，先砍伐林带阴面一侧的一半行数，以利于萌生和树木旺盛生长，几年内就会郁闭成林，同时也节省土地、苗木和人力。

带内更新。在林带内原有树木行间或伐除部分树木的空隙地上进行带状或块状整地造林，并依次逐步实现对全部林带的更新。这种更新方式具有既不占土地又可以使林带连续发挥作用的优点。缺点是往往会形成不整齐的林相，影响护田林带的防护作用。

带外更新。在林带的一侧（最好是阴侧）按林带设计宽度整地，营造新林带，待新植树郁闭成林后，再伐原林带。在一些地方，称这种更新方式为滚带或接班林带，这种方式占地较多，只适宜窄林带的更新或者地广人稀的非集约地区林带的更新。

③林带更新年龄。从农田防护林的基本功能出发，主要考虑农田防护林防护效果明显降低的年龄，结合木材工艺成熟年龄（一般主伐年龄）及林带状况等综合因子来确定。一般泡桐为 10 ~ 20 年；杨、柳、木麻黄为 20 ~ 25 年；刺槐、臭椿为 25 ~ 40 年；榆、栎类为 40 ~ 60 年；油松、樟子松、落叶松为 40 ~ 80 年。

## 第三节　沿海防护林

我国从北至南有渤海、黄海、东海、南海四大领海。大陆海岸线长达 1.8 万 km，北起辽宁的鸭绿江口，南至广西的北仑河口，涉及 11 个省（自治区、直辖市）的 195 个县（市、区），总面积达 25.10 万 $km^2$，占全国土地总面积的 2.6%；人口 10987.38 万人。我国沿海地区物产丰富，经济发达，是我国对外开放和国际交往的重要窗口。

我国沿海地区均属海陆交替的季风气候区，水热条件好，有利于农业生产建设。但气候变化剧烈，所以导致台风、暴雨、海潮等自然灾害的袭击，造成了很大的经济损失。主要的自然灾害有：①台风、强热带风暴、热带风暴，其是沿海地带特有的主要灾害，其登陆时，常常会有暴风、暴雨、风暴潮同时发生。因而，它给沿海人民生命财产和工农业生产带来的危害极其严重。②洪涝与旱灾。伴随台风的暴雨（尤其是 7—9 月份）及其他暴雨会导致洪涝灾害；而沿海荒山秃岭面积大，雨水又得不到涵蓄，暴雨后又常常会出现旱灾，使洪涝与旱灾交替发生，特别是沿海半湿润地带的旱灾更为严重。③沿海风沙害。沿海地带不但暴风多，而且常风也多，且风力一般比内陆大 1 ~ 2 级。6 级以上大风日数可达 40d 以上。因而导致海边流沙向陆地入侵，造成了漫长的沙质海岸地区及严重的风沙危害。目前受害农田面积有 270 万 $hm^2$。此外，沿海地区还有倒春寒、寒露风的危害，渤海、黄海沿海地带多有干热风的危害。④水土流失。沿海地带由于雨量大，且多暴风雨，水土流失严重，整个沿海地带水土流失面积已达 397 万 $hm^2$，占山区、丘陵区面积的 23%，而靠近海岸地区，水土流失面积占 50% 以上。低山、丘陵、台地的砖红壤、赤红壤地区的侵蚀模数可达 8000 ~ 15000t/（$km^2$·a）。水土流失导致土地资源破坏、库塘工程与河道淤积，使输入海洋的泥沙剧增，由于海水回流而堆积于海岸，一些地区的沙滩面积日益扩大，成了新的沙源，向大陆入侵，水土流失也因此加剧了旱、涝、风沙等自然灾害。

营造沿海防护林的目的是减轻和控制这些自然灾害。主要包括：①通过沿海林网建设，减轻台风与风沙危害，保护耕地、橡胶园，果园等农业生产基地。②通过红树防浪林建设，消浪护堤，抵御风暴潮危害。③绿化沿海荒山与修筑水利工程紧密结合，减轻旱涝灾害，同时防护林还能缓减该地区的用材，特别是薪柴的困难，也能够起到绿化、美化沿海城乡与旅游区，改善当地环境条件的作用，而且对隐蔽国防工事具有重要意义。

沿海地区自然条件优越，沿岸的入海大小河流有 5000 多条，河流输送大量泥沙形成了广大的冲积平原，如辽河、黄河、长江、珠江等三角洲平原及黄淮海海积平原等，它从北纬 18° ~ 41° ，包括了热带、亚热带和暖温带 3 个气候带，南北气候条件差异大。从北到南，日照时数由 2800h 递减到了 2000h 左右；积温由 3500℃递增到了 9000℃；平均降水量由 700mm 增加到了 1000 ~ 2000mm；无霜期由 160d 增加到了 300 ~ 350d，为沿海防护林的建设提供了充足的条件。

## 一、沿海防护林业生态工程体系

20 世纪 50 年代初期，辽宁、河北、江苏、广东、广西等地就开始在沿海地带造林，首先在沙质海岸地段试点，并在泥岸平原或沙岸台地上重点地营造农田林网，取得了成功经验。60 年代初，在河北东渤海边的沙滩上，营造了防风固沙林带；福建省和浙江省的一些县（市）统一规划，海岸防护林带、海岛绿化和丘陵山地绿化一起抓，防护林、经济林、特种用材林相结合，开始了沿海综合防护林体系建设。70 年代开始，一些地区一方面向内陆发展农田林网，另一方面绿化海岛，各沿海县在营造防护林的同时，也营造了大面积的用材林、经济林，开展了封山育林。80 年代后，沿海防护林建设纳入了国家林业生态工程建设的范畴，沿海防护林建设呈现出向综合型发展的趋势。表现为：①在总体布局上，突破一条林带的框架，把海岸防风固沙林带或防浪护堤林带与护田林网及水土保持林、用材林、经济林、薪炭林等林种有机地结合起来。调整了树种结构和林种结构，林、果、药相结合，乔、灌、草相结合，出现了由单一的海岸防风固沙林带、防浪护堤林带向带、网、片相结合，由单纯的生态建设向生态效益、经济效益和社会效益相结合的沿海综合防护林业生态工程体系。②从粗放经营向集约经营的方向发展，沿海地区经济的发展已越来越注意应用科学技术对林业实行集约经营，特别是广东、山东、江苏、浙江等省广泛推行了工程造林，使林业生态工程建设的质量大大提高。但是，目前大部分地区仍然只停留于营造沿岸防风固沙林带、绿化海堤的水平上，而有些县则以用材林、经济林为主，导致林种结构不合理，防护比例偏低，因此沿海防护林建设仍需做大量的工作。

### （一）沿海地区海岸类型区划

沿海地区地跨 3 个气候带，地貌类型和海岸类型都比较复杂，按其形成过程、组成物质和地形等的差异，可分为基岩海岸、沙质海岸、淤泥海岸三种类型。

基岩海岸又称基岩港湾海岸，主要由比较坚硬的基岩组成，并与陆地上的山丘相连。主要特点是岸线曲折，岛屿众多，水深湾大，岬湾相间，多天然良港。由于岩性和海岸浪潮动力条件的不同，有侵蚀性基岩海岸和堆积性沙砾质海岸两种。

沙质海岸，又称沙砾质海岸，其特点是沙砾物质构成的海滩和流动沙地，有的在风力的作用下发育为流动沙丘，流动沙地的宽度多为 0.5 ~ 5km。其海岸线一般比较平直。

淤泥海岸，又称泥质海岸，是沿海平原海岸的主要类型，主要由江河输送泥沙中的粉沙和土粒淤积而成。按其形成过程、组成物质和地形等的差异，又可分为河口三角洲海岸、平原淤泥质海岸、基岩海岸海湾中的淤泥海岸等。

实际上，3 种海岸类型常是交互错综分布的。淤泥海岸中有时会出现沙质海岸，基岩海岸中的海湾处往往有小段淤泥海岸和沙质海岸，泥质、沙质海岸中也有时会出现小段的基岩海岸。

沿海防护林体系主要布局在陆地（包括海岛）上。因此，沿海县地貌类型对林种、树种的布局起着更为主要的作用，由于一个海岸类型的陆地地貌类型不完全相同，所以，采用地貌类型与海岸类型相结合的方法，同时，又照顾到气候带，可将整个沿海地区区划为 10 个类型区。

### （二）沿海地区分区防护林业生态工程体系

1. 辽东半岛、胶东半岛沙岸间岩岸丘陵山地

本区属暖温带半湿润气候区，年平均气温 10℃ ~ 30℃，年降水量 600 ~ 1000mm。以缓平丘陵为主，间有中、低山地隆起。从鸭绿江口至盖县（现为盖州市）大清河口，山东掖县（莱州市）的虎头崖至江苏省交界处，以基岩海岸与沙质海岸相间分布为主，仅鸭绿江口至大洋河口一段为较长距离的泥质海岸。区内易遭受台风袭击，水土流失面积较大，沿海流动沙地较多。

沿海防护林应以减轻风、沙、洪涝、冬春旱灾为主，在完善防风固沙林带的基础上，扩大带内固沙林网（沙滩面积很宽），网内发展经济林。在缓坡丘陵耕地，推广水流调节林带或梯田地埂造林；在小块平原营造农田林网；在丘陵地区（我国北方水果主要基地）营造水土保持林；水源山地势造结合，扩大水源涵养林；岩岸地带主要是搞好国防林和风景林。另外，在河滩地营造速生丰产用材林。由此构成沿海防风固沙林带与相邻山丘区水

土保持林、水源涵养林、农田林网、用材林、经济林、国防林、风景林相结合的防护林业生态工程体系。

2. 辽西、翼东沙质海岸低山丘陵区

全区属暖温带半湿润气候区，年平均气温 9℃ ~ 10℃，年降水量 600 ~ 700mm，地貌为燕山、黑山、松岭向渤海过渡的阶地和丘陵低山，海拔 400 ~ 700m。在冀东临近海岸为滦河三角洲平原。海岸段东起辽宁（现为凌海市）小凌河口，西至河北乐亭大清河口，以沙质海岸为主，间有基岩海岸。

本区台风过境很少，但沿海风沙危害及山地丘陵水土流失严重，洪涝与干旱交替发生。防护林应以减少沿海风沙危害与控制水土流失为主要目的，在沿海沙地应全部营造防风固沙林带；滦河三角洲及其他平原应全部营造农田林网；荒山丘陵以营造水土保持林为主；坡度平缓处发展经济林；广泛结合四旁绿化，发展速生用材树种；风景旅游点重点营造风景林，构成防风固沙林带、农田林网与成片水土保持林、经济林、风景林相结合的防护林业生态工程体系。

3. 辽、津、冀、鲁渤海湾淤泥海岸平原区

全区为辽河、海河、黄河的冲积平原或海积平原。由辽宁盖县大清河口至锦县小凌河，自河北乐亭县大清河口经天津至山东掖县（莱州市）虎头崖，为泥质海岸，沿岸大部为宽平的盐土荒滩，间有芦苇沼泽等洼地。

本区台风过境极少，但有干热风危害。由于海潮内侵，内陆洼地排水不畅，盐渍化严重，盐碱地也较多。应以减免风、潮、内涝灾害，治理开发盐碱地为主要目的，建立完善的排水系统，修筑沿海防潮堤和御潮排水闸，对沿海盐土荒滩实行林业、水利、农垦统一规划，综合开发。由于海滩逐步向外淤长的情况将持续下去，因此，在步骤上，要由近及远，先易后难，逐步推进。建设起以农田林网为主，农田林网与枣粮间作相结合，与海堤、河堤林带、片林相结合的防护林业生态工程体系。

4. 苏、沪、浙北淤泥海岸平原区

除苏北灌溉总渠以北少数地区属暖温带半湿润气候区外，其余均属北亚热带湿润气候区。年平均气温 13℃ ~ 16℃，年降水量 900 ~ 1200mm。全区为黄河、长江的冲积平原或海积平原，只在浙北、苏北偶有低小丘陵。海岸段北起鲁、苏交界处，南至浙江省镇海县的甬江口，除江苏赣榆区以北为沙质海岸、云台山一段为基岩海岸外，其余为泥质海岸。有宽平的盐土荒滩和芦苇洼地。

本区与上一区大体类似，不同处是水、热条件较好，河网密布，内涝较少，台风几年一遇，但有风暴潮危害，应以减免风暴潮灾害，开发利用盐碱荒滩为主要目的，实行水利、农垦、林业相结合，绿化沿海海堤，营造护堤林带。同时，结合滩涂开发营造一定比例的用材林、经济林。但重点是搞好农田林网，广泛开展四旁绿化，构成以网为主，与海堤、河堤林带及片林相结合的防护林业生态工程体系。

5. 浙南、闽北基岩海岸山地丘陵区

全区属中亚热带湿润气候区，年平均气温 17℃ ~ 19℃，年降水量 1200 ~ 1400mm。低山丘陵和台地占 95%，河谷盆地、河口海积平原占 5%。台地丘陵海拔 50 ~ 200m，山地海拔 500 ~ 1000m，山势陡峭，有舟山群岛等众多岛屿分布。海岸段北起浙江省镇海县甬江口，南至福建省闽江，为我国典型的基岩海岸段，山地直插入海，港湾曲折，多海湾。在河流入海处或海湾也有海积平原的泥质海岸或沙质海岸分布。

本区临近沿海的荒山，水土流失严重，入海河口、海湾等处还有一些沙岸、小面积泥岸平原，台风危害严重，基岩海岸还是国防要地。本区有众多岛屿，淡水资源短缺。因此，应以减轻台风危害，控制水土流失，涵养水源，减免水旱灾害，增加淡水供应，巩固国防为主要目的，在保护好小块平原绿化的同时，绿化沿海荒山丘陵；山地农田临海一面，或退耕还林，或在梯田埂栽植林木，实现海岸荒山绿化。岬湾间、河流入海处的小块平原和沙岸营造防风固沙林带，泥岸营造防风林带，并在带内外营造林网，从全区内部来看，丘陵应营造成片水土保持林，在山地应营造或封育水源涵养林，同时兼顾用材林、经济林。构成以水土保持林、水源涵养林为主体，与用材林、经济林、薪炭林、国防林、风景林及海湾平原防风林带、林网相结合的防护林业生态工程体系。

6. 闽、粤、桂沙质间基岩海岸丘陵台地山地区

全区属南亚热带湿润、半湿润气候区。年平均气温 20℃ ~ 23℃，湿润地区年降水量 1800 ~ 2500mm，半湿润地区（闽南、粤西、雷州半岛、桂东）年降水量 1000 ~ 1600mm。全区主要地貌除雷州半岛、桂东主要为台地外，大体从沿海地带的台地、丘陵、平原相间分布的状况逐步向内陆低山、中山甚至高山过渡，海拔逐步上升。本区海岸段北起福建的闽江口，南到广东省的大赌湾，然后间隔另一个分区，再从广海湾至广西的北仑河口。整个海岸曲折多湾，以沙质海岸为多，间有基岩、泥质海岸。

本区为台风主要登陆或过境之地，台风危害严重，暴雨较多，水土流失严重，洪旱灾交替发生，风暴潮也较多。同时，在 3000km 的沙质海岸段有风沙危害，是我国沿海地带灾害最为频繁的地区。据此，本区沿海防护林体系建设应以抗御台风，避免风沙，消浪护堤，减轻旱、涝灾害，美化侨乡为主要目的。沙质海岸段在滨海沙地营造防风固沙林带，在宽阔的沙滩内侧建立果园与配套的果园林网，在小片平原营造农田林网。淤泥海岸段多为平原农区，沿岸多为御潮堤，是风暴潮危害严重地带。应当在堤外泥滩营造宽度 40m 以上的红树防浪护堤林带，在堤上营造护堤林或种养草皮。基岩海岸多为沿海风景旅游区，重点是营造风景林、国防林。同时，在与其相连的丘陵地带营造水土保持林，山地营造或封育水源涵养林，并适当安排一些薪炭林（本区农村烧柴困难）、经济林、用材林等。雷州半岛、桂东合浦台地的内陆地区则应由橡胶园、热带作物种植园防护林、水土保持林及以桉树为主的大面积用材林相结合进行布局。总之，应当构成由海岸防风固沙林带、防浪护堤林带、农田与果园，橡胶园林网、水土保持林、水源涵养林及薪炭林、经济林、用材林、风景林、国防林等多类型多林种结合的防护林业生态工程体系。

7. 珠江三角洲淤泥海岸平原区

全区属南亚热带湿润气候区，年平均气温 22℃，年降水量 800 ~ 2000mm。为珠江的支流东、西、北江的冲积平原，河网密布，耕地连片，靠江海堤围保护，间有丘陵低山隆起。珠江到此分 8 条水道入海，河口与近海分布有众多岛屿。本海岸段从大鹏湾起至广海湾，均为泥质海岸。由于雨量较多，盐碱地逐步淋洗脱盐，盐碱滩地不多，而且整个海岸仍在继续向海洋淤长中。

本区为台风、风暴潮严重危害地区。应以防风护田、防浪护堤为主要目的。沿岸泥滩营造宽度 40m 以上的红树防浪护堤林带；海堤、河堤营造护堤林带；河道、大型渠道营造护岸林带；农田营造护田林网；在荒山丘陵营造水源涵养林、水土保持林、用材林、经济林、薪炭林、风景林等。构成以林网为主，网、带、片相结合，多林种相结合的防护林业生态工程体系。

8. 海南岛沙质、基岩海岸丘陵台地区

全区分属北热带湿润气候区（北部）、北热带半湿润气候区（西北部）、中热带湿润气候区（东部）、中热带半湿润气候区（南部）、中热带半干旱气候区（西南），年平均气温 23.5℃ ~ 25℃，年降水量：半干旱区 1000mm，半湿润区 1200 ~ 1400mm，湿润区 1400 ~ 2000mm。全区多为海拔 500m 以下的丘陵、台地和平原。整个海岸段北东部多为基岩海岸、南西侧多为沙质海岸，另有珊瑚礁海岸发育，海湾内红树林较多。

本区台风、风沙危害严重，暴雨较多。岛西半湿润、半干旱地区经常受到旱灾的威胁，应以减轻台风及风沙危害、涵养水源、减轻干旱为主要目的，根据不同岸段的具体情况，分别营造防风固沙林带，封育、营造红树防浪护堤林带、风景林等。在内陆台地，主要是营造农田林网、橡胶园、水土保持林、速生用材林及热带经济林。在内陆丘陵山区，主要营造水土保持林、水源涵养林、薪炭林、热带经济林等。

## 二、沿海主要防护林业生态工程配置

### （一）配置原则

根据多年来的实践经验，沿海防护林业生态工程配置必须遵循以下原则：

①实行田、路、河、渠、堤、滩、岸、林配套，构成带、网、片为主的综合防护林业生态工程体系。

②为达到以防风为重点，并达到防旱、防寒、防潮和改良土壤（防止土壤盐碱）的目的，营造海防林应将生物措施（以乔灌草相结合的造林）与工程措施相结合，同时变过去单一树种为多树种相结合，变单一林种为多林种相结合，以保证林木易于成活与生长。

③沿海防护林的设计、营造、经营管理等均以尽早尽快发挥其生态效益和经济效益为目的，要变过去的粗放经营为集约经营。

### （二）消浪林

消浪林是在潮间带及外缘的盐渍滩涂上造林种草。以消浪、促淤、造陆和护堤为目的的一个特殊林种，应选择适宜在盐渍滩涂上生长的耐盐、耐湿、耐瘠薄的树种或草本，如北方采用柽柳、紫穗槐、刺槐等；南方采用秋茄、海莲、红树、角果木、桐花树、红海榄、红茄冬等。消浪林的宽度一般均在数百米至千余米之间。具体宽度根据海岸线以下适宜造林种草的宽度和消浪护堤的需要而定。北方典型设计是自海堤向海岸营造 2 条以上，宽 50 ~ 150m 的柽柳林带，带间距 100 ~ 200m，带间分布白茅、芦苇、芒草、大穗结缕草等自生群落或人工导入大米草人工群落。

### （三）沙质海岸防护林带

沙质海岸防护林带建设的目的是防风固沙、防止海风长驱直入并阻隔流沙移动。为了防止风沙危害，营造成单条林带，宽度一般要求在 50m 以上。营造成 2 条以上林带，防护效果更佳，第一条林带要求 30m 以上，第二、三条林带宽 10 ~ 20m，带间距 100 ~ 150m 较适宜。海岸沙滩因质地粗、透水性强、持水力差、比较干燥。必须选择根系发达、抗风力强的树种，北方如黑松、樟子松、刺槐、紫穗槐等；南方临海流动沙地木麻黄、相思树、黄槿、露兜，内侧湿地松、火炬树、加勒比松、新银合欢、大叶相思、窿缘桉等。

### （四）淤泥海岸防护林带

淤泥海岸在其淡水资源较好的地区，通过人工围堤以及淋盐养淡，大多已垦殖利用，成为农耕区，海岸林带建设可以同农田防护林建设结合起来规划。海岸林带一般均沿海堤规划带宽 10m 左右。

### （五）农田林网

沿海防护林的林带方向以垂直于主要害风方向为宜。但是海岸线蜿蜒曲折，范围广泛，沿海农区的农田及村镇绿化的林带方向一般可按内地农区的农田林网、村镇及四旁绿化的标准配置。林带结构采用疏透结构，对保护果树、橡胶等种植园为主的防护林网（带），可采用紧密结构，株行距在浙江的沿海防护林一般为 2.5m × 1.5m。沿海地区多强劲台风，农田防护林采用窄林带小网格。如浙江省玉环市，一般主带距为 150m，副林带则视河流渠路的情况，约为 250 ~ 400mm，每个网格面积约 4 ~ 6hm$^2$、但因沿海地区地类不同林带宽度也有差异。由于沿海地区农区立地条件较差，应选择抗性强（耐盐碱、耐瘠薄、抗风）的树种，北方如刺槐、绒毛白蜡、毛白杨、沙兰杨、白蜡、旱柳、臭椿、黑松、樟子松、白榆、紫穗槐、柽柳等；江浙沿海如水衫、池衫、木麻黄、落羽杉、沙兰杨、旱柳等；广东沿海如落羽衫、池杉、蒲葵、番石榴、撑篙竹、青皮竹、荔枝、柠檬桉、木麻黄、大叶相思等。

## 三、沿海特殊立地类型造林技术要点

沿海地区造林地立地条件与内陆山地或平原有较大差异，有诸多特殊立地类型，如滨海盐碱地、滨海沙地、浅海泥滩等，造林难度大，必须解决好一系列关键性工程技术才能成功。

### （一）滨海盐碱地造林技术

滨海盐碱地与内陆盐碱地不完全相同。其所含盐分主要是氯化钠，约占总盐量的70% ~ 80%，其次是重碳酸盐和硫酸盐，碳酸盐没有或极少。土壤含盐量一般越近海岸越高。根据实践经验，含盐量 0.1% 以上的盐碱地，只有少量树种可以适应；0.3% 以上的，只有个别树种可以适应。此外，沿海盐碱地地下水位高，一般为 0.4 ~ 2.0m，而沿海粉沙质土壤和粘壤质土壤通过毛细管的作用，能将地下水提高到 1.5m 以上，这使土壤盐分经长期雨水淋洗，而不显著减少，故矿化度一般均在 20 ~ 100g/L，且距海越近，矿化度越高。沿海盐碱地多的地区，由于蒸发量大于降水量，地下水全年都可以上升到地表，然后通过土壤水分蒸发，使盐分积聚在土壤表层。土壤盐分高，将严重限制树木成活和生长，而要解决这一问题，必须首先解决地下水位过高的问题。为此，滨海盐碱地造林必须采用工程和生物措施相结合的造林技术。

### （二）滨海沙地造林技术

滨海沙地的特点是，临近海岸有不定期潮水淹及，含有一定的盐分；从海滩刮向陆地的流动沙粒带有海生动物的有机物质，肥力较高；近海沙地的地下水位一般较高。此外，与内陆流动沙地相同，即地下水为淡水；以细沙、粗细沙为主，属高容水沙地，也有少量粗沙地流动性大，植被稀少，常形成流动沙丘；距海较远的固定沙地，已着生杂草，沙地含水量低。

1. 南方沙地造林技术

（1）树种选择

滨海沙滩受海水侵及，台风登陆时的风速大，因此，应当选用抗风能力强且耐盐碱的树种。流动沙地海防林带，以木麻黄与台湾相思最好，在流动沙地内侧，湿地松、火炬松、窿缘桉等也生长良好，要注意大叶相思在海浪沙地生长很快，但易风折，以栽内侧为宜；木麻黄沙地造林，在临海有潮水侵及的粗沙地生长良好，但在没有新的滨海流沙埋压的情况下，距海较远的粗沙地，地下水位距地面 2m 以上的固定沙地，都生长不良。

（2）客土施肥，改善立地

一些粗沙地和地下水位较深的固定沙地，造林时要施放塘泥，可大大改善质地、改变沙地漏水漏肥状况，增强沙地保水能力，利于树木生长。

（3）适当深栽，合理密植

密植是为早郁闭，防杂草，早发挥效益；深栽是防刮露苗根。如木麻黄造林密度一般为 2505 ~ 10005 株 /hm²，1 ~ 2 年便郁闭成林，起到固沙和阻沙积沙作用。其栽植比一般苗圃中深 10 ~ 15cm。

（4）风口处设置立式草沙障

风口处的流动沙地沙丘移动很快，深栽的苗木，也常常将苗木全株刮出。为此多用当地草本植物或农作物秸秆做沙障，每造林 2 ~ 3 行，设 1 行高 0.5m 的立式草沙障，以固沙护树。

（5）营养砖育苗就地育苗造林

近几年来，广东省湛江地区木麻黄造林都采用这种方法，使造林成活率保持在 85% 以上。

（6）小片皆伐，及时更新

木麻黄固沙林初期生长迅速，抗风力强，而到 15 ~ 20 年后，则长势衰退，易遭风折。据此，只宜培育中、小径材，广东省湛江地区采取小片皆伐、及时更新的办法，使防护林带主要由中龄、幼龄林组成，收到了良好效果。

2. 北方沙地造林技术

①选择适宜造林树种。根据沙地的立地类型，安排适生树种。根据山东、辽宁等地多年的试验，滨海沙地以黑松、刺槐、紫穗槐为好。黑松耐瘠薄、耐干旱、固沙效益好，是沿海沙地的主要造林树种。紫穗槐是抗逆性最强的树种，在粗沙地、低洼沙地都能正常生长，且对沙地有提高肥力的作用。

②封育与种植相结合，先固沙后造林。山东滨海沙地利用蔓荆于、胡颓于等灌木和茅草等植物可以自然繁殖的特点，进行封滩育草灌，同时，有的地方还大力种植荆条、茅草等，先将流动沙地改变为半固定沙地，以保护黑松的顺利生长，并减轻对农田的危害。

③整地筑堤，挖沟排水。具体方法与盐碱地造林相似。

④乔灌混交，合理密植，及时间伐。试验证明，滨海沙地，黑松与紫穗槐的混交林，不仅能够很快地发挥固定流沙、保护黑松顺利成长的作用，且有提高沙地肥力、促进黑松生长的效果。由于初植密度大，必须做到及时间伐。

### （三）红树林防浪护堤林造林技术

红树林是热带亚热带海岸防护林的重要类型，也是经济有效的海岸防护与促淤的生物工程。红树林通过消浪、缓流、促淤、固土等功能可实现其防浪护岸效益。我国沿海从福建省福鼎市至广西钦州湾以及海南岛周围泥滩都有天然红树林分布。为了保护沿海海岸，繁衍海洋生物资源，应不断恢复和扩大红树林面积。造林技术上应注意：

1. 封育与营造相结合

红树防浪护堤林的建设，首先要采取封育保护措施，通过天然林的自然繁衍，扩大面积，提高林分密度和质量。同时进行人工造林，使两者结合。对大片的林间空地和缺乏红树林的堤岸外侧泥滩，应以人工造林为主，天然下种为辅，使散生变为成片、小段变为大段。根据各地对红树林消浪护堤效益的调查，一般堤岸外需有宽度 40m 以上的红树林带，才能发挥预期效益。在华南沿海营造红树林海岸防护林，覆盖度大于 0.4，宽度大于 100m，树高大于 2.5m，消波系数达 0.8 以上，才能达到较好的防浪效果。

2. 树种选择

人工营造红树林，首先要选择适宜的树种。我国红树林类植物，共有 20 种，而以红海榄、桐花树、木榄、海榄雌、秋茄等分布最广。到福建省已是红树林分布边缘地带，仅有秋茄、海榄雌、木榄、桐花树、海漆、老鼠簕等 6 种；至最北部的福鼎市，仅有秋茄一种。秋茄只适于高、中潮线造林，海漆适于在高潮线上下造林，而海榄雌则适于中、低潮线半沙半泥滩造林，为滩涂造林的先锋树种。分布较广的桐花树适于淡化程度较高的滩涂地带。

3. 选好造林地、合理栽植

营造红树林，一般以淤泥质浅滩为宜，在沙质浅海滩没有红树林分布，造林还没有成功的经验。红树林的果实成熟后，在树上发育为胎生苗后，就落地入泥生根生长。人工造林应先采集已发育好的胎生苗，然后用手插入淤泥即可。只要栽后加强保护，防止一切人为破坏，成活率一般都很高。福建采用此法栽植的秋茄，获得了成功。对于红海榄、木榄苗，可先培育海榄雌树苗，然后植苗造林，也在广东、广西获得了成功。在天然更新好的桐花树幼苗稠密处，适当用其野生苗造林，成活也很好。但除在桐花幼苗稠密处外，用野生苗造林会减低原有林密度，成活率低，不宜提倡。

## 第四节　治沙造林

世界上有 1/3 以上的陆地属于干旱和半干旱地区，这些地区普遍存在沙漠、沙漠化问题，特别是流动沙丘，严重地威胁着居民点、交通、农田和水源，成了妨碍国家发展和进步的大问题。人类在与沙漠和沙漠化斗争的过程中总结了大量的防沙治沙经验。1977 年 9 月联合国世界荒漠化会议和 1994 年 6 月 17 日通过的《国际防治荒漠化公约》中提出的荒漠化已经超出了我国过去沙漠化的范畴，包含了部分水蚀引起的类荒漠景观化。本节就有关概念做点介绍，内容仍是风蚀和沙丘移动造成的沙漠化防治中的造林，即传统的治沙造林。

### 一、荒漠与荒漠化的有关概念

#### （一）沙地、沙漠、荒漠

沙地是指沙质沉积地或沙丘地，它是由大量细小的石英等矿物粒（0.01 ~ 0.03mm）所组成的疏松聚积物，处于成土过程中的初级阶段，并且易受风、水的作用而移动。荒漠是指那些具有稀少的降水和强盛蒸发力而极端干旱的，强度大陆性气候的地区或地段。沙漠是荒漠的一个类即干旱地区，地表为大片沙丘覆盖的沙质荒漠。戈壁是指砾质荒漠，它们与沙地概念不同，而且包含有大陆干旱气候和地带性的含义。沙地在各种地带都有分布，如热带湿润地区沿海沙地、温带半湿润区森林草原及半干旱草原河流冲积和河流泛滥形成的沙地等。而沙漠、戈壁等荒漠的分布是有地带性的。

荒漠的形成与大气环流有关。当赤道附近 0° ～ 15° 低压区的气流向两极流动时，在纬度 30° ~ 35° 处形成亚热带高压区，向北极及赤道流动，由于地球自转偏向力的关系在北半球形成东北风，在南半球形成东南风——信风。在信风带高压区不易下雨，故北纬 20° ～ 30° 或 15° ～ 35° 热带、亚热带等低纬地区有荒漠地带，在北半球还分布至 48° ～ 50° 。我国和中亚地区荒漠大部分都分布在中纬带 36° ～ 46° ，我国亚热带地区却没有形成荒漠，是由于东亚季风（来自太平洋和印度洋的季风）起了很大作用。如果没有这个有利条件，也会像同一纬度的热带高压带上那样形成荒漠，如非洲撒哈拉、利比亚和北美科罗拉多。

### （二）荒漠化

荒漠化是法国植物学兼生态学家 Aubrevillel 于 1949 年首次提出的，1977 年世界荒漠化会议采用了这一术语，指出“荒漠化是土地生产力潜力的衰退与破坏，而导致的类似荒漠景观出现的生态系统的退化过程”。实际包括流沙移动，风蚀和水蚀所形成的石质地表，流水冲刷的切割地和盐碱化。当时我国学者译为“沙漠化”，并定义为：“干旱半干旱地区由于历史时期脆弱的生态系统条件下，在具有沙质地表的地区，由于人类不合理的经济活动，过度利用自然资源，使原来不具备沙漠特征的地区出现了类似沙漠的景观环境的过程”。并指出受沙漠化影响的地区称为沙漠化地区。这种地区可以包括这些范围：①半干旱地区和荒漠与草原过渡的地带，因人类活动频繁而出现的沙漠化现象，称为“人造沙漠”。②在极端干旱地区由于一些自然因素所形成的沙质荒漠，在风力作用下这些沙丘的前移造成对邻近地区的入侵，称为沙漠入侵。③沙漠边缘及沙漠内部河流沿岸地区及绿洲地区。由于过度利用自然资源所形成的流沙称为“沙漠范围的扩大”。由此可知，当时我国沙漠化概念的范围较小，仅限于沙丘前移或风蚀形成的沙质荒漠化。

1994 年《国际防治荒漠化公约》扩大了荒漠化的内涵，按照公约，荒漠化是指包括气候变异和人类活动在内的种种因素造成的干旱、半干旱和半湿润干旱地区（降水量与蒸发散之比，即湿润指数在 0.05 ～ 0.65，但不包括极区和副极区）的土地退化现象与过程，包括风蚀、水蚀造成的土壤流失，土壤的化学、物理和生物特性退化（如盐渍化与次生盐渍化）及自然植被长期丧失，农田、草原、牧场、森林和林地生物经济生产力下降或丧失。事实上全球的荒漠化也不局限于干旱、半干旱及具有干旱的半湿润地区，从欧洲的地中海北部到拉丁美洲的东北和加勒比海地区及东南亚等地都出现了土地荒漠化的问题。依此概念来判断，朱震达提出我国荒漠化应包括：①由于过度农垦，并伴随过度樵采等引起草原旱农区的土壤风蚀、粗化及片状流动沙丘形成发育的土地。如河北坝上张家口及厚实地区的北部，内蒙古乌兰察布市的后山地区锡林郭勒盟的多伦、太仆寺等五旗县的南部。②由于放牧为主，并伴随过度樵采造成牧区草场斑点状流动沙丘及砂砾质粗化。如内蒙古锡林郭勒盟的中部及北部地区、乌兰察布市的北部、鄂尔多斯市的西部、呼伦贝尔市大部及通辽市的北部等。③由于过牧、滥樵及部分过度农垦造成已固定沙丘的活化、流沙的蔓延。如内蒙古通辽市的科尔沁沙地、锡林郭勒市的浑善达克沙地，陕北与鄂尔多斯市交界的毛乌素沙地等。此外如干旱地区及绿洲边缘也有分布。④由于水资源利用不当及过度樵采等所造成内陆河中下游地区固定沙丘的活化，流沙的蔓延及土壤次生盐渍化等，如新疆塔里木河干支流中下游地区，河西走廊的疏勒河、石羊河等下游及内蒙古西部的弱水下游等。⑤沙质的古河床，泛淤扇、古阶地上河漫滩及海滨沙地等由于过度樵采等破坏植被所造成流沙的蔓延。如黄淮海平原，滦河下游平原，赣江下游及鄱阳湖周围，西南山区部分干热、干旱河谷及福建、广东、台湾、海南、广西、河北、山东等省（自治区）的海滨沙地。⑥由于坡地开垦、森林过度采伐，经济林垦复方式不当等造成花岗岩、第四纪红土、砂页岩及碳酸盐岩类丘陵山地的劣地和石质坡地。如浙江、安徽、福建、江西、湖南、湖北、广东、广西、海南、四川、云南、贵州等省（自治区）的丘陵山区，可见有斑点状或片状分布的荒漠化土地。⑦因工矿建设或环境污染所造成的荒漠化土地，特别是露天矿的开采，工矿附近的污染等，如江西东北、江西南部、湖南中部、贵州北部及四川北部等工矿点附近和山西、陕西、内蒙古的露天煤田开发区等。

从上述 7 种情况看，土地荒漠化除南方部分地区外，基本上包含了我国水土流失地区及其他土地退化地区，已不仅仅是过去所谓的治沙问题了。荒漠化防治的若干问题，如划分指标、治理途径、治理模式等尚待讨论研究。这里仍就传统意义上的沙漠化做一些介绍。

### （三）沙漠化的指征与类型划分

1. 沙漠化特征

为了预测沙漠化的发展趋势以便确定防治措施和治理对策，需要根据几个主要指标和特征来鉴别、分类，下述沙漠化指征可供参考。

第一，风沙活动强度。根据单位面积内沙丘数量或占面积的百分数、地表风蚀深度或积沙厚度来确定。①轻微活动：片状流沙或低矮沙丘总面积 10% 以下，积沙厚度不超过 20cm，风蚀深度小于腐殖层厚度的 1/4。②中度活动：沙丘面积占 10% ～ 30%，地表积沙厚度在 20 ～ 50cm，风蚀深度在腐殖层厚度的 1/4 ～ 1/2。③强度活动：流动沙丘面积占总面积 30% 以上，地表积沙厚度在 50cm 以上，风蚀深度大于 1/2 腐殖层厚度。

第二，植被状况。以植物盖度、植物群丛结构及优势树种来判断沙漠化的植被指征。①轻度沙漠化：植物盖度在 40% 以上。②中度沙漠化：植物盖度在 15% ～ 40%。③强度沙漠化：植物盖度在 15% 以下。从植被的主要组成来鉴别，如典型草原植被以针茅—兴安胡枝子—小白蒿群落为主，沙漠化后典型植被减少，而油蒿群落或油蒿—柠条群落逐渐增加，沙生植物增多。

第三，土壤性质。主要指土壤粒度组成的变化。①轻度沙漠化：表土层沙粒含量在10%以下。②中度沙漠化：表土层沙粒含量在10%～20%。③强度沙漠化：表土层沙粒含量在20%～50%。

第四，水分条件。以土壤水、地下水深及矿化度来鉴别，如地表水、河床、源头水量的变化、地下水位的升降等。

以上各鉴别因子都不是孤立的，而是相互有机联系的，如水分条件的变化要影响植物盖度和种群的类型，而植物状况也会制约风沙活动程度。另外，还可以通过定位观测（设固定监测点）来预测在风力作用下沙丘前移入侵的可能范围，或根据航空照片、卫星照片来判读沙丘形态特征、沙丘移动方向、沙丘高度，以确定沙漠可能入侵的范围和年移动速度。

除了上述的自然特征以外，还有社会经济指征：如单位面积内生物生产量（包括单位面积农作物产量、产草量、载畜量）的变化及土地利用方式、人口和居民点分布密度等。

2. 沙漠化类型

第一，按沙漠化发展过程的特点来划分，可分为：①历史上形成的沙漠化土地。形成于历史时期，后经过历代人为活动的干扰，使之进一步恶化。如弱水下游居延遗址（内蒙古）、黑城遗址（甘肃）、尼雅河下游的精绝遗址、克里雅河下游的喀拉屯遗址、孔雀河下游的楼兰遗址等地。②历史时期形成，但沙漠化过程仍在继续进行，如毛乌素沙地、科尔沁沙地及乌兰布和沙漠北部等地。③现代沙漠化。沙质草原由于开垦及其他人为经济活动不当而破坏了生态平衡，致使环境恶化，出现了风沙活动及沙丘活化，如毛乌素沙地及库布齐沙地之间地区以及锡林郭勒盟草原新垦区附近地区。

第二，按沙漠化程度来划分（以风沙活动为主要特征），可分为：①潜在沙漠化土地。现阶段还未发生沙漠化，但具有发生“沙漠化”的自然条件，如干旱多风，雨量变率大，植被稀少，具有大量疏松沙质沉积物等。可通过气候、植被、土壤等主要环境因子来鉴别，如果人为地过度利用土地，就会诱发沙漠化，如在干旱季节与大风季节时间一致的地区，植被一旦遭到破坏，沙漠化极易发生。②正在发展中的沙漠化土地。人为过度经济活动下导致生态平衡的破坏，地表出现风蚀，土壤粗化（砾质化）或出现片状流沙，灌丛（草丛）沙堆正在发展，形成斑点状流沙和吹扬的灌丛沙堆。如采取良好措施并合理利用土地资源，一般都有逆转的可能。③强烈发展中的沙漠化区，呈斑点状分布的流动沙丘或吹扬的草（灌）丛已经连接成片，面积占总面积的1/3。④严重沙漠化区。地表有密集的流动沙丘和吹扬的灌丛沙堆，约占总面积的50%以上。

## 二、我国沙漠、沙地概况

### （一）沙漠、沙地分布

沙漠和沙地是属于不同自然地理带的沙质地域。沙漠主要分布在我国干旱地区，其中新疆、青海、甘肃、宁夏及内蒙古西部分布较多，我国的大片沙地，主要分布在半干旱地区的内蒙古东部、陕西北部、吉林西部、辽宁西北部。半湿润地区也有零星分布，如黄河故道的河南、山东、福建、广东等沿海地区。我国沙漠、沙地面积 160.7 万 $km^2$，其中分布在干旱区的沙漠有 87.6 万 $km^2$，分布在半干旱地区的沙地有 49.2 万 $km^2$，半湿润干旱区的沙地 23.9 万 $km^2$，约占我国国土面积的 16.7%。我国著名的沙漠、沙地共有 12 片：有干旱荒漠区的塔克拉玛干沙漠、古尔班通古特沙漠、库姆塔格沙漠、柴达木盆地的沙漠、巴丹吉林沙漠、腾格里沙漠、乌兰布和沙漠；半干旱荒漠草原地区的库布齐沙漠；半干旱草原区的浑善达克沙地、呼伦贝尔沙地、毛乌素沙地、科尔沁沙地。

### （二）风沙流移动基本规律

1. 风力侵蚀

当风力达到一定速度时，由于气流运动冲击力的作用，沙子脱离地表进入气流中被搬运，这种含有沙粒运动的气流称为风沙流。当沙粒粒径不同时，其起沙风速也不同。最小的沙粒，当风速达到 3m/s 时，便开始移动；当风速达到 5m/s 时，就可吹动直径为 0.05 ～ 0.25mm 的细沙。

气流搬运沙粒的运动形式有 3 种。一是沙粒沿地表的滑动和滚动（蠕移）；二是沙粒随风浪跳跃运动（跃移）；三是沙粒悬浮子气流中的流动（悬移）。当粒径大于 0.5mm 时，呈蠕移或跃移状态；粒径小于 0.05mm 时，呈悬浮移状态或悬浮移仅占全部搬运沙量的 5% 以下，甚至不到 1%。因此，构成风沙流的沙粒，主要是蠕移和跃移。当气流中的输沙量增大时，其风蚀作用增强。而输沙量的大小又随风速的变化而不同，风速越大，输沙量越大；反之，输沙量越少。

2. 沙丘形成

沙粒主要是在近地面气流内移动，风速对风沙流的吹蚀、搬动与堆积起着决定性的作用。当风速减弱或下垫面性质改变时，沙粒就会从气流中脱落发生堆积；如遇到障碍物，沙粒就会在障碍物附近大量堆积，形成沙堆，沙堆最后发展成沙丘。由于风高与障碍物的不同，沙丘的形态也不同，如新月形沙丘、格状沙丘、沙垄、金字塔沙丘、灌丛沙丘、梁窝状沙丘等，其中以新月形沙丘最多见。沙丘一般可分为迎风（沙）坡、背风（沙）坡和丘间地。

3. 沙丘移动

沙丘随着风移动同样是风力作用的结果。影响沙丘移动的因素较复杂，与风、沙丘高度、水分、植被等许多因子有关，其中以风的影响最大。风是产生沙丘移动的动力因素，沙丘移动是在风力作用下，沙子从迎风面吹扬到背风坡堆积的结果，亦即通过沙丘表面沙子的位移来实现。因此，风向、风速、风的延续时间和风沙流的含量等都会直接影响沙丘的移动，沙丘的移动方向大体与起沙风向一致，移动方式可分为前进式、往复前进式、往复式 3 种。

总的规律是：①单向风最适于现有沙丘形态的运动，而多风向则往往需要首先将力消耗于改变沙丘形态，使其和新的风向、风力相适应，从而使得用于推动沙丘移动的“实际有效风速”大大减少，因此单向风作用下沙丘移动速度要比多向风作用下快。②沙丘移动速度与风速的关系实质上就是风速和输沙量的关系，沙丘移动的速度与输沙量成正比。沙丘的移动主要在风季，据在塔克拉玛干沙漠南部观测，风季内沙丘移动值占全年移动值的 60% ~ 80%，其中数场大风造成的移动值占风季移动值的 40% ~ 60%。③在同样的风力作用下，沙丘移动速度与沙丘高度成反比。④由于植被增加了沙丘表面的粗糙度，削弱了贴地层风速，减少了沙粒的搬运量。因此，沙丘表面植被盖度越大，沙丘移动越缓慢。⑤干沙粒在湿润状况下，增强了其团聚性，所以沙丘水分越多，移动速度越慢。⑥沙丘下伏地面的起伏也对上伏沙丘的移动有影响，平坦地面较起伏地面移动速度快。

我国各类沙漠，由于所处地形地势，以及风、水、植被等状况的不同，其移动速度也不同。北疆的古尔班通古特沙漠、内蒙古西部的腾格里沙漠和乌兰布和沙漠西部、鄂尔多斯的毛乌素沙漠西北部、内蒙古东部的浑善达克沙地、西辽河的科尔沁沙地等，水分植被条件较好，沙丘多半处于固定半固定状态，移动甚微，但在沙漠边缘地带，由于人类的过度开发利用，破坏了植被，沙丘移动较快。塔克拉玛干沙漠和巴丹吉林腹地虽为流沙，但由于风沙丘高大，而移动速度十分缓慢，年前移植小于 1m；在这些沙漠的边缘地区，沙丘低矮，移动速度大，前移植达 5 ~ 10m，最大年前移植可达 50m。根据我国沙丘年平均移动速度的大小，可将沙丘移动强度划分为 4 个类型：①慢速类型。沙丘年平均前移植小于 1m，包括塔克拉玛干沙漠和巴丹吉林沙漠腹地的大沙山分布区。②中速类型。沙丘年均前移植 1 ~ 5m，包括塔克拉玛干沙漠西部和中部、马丹吉林沙漠沙山以外的沙丘链地区、腾格里沙漠大部、乌兰布和沙漠大部及河西走廊一些绿洲附近的沙丘等。③快速类型。沙丘年均前移植 6 ~ 10m，包括塔克拉玛干沙漠南部、河西走廊民勤、毛乌素沙地东南、腾格里及巴丹吉林沙漠中一些低矮沙丘、库布齐沙漠东部及科尔沁沙地西部的一些沙丘。④极快速类型。沙丘年均前移植大于 20m。包括塔克拉玛干沙漠西部沙漠西南及东南边缘的低矮新月形沙丘等。

## 三、治沙措施体系

总结 40 多年来我国的防沙治沙经验，在治沙工作中必须实行统一规划、防治并重、治用结合、注重实效的原则。因地制宜，因害设防，以保护和扩大林草植被，特别是沙生植被，综合治理、开发、利用水和沙区资源为中心，以保护城镇、村庄、生产基地和交通干线为重点，建立防、治、用有机结合的治沙体系。也就是说治沙包括三个方面：一是采取工程措施与生物措施相结合的办法，削弱风力，固定流沙，减轻风蚀，以防治风沙危害；二是在防治风沙危害的基础上，巩固和扩大绿洲范围，合理开发利用水、土、植被以及风、热、矿产等资源，为振兴沙区经济服务；三是控制沙漠化，它是建立在防治风沙危害与改造利用沙漠基础上的更高层次的治沙工作，要以管护好现有天然植被为起点，逐步扩大沙区植被覆盖度，改善沙区生态环境，为沙区生产力的提高创造适宜条件。显然，沙漠治理是一项全局性、多方位的技术工作，在实践中要特别注意将各种治理措施有机结合起来。

治沙首要是实施防风沙措施，“风”是风沙流运动和沙丘移动的动力，“沙”是形成风沙流和沙的物质基础。控制风沙和沙丘移动的技术途径：一是削弱风速，减少气流中的含沙量，使风速低于起沙风；二是改变下垫面，固定沙表，减少沙源。归纳起来，有植物固沙措施、机械沙障固沙措施和化学胶结剂固沙措施。其次，就是实施治用结合的工程措施，如引水拉沙、平沙整地等。

以上各项措施，以化学胶结剂防风沙收效最快，但成本高，且只能固结沙表，不能防止外来沙，需严格封禁。如果固结的沙表一旦破坏，仍会流沙四起，一般应用于风沙严重，而植物措施难以收效的重要工矿和居民点以及交通沿线地区；机械沙障防风沙收效较快，但防护期短，常用于风沙严重危害交通、农田和居民点的地区，在不适于采用植物措施的地区可单独使用，也可在风沙危害严重地区作为植物措施的保护性措施，植物治沙措施相对收效慢，但发挥防护作用的时间长，并且可以同时起到改善环境和获取经济收益的效果，是沙区广泛采用的措施，但为了更好、更快地起到防护作用，往往和机械沙障同时采用、互相结合，以构成一个完整的沙区防护体系；引水拉沙则既属治沙措施，又是土沙资源合理利用的重要方式。

## 四、植物（林草）固沙的原则和措施

### （一）植物固沙的原则

植物固沙不仅能够防止流沙继续扩展和制止风沙发生，还能为沙区居民提供薪柴，为牲畜提供饲料，保护牧场、村庄等。植物固沙应考虑以下几个原则：

①以保护工矿及绿洲、固定流沙，变沙地为林地（或牧场）为目的的植物固沙，应在必要的情况下采用沙障措施，把植物固沙与沙障固沙结合起来。

②合理利用现有沙地植物，恢复由于自然原因或人为原因引起破坏的天然乔灌木林，如梭梭林、沙枣林、胡杨林等，把造林种草与封沙育林育草结合起来。应以林业为主，同时结合畜牧业的要求。

③在流动性大的流沙地区和铁路、灌渠系统的设施基地，以及居民点附近，应采用各种方法进行综合治理，包括机械沙障，选择一切可以利用的植物种。在沙区（特别是沙漠边缘或紧逼农田的流动沙丘边缘），如地下水位高，或滨湖、沿河地区，或有灌溉条件的

地区营造高灌木和乔木。在半固定而又地下水位高的地区，可播种和种植饲料草本和灌木植物以固沙表，同时可逐步使之变为牧场。在各种植物恢复之后（乔木、灌木和草被的地带），应做到治理与利用相结合，允许合理的放牧，或作为饲料地和后备牧场。

## （二）固沙林草措施

1. 封沙育草育林带

①封沙育草带。可应用于沙漠与绿洲的交界边缘地区，有宽阔丘间低地的低矮沙丘与农田交界的边缘，或固定、半固定沙丘的边缘，并具有不同程度的少量植被的地方。可对这些天然植被进行区划并封禁，使一些旱生植物得以萌发和天然下种不断更新，增加植物盖度，得以固定沙表，减少吹向绿地的沙源。如能采用灌溉和人工播种等促进措施，则效果会更好，如新疆吐鲁番等地，在封沙育草带利用农闲水进行冬灌，大大改善了沙地水分状况，促进了沙生旱生植物天然萌蘖，增加了具有固沙和饲用价值高的植物种类。通常这种草带设于防沙林带的前沿，以保护林带，并减少进入林带的沙量。

②保护和封育天然林。在干旱荒漠区主要是围封保护河岸胡杨林和天然梭梭林及其他林木。有条件的地区应结合人工促进的措施。

2. 防风阻沙林带

这种林带多设在临近绿洲的沙漠边沿，或沙区流动沙丘临近农田的地区，用来拦截流沙，防止流沙进入农田或绿洲。这种林带要求紧密结构，多树种组成复层林冠，迎风林缘配置大量灌木树种，形成较宽的林带，一般农田地区带宽 30 ~ 50m，在沙漠边沿荒滩上可营造有间距的多带式防风固沙林，间距 50 ~ 100m，总带宽 500 ~ 1000m；也可设成疏透结构，其具体宽度要根据地段的宜林程度来定。

此种固沙林可用于全面固沙，也可用于局部固沙或丘间低地造林，以促进下源沙地的风力撵沙、拉沙或阻挡沙丘移动；还可用于海岸沙地固沙，以防沙丘向内陆移动。由于这种林带的作用是阻沙，不可避免地会形成不同程度的沙埋，因此要选择速生、耐沙埋和萌发力强的树种，如杨、柳、沙柳等。这些树种在幼年期经一定程度的沙埋后，可生长出大量的不定芽，而且还会加速生长，呈现出沙埋优势。

在营造中还应采取抚育管理，防止风蚀和沙埋后再度产生风蚀。在干旱地区（尤其是荒漠草原地带），乔木树种只有依靠地下水供应水分才能正常生长，因此在营造时必须注意到地下水的深度及土壤和地下水的含盐量。

3. 流动沙地的固沙林

在水分条件和植被生长较好的低矮沙丘的沙地上，如荒漠草原有水源的地方（沿河、湖的滩地、地下水位较高地方和草原地带的流动沙地），可以通过营造固沙林来防止流沙。根据沙丘大小、密度和沙丘部位，以及水分状况不同，可有不同的营造方式。

## 五、固沙造林技术要点

沙漠地区自然条件严酷复杂，虽然具备有利于林木生长的充足光热条件，但也存在着干旱缺水、风蚀沙埋、土壤瘠薄和含盐量高等许多不利于林木生长的限制因素。因此，营造防风固沙林难度大、技术性强，必须做到“适地、适树、适法”才有可能获得成功。

### （一）沙地立地条件及类型划分

固沙造林必须首先研究分析沙地立地条件。影响沙地植物生长和发育的环境因子主要是风蚀、沙埋、水分、光热等条件。主要考虑以下几个方面：

①气候条件。由于沙地所处气候地带不同，沙地光热、水分条件都有极大差别，就是在同一自然地带内，森林植物条件的差别也很大。降水量大的沙地在实施沙漠造林时较易成功。

②下伏地貌及下伏物性质。下伏地貌的不同直接影响着水分条件。下伏地貌若是冲积平原、河漫滩，地下水高、水分条件好；若是阶地则地下水位低、水分条件差。下伏物性质如为基岩，则不透水，保水性差，还可能影响林木根系的发育；如为沙质或壤质间层，则保水性较好。

③沙地机械组成。沙粒各种粒级的比例决定着植物的矿物养分条件、沙地的物理性质和水分状况。沙地中细粒（粉沙、黏粒）愈多，沙地肥力愈高，保水性愈好。一般由水的沉积作用而形成的沙地，细粒多，水肥力较好；风扬搬运后的沙地，细粒少，水肥条件差。细粒沙地，在草原地带可生长乔木；粗粒沙地，树木生长差，造林困难。上覆水沉积形成的细沙，下为黏质间层的“沙盖垆”地，群众称为“蒙金地”，保肥、保水性能好，造林易成活、生长好。当然在荒漠地带，乔木还是需要依靠地下水而生长，不同机械组成的沙地，在不同情况下应采取不同措施。

④沙地的矿物成分及盐渍化程度。沙地的石英粒含量大，一般可达 90% ~ 98%，因其难溶于水（即其营养不能被植物利用），含量越高，沙地越贫瘠。因此，确定某一沙地中可被植物利用的可溶性物质是否够用，以及有哪些是对植物有害的物质，如氯化钠、硫酸钠等，对固沙造林十分重要（可采用沙地水浸提液分析其化学成分），特别是水溶性矿物总盐量，对林草生长有直接关系。对我国草原地带和半荒漠地带地下水浸提液的分析表明：在流动沙丘上，水溶性矿物总盐量不超过 0.05%，干残余物一般不超过 0.04%，流动沙丘上盐渍化特征不大，对林草植物是有利的；沙丘丘间低地、低凹湖盆边缘沙地盐渍化程度严重，对林草生长相对不利。

沙丘和被植物初步固定的沙地最缺乏的是氮素。经分析，沙丘上的腐殖质含量仅为 0.021% ~ 0.048%，因此植物不能生长或生长极缓慢，只有豆科树种（或草）和能依靠根瘤菌固定空气中氮素的少数植物能生长。

⑤沙地水分与物理性质。沙地结构疏松，非毛管孔隙发达，渗水性强，不易形成径

流，若沙地下面黏质间层较浅，降水自然储蓄成为地下水。由于毛细管作用微弱，水分蒸发少，可保持沙地内部湿润，满足沙地植物生长的水分条件。必须注意，在半荒漠地带，沙地 2% ~ 3% 的稳定湿度仅够一般沙生旱生植物生长的需要。同时，林木只有深植在稳定湿沙层才能成活，一般需水量较大的乔木树种，只能依靠经常补给的地下水，才能成活生长。地下水位低的地区，不宜作为乔木生长用地，可生长旱生灌木或半灌木草本植物，应考虑改为牧场。深度大于 5m 的，已不能作为林业用地，应考虑以机械固沙措施为主，而不是以生物措施为主。此外，沙地结持力弱，通气良好，春季地温回升快，解冻早，有利于根系发育；但沙地地表温度变化迅速，昼夜温差大，则不利于植物生长。

⑥沙丘类型、沙丘高度、沙丘部位。不同沙丘类型，其移动速度不同，移动速度影响着流沙的固定。以单个新月形沙丘及低矮的新月形沙丘链移动速度快；高大的沙垄移动速度慢。在向前移动快的沙丘间造林，可逐渐控制流沙。不同的沙丘部位，其水分条件不同，风蚀区沙层靠近丘脚处，水分条件较好；迎风坡中上部（转移区），沙丘顶部、落沙坡（堆沙区），干沙层最厚，水分条件差；低地风蚀较严重，有时水分条件较好，有时水分条件较差。不同的沙丘部位，风速也有差异，以丘顶风速最大；以背风坡中部至坡脚外风速较小，而且沙质疏松，水分条件较好，无风蚀现象，宜林条件最适宜。一般可根据不同部位沙粒流动状况和风速分布状况来确定固沙措施。

⑦植物覆盖情况。一般裸露沙地，覆盖率小于 15%；半固定沙地，覆盖率 15% ~ 40%；固定沙地，覆盖率大于 40%。植物覆盖率越高，立地条件越好，造林种草越易成功。

一般地，沙区立地类型以沙下伏地貌，或土壤和伏沙厚度（肥力）及地下水（水分）为基本要素，参考其他因子进行划分。

### （二）树种选择

树种选择首先考虑气候带（干草原、半荒漠、荒漠）的适应性，然后综合分析影响造林成活及生长的不同环境因子，据此选择适于当地自然特点的乡土树种和引种成功的优良树种。

沙区影响造林成活最关键的限制因子是水，其次是沙割沙埋，再者就是土壤贫瘠，局部还有盐渍化问题。树种选择时主要考虑：

①树种的抗旱性。枝叶除有旱生型的形态表现外（如叶退化、小枝绿化兼营光合作用，枝叶披覆针毛、气孔下凹、叶和嫩枝角质层增厚等），还应有明显的深根性或强大的水平根系，如毛条和沙柳。

②树种的抗风沙沙埋能力。表现在茎干沙埋后能发不定根，植株能根蘖或串茎繁殖新株。一旦沙埋适度（不超过株高 1/2），生长更旺，自身形成灌丛或繁衍成片。在风蚀不太深的情况下，仍能正常生长。这种灌木通常称为沙生灌木或先锋固沙树种。

③树种的耐瘠薄能力。虽然不完全表现在该树种是否具有根瘤菌，但是有根瘤菌的树

种一般是比较抗瘠薄的，如花棒、杨柴、踏郎、沙棘、沙枣等。

根据我国的造林实践和研究，得出如下结论：①干草原带风沙区，由于水分条件较好，可选择油蒿、籽蒿、杨柴、小叶锦鸡儿、柽柳、黄柳、沙柳等灌木树种，以及白榆、桑树、小青杨、小叶杨、先锋杨、旱柳、油松等乔木树种。②半荒漠带地下水位高或有灌溉条件的，可选择沙枣、旱柳、小叶杨、钻天杨、新疆杨、二白杨、白榆等（杨、柳、榆需有沙盖壤的条件）；无灌溉条件的可选择油蒿、籽蒿、柠条、花棒、沙拐枣、紫穗槐、杨柴、黄柳、沙柳等灌木树种。③荒漠地带有灌溉条件的，可选择沙枣、白榆、旱柳、胡杨、二白杨、小叶杨、新疆杨、沙拐枣、拧条、花棒、柽柳等；无灌溉条件可选择梭梭、白刺等灌木树种。

### （三）营造以灌木为主的混交林

从水量平衡角度看，林木的蒸腾耗水是破坏地下水动态平衡的主要原因，而乔木树种的蒸腾耗水量，大都明显高于灌木树种。据民勤综合治沙试验站研究，沙枣的蒸腾耗水量，约为梭梭、沙拐枣、花棒、拧条、白刺等灌木树种的 5 ~ 10 倍。又据马载涛、凌裕泉研究，从防风固沙角度看，防风固沙林树高达 1m 以上就足以起到预定作用。因此在干旱缺水的沙区，必须坚持以灌木为主、乔灌结合的造林方针，这样才有可能建立起稳定的林分群体，起到改善生态环境的作用。

### （四）造林密度

在干草原地带的沙漠低地，降水量相对较高，土壤较湿润，造林密度应根据立地条件和树种的不同，合理确定，一般为 1500 ~ 3000 株 /hm$^2$、在流动、半流动沙丘地区，或地下水位深的丘间低地，从保证造林后林木的水分收支平衡和增强防沙固沙效果考虑，采用单行或双行为一带的混交方式，一般株距为 1 ~ 1.5m，行带距为 3 ~ 6m，密度为 1050 ~ 3000 株 /hm$^2$。当用灌木直接栽植代替机械沙障时，双行式株距为 6 ~ 10cm，行距为 2 ~ 3m；单行式株距为 3 ~ 5cm，带距 8m 左右，中间栽植一行乔木。

### （五）栽植要领

①深栽实踏、多埋少露。干旱地区沙丘迎风坡沙层 40cm 以下，多是含水率 2% ~ 4% 的稳定湿沙层、粉沙壤质或黏质土壤丘间低地。旱季水分含量稳定的湿土层，大多在 20 ~ 40cm 以下土层内，因此造林时一定要将其栽植于稳定湿沙层上，坚持深栽实踏、多埋少露，群众有“深栽过了腰，胜似拿水浇”之说。一般在干旱区要求栽植深度大于 50cm，半干旱区可稍浅些，但也要达到或超过 45cm；对于插条、埋条造林，除地下水埋深较浅的地段外，通常要求埋土 60 ~ 70cm；枝干深埋于 100cm 以下土层内，以扩大吸水发根范围，效果也会更好。

②灌溉补墒保墒。在干旱沙区的沙丘上植苗造林，每株苗浇水 2.5 ~ 3kg；在丘间低地植苗造林，每株苗浇水 10 ~ 15kg，浇后穴面覆干沙保墒。此后无须灌溉，即可显著提

高成活率并保证成林。

## 六、治沙造林配置技术模式

我国防风治沙造林近50年，在沙漠治理、科研、生产实践中，人们根据沙丘密度、大小、丘间低地可利用面积与沙地立地条件等特点，摸索出固、撵、拉、挡等造林配置技术，现选择几种主要模式作简单介绍。

### （一）沙湾造林（前挡后拉、撵沙腾地）

①沙湾造林。即丘间低地造林，是从陕西榆林和内蒙古伊盟群众治沙经验中总结出来的。由于丘间低地的水土条件较沙丘优越，风蚀轻，可在不设置沙障的情况下直接造林。第一年在丘间低地造林后，可促进风力削平（削低）沙丘，导沙入林；之后在沙丘新出现的丘间地（退沙畔）逐年追击造林，使流动沙丘逐渐在林内消灭。沙湾造林应在沙丘背风坡的丘间地留出足够空地，宽度根据沙丘高度、沙丘年前移速度以及林木高生长的快慢测算，以保证树木在2 ~ 3年内不致被流沙埋没。根据我国春季风大的特点，在秋季造林时，要比春季造林留出的空地更宽一些。如内蒙古伊克昭盟（现为鄂尔多斯市）在3m以下沙丘的丘间低地造林时，由于沙丘移动速度快，春季造林留出空地6 ~ 7m宽，秋季造林留出空地10 ~ 11m宽；在3 ~ 7m高的中型沙丘丘间的低地造林，春季造林留空地3 ~ 4m宽，秋季造林留出空地7 ~ 8m宽。

②前挡后拉。此法与沙湾造林相似，是内蒙古伊克昭盟鄂托克旗羊城村首次采用的。前挡是在沙丘背风坡的丘间低地栽植乔灌木树种，以阻挡沙丘前移；后拉是在沙丘迎风坡下部栽植灌木，以固定该部位流沙，并在灌木作用下削平丘顶部。典型的前挡后拉是前高（乔木，林下可种苜蓿）挡、后低（灌木）拉。

③撵沙腾地。此法由内蒙古杭锦后旗牛二旦创造。撵沙腾地主要遵循固阻与输导流沙相结合的原则，欲固先撵，撵固结合。其法是首先在沙庄迎风坡基部进行犁耕，促其风蚀；之后在丘间低地造林和引水灌溉、封沙育草，加大低地的地表粗糙度，引沙入林，使沙子在林内均匀堆积，保墒压碱，这种撵沙腾地造林、引沙入林、以林固沙的方法实际是沙湾造林的一种改进。

### （二）迎风坡造林固沙

迎风坡造林固沙，用以逐步推进、拉平沙丘的方法有3种：

①密集式造林。利用流动沙丘迎风坡下部水分条件优越的特点，不设机械沙障，条带状密植灌木。以榆林为例，从流动沙丘迎风坡脚开始，每隔一定距离沿等高线在迎风坡开沟栽植。如沙柳插条造林，沟宽20cm，沟深70cm，株距3cm；紫穗槐植苗造林，沟宽50cm，沟深30cm，株距6 ~ 10cm，沟间距（行距）2 ~ 3m。

②平铺沙障与宽行密植结合，逐步推进。在降水稀少的干旱区，则首先要在沙丘迎

风坡基部铺设沙障再栽植灌木，沙丘变缓后又设沙障造林，逐步推进，把沙丘分期固定。根据伊克昭盟展旦召治沙站的经验，在沙丘迎风坡 1m 处，沿等高线栽植 2 行一带沙柳，为了防止风蚀，采取深栽和设平铺沙障相结合的办法，沙柳条长 1m，深栽 90cm，外露 10cm，带内株行距各为 20cm，沙障材料用剪下的沙柳枝梢作材料。当年沙柳高生长可达 1m，翌年春即可在沙柳林带下风向（沙丘中部）形成约 8m 宽的浅凹平缓风蚀带，这时仍按上法栽植沙柳带，逐年类推，最终拉缓固定沙丘。

③固身削顶，截腰分段，逐年推进，分期造林。据民勤治沙综合试验站研究，在治理 6 ~ 7m 以下沙丘时，先在迎风坡 2/3 ~ 3/4 以下坡面上设置黏土沙障，在障内营造梭梭等树种，使造林部位固定，而沙丘顶部被削平变缓；在治理 8 ~ 9m 高以上的沙丘时，多采用在沙丘下部进行截腰分段，分期植树的方法，把沙丘化大为小、化高为低，这样经过 3 ~ 4 年的治理，即可完全固定沙丘。

### （三）又固又放

又固又放就是固定一部分流动沙丘，让另外一部分沙丘继续流动。即按着垂直于主风方向的横向，在一排排的沙丘中，按奇数或偶数间隔固定沙丘，固定办法是设置沙障与植树结合进行，对于未固定的沙丘，则要清除其上面的天然植被，在遇大风时辅以人工扬沙，促其尽快移动。数年后，移动的沙丘移动到被固定沙丘的位置上，增大了固定沙丘的高度和体积，扩大了平坦的丘间低地。此法适宜于湖盆滩地边缘地带，沙丘较小、移速较快的新月形沙丘和沙丘链。陕北榆林沙区常采用此法，用以开辟农田和果园，发展农业生产。

### （四）环丘造林

在降水量低于 100mm，流动沙丘上几乎没有湿沙层的地方适于采用此法。据甘肃金塔县的经验，其主要技术要点如下：①先采用土埋沙丘的办法固定流动沙丘，之后在沙丘周围密植沙拐枣、骆驼刺等灌木，外围栽植沙枣、杨树等乔木，或栽植沙枣、杨树、柳、沙柳、花棒、柠条等乔灌混交林。这样将沙丘包围于林中，即使流沙上的沙障失效，也只能使流沙散布于林内，而不会外移。②对于不适宜固沙和造林的小片分散起伏沙地，主要采用“聚而歼之”的办法，在下风向的适当位置，插设高立式挡沙沙障，使上方的流沙逐渐积聚成大沙丘，再用土埋沙丘使之固定，然后环丘造林。

### （五）章古台流沙综合治理模式

辽宁省章古台在治理科尔沁沙地过程中，总结出了一整套流沙综合治理模式，程序是：顺风推进、前拉后挡、消坡缓顶、灌木固沙（沙障辅助）、人工固沙地造林。特点是：以林木为主体，灌木与沙障相结合，固沙与造林相结合，将高的沙丘借风力予以拉平。在 8 ~ 10 年内，使沙地植被从沙生灌林阶段“演替”到乔木阶段，从而达到改造沙荒、利用沙荒的目的。

### （六）新疆固沙造林的经验与模式

新疆沙漠面积大，北疆条件稍好，南疆大部分地区降水很少，地下水位低，无灌溉条件，植物固沙难以成功。固沙造林采取3种方式：不灌溉造林，如北疆梭梭林；半灌溉造林，即先引水灌溉，成活后不再灌溉或1～2年灌溉一次，如南疆沙拐枣固沙造林；灌溉造林，主要用于乔木林。新疆固沙造林主要集中在农业绿洲外围的沙漠边缘地带，建立灌草固沙带、防风阻沙林带和绿洲内部农田林网相结合的防护林业生态工程体系。此外，对在沙漠中临近水源地的胡杨林、柽柳林及荒漠中的梭梭林加强封育保护。

### （七）铁路沿线防沙固沙造林的经验与模式

我国铁路沿线防沙固沙的经验和模式在国际上是处于领先水平的，且以中卫沙区沙坡头铁路（16km，区内降水量200mm，1971年引入黄河水加快了绿化进程）的“五带一体”防护体系最为著名。它是以固为主，阻固结合，林草与工程相结合的一个创举，包括防火平台（卵石、炉渣或黏土铺覆10～15cm）、灌溉造林带（乔灌混交林带，乔木：二白杨、刺槐；灌木：沙枣、柠条、沙柳、黄柳、紫穗槐、沙拐枣等），草障植撤带（1m×1m的方格草障保护下栽植旱生灌木：沙拐枣、油蒿、花棒、柠条等）、前沿阻沙带（高立式沙障）、封育草带（禁止放牧），局部设置1m×1m的方格草障，栽植或播种沙生植物，任其自然繁衍。

此外，我国在毛乌素沙地飞机播种也获得了成功，是值得大力推广的。

# 第十章　生态经济型林业生态工程

所谓生态经济型林业生态工程是指分布在各种地貌类型区的，具有确定的经济功能或明确的经济目标的，同时也具有一定生态防护功能的森林、树木、灌丛、草本以及它们的复合系统。如山区农林复合生态系统中，果树和农作物间作，其有着明确的经济目标，就是生产优质高产果品和农产品，同时，果树及其蓄水保土的整地和扩穴工程，又具有一定的水土保持功能；又如生长在不同地貌上的用材林，既具有明确的用材目标，又具有多种生态功能。这种类型的林业生态工程主要有四种，即农林（牧、渔）复合生态工程（含庭院农林复合生态工程）、经济林、用材林（含竹林栽培）、薪炭林。

## 第一节　农林复合生态工程

农林复合一词的原意是农业与林业的结合。我国对此概念有不同的理解，一种是狭义的理解，即同一块土地上的林农间作、林草结合，称为混农林业、立体农（林）业、复合林业；另一种是广义的理解，即包括与农村广泛联系的农业和林业的结合（大空间上的结合），称为农用林业、农村林业等。在此，农林复合生态工程是指在同一土地管理单元上，人为地将多年生木本植物（如乔木、灌木、竹类等）与其他栽培植物（如农作物、药用植物、经济植物以及真菌等）或动物，在空间上按一定的结构和时序结合在一起的一种复合生态工程。由于林木具有比较长期稳定的生产功能和生态防护功能，使得农林复合生态系统不但具有较高的生物生产力，而且在控制水土流失、改善生态环境、提高生态系统稳定性等方面都具有重要作用。国际林联（IUFRO）和联合国粮农组织（FAO）也对此高度重视。

### 一、农林复合生态工程特点与发展

#### （一）农林复合生态工程的基本特点

①复合性。农林复合生态工程改变了常规农业（或林业）生态工程对象单一的特点，它至少包括两种以上的成分。这里的“农”不仅包括第一性生物产品如粮食、经济作物、蔬菜、药用植物、食用菌等，也包括第二性产品如家畜、家禽、水生生物和其他养殖

业。所谓林木包括各种乔木、灌木和竹类等。

②系统性。农林复合生态工程是在总结自然群落基本规律的基础上，按照一定的生态和经济目的人工设计而成的。系统结构和功能合理，以及系统中物质与能量的交流交换符合人的意愿。生态工程目标更注重动态变化，并把改善和保护生态环境与提高单位土地面积的经济效益密切结合起来。

③集约性。农林复合生态工程是一种在组成、结构及产品等方面都很复杂的人工生态工程，在设计及经营管理上也要比单一组分的生态工程复杂，需要多方面的配套技术，同时为了取得较多的品种和较高产量，在投入上也有较高要求。

④等级性。农林复合生态工程的大小规模具有不同的等级和层次，可以从小到以庭院为一结构单元，大到田间生态系统。广义上可以扩展到以小流域或地区为单元，直到覆盖广大面积的农田防护林网。

### （二）我国农林复合生态工程的发展

我国农林复合生态工程有着悠久的历史。如我国先民在生产过程中创造的林粮间作、林牧结合、桑基鱼塘、庭院复合和农林牧复合等类型，其发展大致可分为 3 个阶段。

①原始农林复合生态工程萌芽阶段。此阶段是人类从狩猎和采摘转化为农业的时期，农林复合生态工程就是原始的农林相结合技术。主要表现为从“刀耕火种”开始的“轮垦轮荒”。

②传统农林复合生态工程阶段。我国早在 4000 多年前的夏朝出现了以家庭为单元的私有制农业，历朝历代“农本思想”一直占主导地位，春秋战国时期就萌芽了间作套种和混作的思想，劳动人民在生产中创造了许多经典的农林复合生态工程，如东汉以后形成了田耕做法和“桑基鱼塘”的生产模式，形成了林—粮—鱼复合生态工程系统；南北朝时期有了桑、槐、楮、榆等多树种的林粮混种间作形式；宋朝记载了桐茶间种；明朝已有了果园防护林；到了清朝农林复合生态工程更为普遍，不但注意物种组合，而且生态工程上也更加精细；民国时期由于战乱，我国农林复合生态工程基本上是徘徊不前。

③现代农林复合生态工程阶段。新中国成立后，我国的农林复合生态工程以防护林带和林网为主，在平原地区实行山、水、田、林、路综合治理，全面建设农田防护林体系。随着机械、化肥、农业新技术的发展，农业生产水平和产量显著提高。但垦殖过度和大量施用农药、化肥带来了地力衰退及环境污染、生态平衡失调、生态环境恶化等不良后果，使人们不得不重新思考农业发展道路。20 世纪 70 年代后，生态农业、农林复合应运而生，它以实现农业和林业的持续发展为目标，接着出现了以进行科学设计为标志的现代农林复合生态工程。1976 年国际农林复合经营系统研究委员会组建，我国也引入了农林复合生态工程（agroforestry）这一术语，并推动了我国农林复合生态工程在研究和生产上向更深层次发展。20 世纪 80—90 年代是我国农林复合生态工程发展最快的时期。江苏省里下河地区改变了以往的滩地开发策略，实行水土分治，开沟筑垛，沟养鱼、垛造林，林农间作，

林牧结合，形成了林农牧渔复合生态工程的沟垛生态系统。广东省珠江三角洲也建立起湿地利用的基塘生态系统等等。到目前，我国农林复合生态工程规模之巨大，形式之多样，效益之显著，均是世界罕见的。

## 二、农林复合生态工程的分类与结构

### （一）农林复合生态工程的分类

根据农林复合生态工程组成、功能、经营目标不同，一般可分为四大类，每一类下还可分若干小类：

1. 林（果）农复合型

是在同一土地经营单元上，把林木和农作物组合种植，常见的有以下几种类型：

①林农间作型。这是我国农林复合经营系统中最普遍的类型，据统计，在林农间作中采用的树种已有 150 种以上，其中的泡桐、枣树、杉木、杨树为突出代表。林农间作根据其经营目标又可以分以农为主（如华北地区的大部分泡桐与农作物的间作，广义上还应含农田林网、农田、果园和庭院周围的绿篱）、农林并举（如枣粮间作）和以林为主（如多数类型的果农间作）。

②农林轮作型。在一些由于长期开垦而造成土壤贫瘠化或沙化的地区，为了改良土壤实行林木和作物轮作，在休闲期种植某些能改良土壤的优良树种，一方面可获得木材，另一方面也改良了土壤，等到一定时期后，土壤已经得到改良，全部砍伐林木和清理林下植物，重新种植农作物，这样反复实行的轮作制也是农林复合经营的一种形式，在一些人多地少的地区仍然常见，如在华北地区的一些沙荒地进行改造时，往往先种一些具有固氮能力、耐干旱瘠薄先锋林木（如刺槐）或灌木（如紫穗槐），在有效地控制风沙和改良土壤后，再种果树或作物。

2. 林牧（渔）复合经营

林牧（渔）复合型经营是指以林业、牧业为主的土地利用形式，其特征是以林业为框架，发展农牧业，有以下主要类型：

①林草间作型。就是在牧场或生产牧草的草场上间作某些用材或经济林木，或是在林间种草，包括放牧林间草地、刈割林间草地、观赏林间草地等，有时还形成了乔、灌、草三层结构。如新疆疏勒县在盐化草甸和沼泽地营造以沙枣为主的薪炭养畜林。

②林牧结合型。主要是牧区、牧场周围营造防风林带、牧场绿篱型等，相当于牧业防护林的概念。

③林（果）渔复合类型。在鱼池周围栽植适宜的林木，如山东省成武县在鱼塘周围种植泡桐，既起护堤作用，泡桐叶又为鱼提供了部分饲料。江苏省里下河地区的池杉—鱼复合生态工程也是成功的典型。

3. 林（果）农牧（渔）复合生态工程

①林—农—牧多层结构型。我国许多农村家庭的庭园，就是实行农、林、牧集约化综合生态工程的，经济效益十分可观，称为“庭园经济”。如山西隰县黄土残塬区，农民习惯房前房后种杨树、枣树，院内苹果、梨、葡萄和蔬菜等，利用树叶、菜叶等养兔、养猪，有的农户仅此项收入可达 3000 ～ 6000 元。

②林—农—渔复合型。林农渔复合型在我国比较普遍，形式各异。如在种植水稻的地区，稻田周围种桑或种一些用材树种，稻田结合养鱼。在江苏省里下河地区的林农渔型，也是一种十分重要的改造沼泽地的形式，当地在低处挖沟，改善沼泽地的排水条件，降低地下水位。在抬高的台地实行池杉和农作物间种，在沟内养鱼。

③林—牧—渔复合型。林牧渔的结合形式最经典的是桑基鱼塘。现在南方越来越重视此种形式。如广东省珠江三角洲地区，在鱼池周围常种一些比较矮干的经济林木，如荔枝、蒲葵、番石榴、香蕉等，在鱼池岸边设置畜舍饲料养鸭、鸡、猪等，禽畜排出粪便为鱼提供了饵料。

4. 特种农林复合生态工程

我国农林复合生态工程类型众多，有些是以林分为环境，生产特种产品为目的的生态工程形式，常见的有以下类型。

①林—果间作型。特指用材林和经济林混交或经济林树种之间的混交。这种形式很多，如泡桐、杉木、竹子与茶混交。

②林—药间作型。中国的多数中草药都是起源于森林内，很多药用植物具有耐荫的特性，甚至有的只能在庇荫的条件下才能生长。如东北的林参（人参）间作；华北地区泡桐与牡丹间作：亚热带地区的杉木林下间种黄连；热带地区橡胶林下间种砂仁、生姜等；半干旱的三北地区刺槐林下种甘草、黄芩、柴胡等。

③林—菌间作型。大部分食用菌也来自林内，要求湿润环境，所以在林内，特别是一些潮湿林区，在林下栽培蘑菇、木耳等十分成功，比在室内培养降低成本，可提高经济效益。

④林—昆虫复合型。我国有木本蜜源植物 300 多种，其中很多种具有资源丰富、蜜量大、花期长、产量稳定、无污染等特点，宜于林蜂复合生态工程。此外，还有不少林木，作为寄主树与某些昆虫资源结合，如蜜蜂、蚕、紫胶等。

### （二）农林复合生态工程的结构

农林复合生态工程的结构就是该系统内物种在空间和时间上的组合形式、这种结构是对天然生态系统结构的模仿和创造，它比单一农业或单一林业人工生态系统结构更为复杂，对土地的利用也更加充分合理。

1. 空间结构

空间结构是各物种在农林复合系统内的空间分布，即物种的搭配形式、密度和所处的空间位置，空间结构又分为垂直结构和水平结构。

①垂直结构。又称立体层次结构。它包括地上空间、地下土壤和水域的立体层次。一般来说，垂直高度越大，空间容量越大、层次越多、资源利用率越高。但层次增加并非是无限的，要受到环境、物种特性和生态工程水平等因素的制约，我国农林复合生态工程系统的层次可划分为 3 种类型：单层结构、双层结构和多层结构，最多见的是双层结构（如桐粮间作等）和多层结构。

②水平结构。是指农林复合生态工程模式的生物平面布局。复合生态工程各组分间的水平位置和排列顺序是多种多样的，可分为：①带状间作。如林农间作、果农间作多采用此形式。②团状混交或称为丛状混交，如海南岛的胶茶间作常用此形式。③均匀混交，如华北地区的桐粮间作有时把树木以品字形配置在田间。④水陆交互式。这种间作有两种形式，一种如桑基鱼塘；另一种如水垛相间的农林渔的结合。⑤等高带混交。种植在丘陵山地为防止水土流失的各种植物按等高线带状种植在坡面上的一种形式。⑥镶嵌式混交或称斑块混交。这是指林、果、草、农田和鱼池（山塘）等各组分呈斑块状组合而成的复合生态系统。

2. 时间结构

①季节结构变化。不同季节呈现不同的结构，如华北农区桐粮间作一般情况下，由 10 月至第二年的 5 月为泡桐 + 小麦的两层结构，麦收后为泡桐 + 玉米或棉花、大豆等秋作物。有的地块在小麦收割前实行麦与棉花或玉米套种，所以在 5 月初至 6 月初呈泡桐 + 小麦 + 棉花或玉米三层结构。

②不同发育阶段结构变化。随着树木的生长、树冠的扩大，林下的光照等一系列生态因子也随之变化，造成了结构上的变化。在时间序列上，根据林业成分和农业成分共生时间的长短，将农林复合生态工程分为两种类型：短期复合型。即林木幼年期在林下种植作物。如我国许多人工幼林所采取的以耕代抚就是短期复合型。长期（或永续）复合型。林木和作物或畜牧长期共生，如前面所说的桐粮间作，就属于长期复合型。

## 三、农林复合生态工程结构配置

### （一）农林复合生态工程模式的确定

农林复合生态工程不同于普通的林业生态工程，它不但要考虑森林生态系统，而且要考虑农、牧、渔等多种生态系统。其模式第一是确定经营目标，即根据土地、环境、农林牧业状况确定其功能；第二是确定与经营目标相应的管理方针，着重处理农、林、牧各组分间的关系，以及复合生态系统各组分与环境的关系；第三是充分利用环境、社会和经济资源，着重考虑所选择模式的可能性和可行性，如在水土流失地区的水平梯田上，水土流失较轻，可以确定以经济收益为主进行林粮间作，但由于干旱和水分亏缺，应选择林粮间水分竞争易处理、层次结构简单的模式——二层间作模式。而坡耕地水土流失严重，首先是保持水土，其次才能考虑在此基础上获得经济收益，因此应以水流调节林带、生物篱等形式进行农林复合。在确定模式后，才能进行结构配置或设计。

## （二）农林复合生态工程的结构配置

系统的结构决定了系统的功能，农林复合生态工程系统的结构配置是其稳定发展的关键问题，结构配置的内容是：

1. 物种选择及配比

农林复合生态工程生物组合应掌握以下原则：

①林农间作必须因地制宜。山地坡度 20° 以下的幼林地可搞间作，20° 以上不宜间作农作物；新植幼林郁闭前的三四年内可间作各类农作物（包括粮食、牧草、药草、蔬菜、瓜等）；山地搞农林间作必须沿等高线种植，以防止水土流失。

②间作的农作物选择。适应性强、短杆直立、喜光性不强、不与树苗争水肥、有根瘤、耐土质瘠薄、早熟、高产的豆科植物。作物的选择和季节安排要保证能充分利用太阳能及树木、作物生长空间。

③间作树种的选择。树冠窄、干通直、枝叶稀疏；冬季落叶，早春季放叶晚；主根明显，根系分布深；生长快、适应性强等。如泡桐、臭椿、香椿、赤杨、池杉、金合欢、枣、沙枣等是优良的间作树种。

④种群组合的原则。速生或慢生，深根与浅根，喜光与耐荫，有根瘤与无根瘤等组合在一起。要体现物种之间互利共生的原则，使其各得其所，目的是发挥系统的整体效益。

⑤要排除生物化学上相克的作物或树种组合在一起。自然界有一些植物分泌毒化学物质，直接间接地危害或驱赶他种植物或动物。由于这一类毒他物与其他生物组合在一起会发生相克现象，往往会造成农林复合生态工程系统结构的不稳定，甚至系统崩溃。毒他树种有核桃、核桃楸、川楝、苦楝、桉树类、马醉木、苦参、梧桐（青桐）、刺槐、银桦、山杨等。

⑥选择低耗、高产的优良品种和耐阴力强、需光量小、低呼吸低消耗并有经济价值的品种有利于多层垂直结构情况下提高生物生产力。

⑦选择在生物生态学上有“共生王利”、偏利寄生作用（瘤根菌、菌根菌）的物种，将其有机地组合于一个模式中。

⑧避免间作那些对树木生长不利的作物。如喜光、喜肥、喜水的高秆作物。

⑨不要间种与林木有共同病虫害的作物以免带来林木病虫灾害。

⑩轮作。在同一块林地或耕地上，要实行轮作（倒茬、换茬、更换作物或树种），不要长期连续栽种同一种作物或树种，以免地力耗竭，或积累某种化学物质，造成树木或作物生长不利和滋生病虫害。如杉木，杨树连栽会造成低产林；花生连作会造成有机酸积累，诱发植株枯萎病等。

在确定了系统物种搭配之后，就要安排各组分之间的比例关系。不少农林复合系统都具食物链结构，对于这类系统，较高一级的营养级种群与低一级种群之间要满足“营养级金字塔”定律，如果不能满足，就必须从外部输入能量。如桑基鱼塘系统，一般 $1hm^2$ 桑基所产桑叶、蚕沙及蚕蛹可供 $1hm^2$ 鱼塘饲料，这种基和塘的比例为 5 ∶ 5，如果增大鱼塘面积就必须另建饲料基地。但大多数农林复合系统的组分均为植物性生产者，它们之间并不形成完整的食物链，系统各组分之间并不受生物性规律的制约，而由生产者自身需求、市场供应状况、生物组分对环境的作用等因素而定，由于要满足生产者自身的需要，农林复合生态工程系统往往要以某一组分为主，其他组分为辅。如在农区要以粮食为主，在林区则一般以林为主，这由相应地区的生产性而定。

2. 空间结构配置

①垂直结构。农林复合生态工程的主层次在系统中往往起着关键性的主导作用，主层次树种除了上述组合原则外，还应具有固氮能力，可改善地力；速生性强、可早获得经济效益；很强的萌生能力，适合矮林作业，使复合生态工程具有稳定性、多用途、经济价值高等特点。副层次种群的搭配应遵循喜光性与耐荫性相结合、深根性与浅根性种群相结合、高杆与矮秆作物相搭配、乔灌草相结合、共生性病虫害无或少、根系分泌物和凋落物互无影响或有促进作用、要排除有毒他作用的种群。

②水平结构。水平结构配置，应注意：①林木的密度和排列方式，要与模式的生态工程方针和产品结构相适应；并要处理好林和农内适当比例关系，使其相互促进。②对树木的生长规律，特别是对树冠生长规律要有深入的了解，以便预测模式的水平结构变化规律，作为模式时间序列设计的依据。③要根据树冠及其投影的变化规律和透光度，掌握林下光辐射的时空分布规律，结合不同植物对光的适应性，设计种群的水平排列。④在设计间作型时，如果下层植物是喜光植物，上层林木一般呈南北向成行排列为好；并适当扩大行距，缩小株距。如下层为耐荫植物，则上层林木应以均匀分布为好，使林下光转射比较均匀。

3. 时间结构设计

农林复合生态工程的时间结构设计必须根据物种资源（农作物、树木、光、热、水、土、肥等）的日循环、年循环和农林时令节律，以能够有效地利用自然、生物和社会资源合理格局或机能节律，使这些资源转化效率较高。

①实行轮作要做到 3 个结合：用地与养地相结合；豆科作物与树木相结合；促进树木生长与种植耐荫的经济作物生长相结合。

②掌握树木与作物物候期的交替规律性，在时间上按季节进行合理的作物安排。

③根据树木不同生长阶段、林下光照和空间可利用状况，安排农作物的间作。

④随着时间的推移，调整系统空间结构和物种组成，以克服系统结构的时间演变对间作造成的不利影响，获得最大的效益。

总之，选择的模式和配置（设计）的结构要达到一个总的标准，即高产高效，长短结合，切合实际，便于实施。

## 四、我国农林复合生态工程的主要类型

我国地域广大，气候复杂，农林复合生态工程类型众多，且颇具地方特色。

### （一）桐粮间作类型

这是我国开始最早的农林复合生态工程类型之一，它广泛分布在我国平原农区，尤其以山东、河南省面积最大，桐粮间作已成为我国华北、华东平原农区林业的主体之一。总结我国桐粮间作的结构，应用最广泛而又比较合理的间作形式主要有 5 种：

①以抽为主型。泡桐密度 300 ~ 450 株 /hm$^2$，株行距 5m × 5m、4m × 6m 及 4m × 8m 等。间作期主要在泡桐幼林阶段，约为 3 ~ 5 年。这种类型在以生产泡桐木材为主的地方较为多见。

②以根为主型。泡桐密度 45 ~ 75 株 /hm$^2$，行距 18 ~ 80m，株距 3 ~ 6m。这种类型在河南、山东、安徽等省的农桐间作基地上最为普遍，面积也大。

③桐粮并重型。泡桐密度 150 ~ 225 株 /hm$^2$，生产方式介于上述两种类型之间。

④高密度桐粮间作型。这种类型以生态工程、建筑材、檀条材等为主。造林初期间作农作物，间作期约为 1 ~ 3 年。泡桐密度 750 ~ 1500 株 /hm$^2$。株行距 3m × 4m、2m × 4m 及 2.5m × 3m 等。短期轮伐，5 ~ 6 年育成檀条材。

⑤粮桐林网型。常和以粮为主的粮桐间作型结合起来，形成大面积的农桐防护林体系，一般沿着路、沟、渠栽植，密度为 15 ~ 30 株 /hm$^2$。

林下间作的农作物品种很多，常见的有：小麦、玉米、大豆、油菜、谷子、棉花、蚕豆、金针菜以及瓜类等。

### （二）枣粮间作类型

枣树原产我国，为我国栽培最早的果树，栽培区主要集中于河北、山东、河南、山西、陕西、北京、天津，在华北、西北地区栽培都很广泛。在浙江、安徽、江苏、福建、贵州、辽宁等省也有栽培。枣园内间种农作物是我国枣区常见的一种生产方式。枣粮间作主要有 3 种类型：

①以枣为主型。枣树栽植密度为 300 ~ 450 株 /hm$^2$，行距 6 ~ 10m，株距 3 ~ 5m。这种类型以丘陵山区、荒滩地以及生态工程条件较差的非农业耕作区较为多见。

②枣粮兼顾型。常见于立地条件较好的平原农区，枣树密度 15 ~ 300 株 /hm$^2$，行距 10 ~ 20m，株距 4 ~ 6m。

③以粮为主型。多见于土壤条件好的耕作田或荒地。枣树密度每 150 株 /hm$^2$ 以下，采用大行距的栽植方式，行距 20 ~ 25m。在造林初期，也可用先加大密度后疏伐的方法。

枣园内间作的主要作物品种有小麦、谷子、玉米、豆类等。

### （三）林牧（草）复合类型

这是我国广大牧区的一种主要林牧复合生态工程形式之一，尤其在三北地区，随着我国三北防护林体系工程的建设，造林种草已成为这些地区整治国土、发展畜牧业的主要内容之一。我国三北地区的林草复合生态工程主要有以下模式：

1. 以林为主的林草结合

①人工林内间作式。是一种高效利用空间资源的人工林复合生产系统，发展潜力大，效果好，目前在三北农牧区被积极提倡。新疆巴音郭楞蒙古自治州在大面积营造箭杆杨、新疆杨、群众杨速生丰产林的同时，大力推行林草间作。为了达到林草双丰收的生态工程目的，造林时普遍采用 4m × 4m 的大株行距及宽行的栽植方式。

②封山育林育草式。在干旱、半干旱的荒山浅滩上尤为适用，如内蒙古阿鲁科尔沁旗为保护山杏资源，以围封山杏为重点，实行封山，既育林又养草，短短几年，就形成了杏林茂盛、牧草兴旺的林间草场，林内牧草成为牲畜安度冬春的备荒基地。在三北以林为主的丘陵山区，为了发展林业和牧草生产，不少农牧区逐步开展以林为主的圈养封育式，既发展林业、提供牧草，又保护了丘陵山地免遭水土流失之害。

③林区育草式。是一种合理利用林区自然资源，充分挖掘生产潜力的复合生态工程方式。在三北农牧区的丘陵山地森林内，有着丰富的牧草资源，是养殖牲畜的重要草场之一。合理开发和改良林间牧场是林区农牧民发展畜牧业的一大资源优势。

2. 以牧草为主的林草结合

在林草复合生态工程中，被称为“立体草场”的草、灌、乔结合配置形式受到了普遍重视。这种类型可根据不同生态工程目的、不同立地条件类型和植物种的不同生物学特性，采用不同的组合方式，建成草—灌式、草—乔式以及草—灌—乔等各种类型，一般以种草种树式，实行草灌乔结合，建立多层次的立体草场为主，同时进行封山育草育林，

3. 以燃料为主的林草结合

三北农牧区气候干旱，植被稀少，广大地区燃料奇缺。为了改变这一状况，三北地区逐步建立了以燃料为主的林草复合生态工程。这种复合生态工程方式是解决三北农牧区农村生活用能源的重要途径之一。

### （四）林渔农复合类型

林渔农复合类型是近河湖水网地区发展起来的一种复合类型，最有代表性的是江苏里下河地区建立的“沟—垛生态系统”，即在湖滩地上开沟作垛，垛面栽树，林下间作农作物，沟内养鱼和种植水生作物，形成了特殊的立体开发形式。

里下河地区主要的开发类型有三种：①小水面规格型：池沟比较窄浅，水位不深，池沟宽 2 ~ 5m，水深 1 ~ 2m，垛面宽 8 ~ 15m，沟内主要用于粗放养鱼、养虾或培育鱼种。②中等水面规格型：池沟宽 5 ~ 15m，水深 1.5 ~ 2.5m，垛面宽 10 ~ 15m，主要用于放

养成鱼和培育鱼种。③大水面规格型：近似正规鱼池，池宽 15 ~ 20m 以上，水深 2.5 ~ 3m 左右，垛面宽 20 ~ 40m，作为半精养或精养鱼池。

树种主要有池杉和落羽杉等，尤其是池杉冠窄叶稀，遮光程度小，可延长林下间作年限，对鱼池内浮游生物及水生作物影响小，有利于提高水中溶氧量和增加饵料，为鱼类生长发育提供了良好条件。池杉和落羽杉耐湿性强、材质好、生长快，在长江中下游水网地区尤受欢迎。

间作物常见的有芋头、草莓、油菜、豆类、麦类、瓜类、各种蔬菜、棉花等。尤以蔬菜类和豆科植物对林木生长较为有利。其他对林木生长有一定影响，尤其在幼林期，在里下河地区一般不提倡种植。

### （五）桑基鱼塘复合类型

桑基鱼塘在我国历史悠久，多见于珠江三角洲和太湖流域等地区，是林渔结合的一种特殊生态工程方式。是以桑叶养蚕、蚕沙喂鱼、再以塘泥肥桑的一种循环生产形式，既能提高经济收益，又有利于物流和能流的良性循环。除了桑基鱼塘以外，还有果（果树）基鱼塘等类型，基塘比例变化较大，有的基面小，塘面大；有的则相反。各种基塘比例中，以 4 基 6 水（即基面占 40%，塘面为 60%）、5 基 5 水和 6 基 4 水居多，也有 3 基 7 水和 2 基 8 水的规格。据广东省的研究认为，以 4.5 基和 5.5 水的基塘比例最好，经济效益最高。

## 第二节　用材林

用材林是以生产各种木材为主的森林，我国人口众多，木材需求量大，但森林资源不足，对天然林进行分类经营，加速用材林基地建设，特别是人工速生丰产林基地的建设，减少采伐天然林，保护天然林，对于我国具有十分重要的意义，也是我国林业生产中的一项重要任务，由于生长在不同地区的用材林，不但可以使人们获取所需各种规格的木材，而且在其生长期间同时又具有多种生态防护功能，它们也是当地森林的重要组成部分，对提高区域森林覆盖率、改善生态环境有着不可替代的作用。可以说，用材林也是一种生态经济型林业生态工程，所谓经济，就是指其定向培育目标是商品用材，并要求高的经济效益；生态就是用材林生长期间有高的生态效益。

用材林可分为一般用材林和专用用材林，一般用材林生产大径材（如锯材、枕木），也附带生产一些中小径材。专用用材林是专门生产某种特定的材种，如矿柱、造纸材、农具用材等。可分别称为坑木林、纤维造纸林、农具用材林（桑杈林、蜡杆林）等。专用用材林可在厂矿附近就地培育，就地取材，降低运输成本，应付突然急需。专用用材林还可按所用材种的工艺要求选用相应的树种及造林育林技术。由于具有这些优点，培育人工用材林已成为现在世界各国用材林培育的趋势。

我国用材林培育从 20 世纪 50 年代开始到 70 年代，除对林区的采伐迹地进行更新和封育外，在全国大力发展人工用材林，特别是南方人工林营造取得了巨大的成就，到 1979 年，南方 9 省（自治区）新造人工林近 1000 万，蓄积量约占全国人工林总蓄积量的 58%。1980 年以后我国加强造林管理，实施工程造林，扩大用材林基地，多渠道筹集资金，发展专用林，并组织研究用材林的速生丰产技术，全国用材林向集约经营的高层次发展。但由于造林中存在着各种复杂的问题，如树种单一、造林质量不高、人工林地力衰退及病虫害一直困扰着我们，加之用材林基地建设未能与加工利用结合起来，也影响了用材林的发展。因此，必须采取综合措施，合理规划布局，加快速生丰产技术的研究，提高造林质量，发展高产优质的用材林及与之配套的加工业，如短轮伐期的高质量纸浆林及其相匹配的加工技术引进、研究与发展。

按照《1989—2000 年全国绿化纲要》，全国规划了 20 大片和 5 小片用材林基地，其中北方 12 片，南方 13 片，但全国实施天然林保护工程后，对全国林业建设的部署作了大的战略调整，根据全国对重点天然林保护工程区的森林分类区划和规划的结果，到 2010 年全国要建设 850.8 万 $hm^2$ 的商品用材林，同时，建设全国 15 个重点林业生态建设工程。在此基础上，我们仍要选择交通方便、立地条件好的地段开展速生丰产用材林的建设，把速生丰产用材林基地建设作为促进天然林保护工程的一项重要任务来抓。

## 一、人工用材林的培育目标

人工用材林培育的主要目标就是培育干材，使之早成材、多成材、成好材，也就是我们通常所说的速生、丰产、优质。速生是提高用材林经济效益的重要途径，也是丰产的基础之一。速生的关键在于要选择具有速生性能的树种及其类型，选择适宜的造林地，控制好适当的密度。速生但不一定丰产，速生林是否能达到丰产，还要取决于树种能否有持续速生和密集生长的性能，土壤肥力能否长期维持在较高水平，以及经营密度是否有利于干材蓄积量的累积等因素。优质则与材种有关，如矿柱林要求木材耐腐，家具材则要求色泽纹理美观，但所有的用材林都要求干型通直、圆整、饱满、少节疤，这些质量要求能否达到不仅取决于树种的特性，也与林分的经营密度及混交、修枝等技术有关。

我国在人工速生丰产用材林培育中积累了不少经验，也创造了不少典型，如南方杉木、马尾松、桉松、湿地松等；西南地区柳杉、华山松；华中中原平原地区的杨树、泡桐；东北地区的落叶松等人工小片丰产林，都创造过的高产纪录，比一般天然林高出几倍到几十倍。但与国外类似地区类似树种的高产纪录相比，有的比较接近，有的还有很大的差距，说明速生丰产林还具有很大的发展潜力。国家根据全国速生丰产林的调查，制定了主要树种速生丰产林的生长量标准，这对全国速生丰产用材林建设具有重要的指导意义。

## 二、人工速生丰产用材林栽培的特殊技术要求

人工速生丰产用材林的栽培技术与其他林种的栽培技术一样，也应把造林的 6 项技术措施（适地适树、良种壮苗、细致整地、适当密度、精心栽植、抚育保护）作为最基本的措施。但比一般用材林或防护林等林种要求更精细、更严格。

### （一）造林树种和造林地选择的要求

1. 树种选择

正确选择造林树种和造林地是实现林木速生丰产的最基本条件之一。速生丰产林树种以短轮伐期（纸浆材、矿柱材）、中小径材为主，适当培育大径材和珍贵用材。树种必须符合速生、丰产、优质、抗性强四个方面：

①速生。速生是一个相对的概念，同一地区不同的树种生长速度不同，同一树种在不同地区生长不同。速生最好是在幼龄期就开始（短轮伐期尤为重要），而且速生期要长。华南沿海桉树、木麻黄；南方山地丘陵马尾松、杉木；华北杨树、泡桐；东北、华北高海拔山地落叶松都是比较速生的。另外，同一树种不同的品种，速生性能相差很大，如杨树、桉树，要特别注意。

②丰产。丰产与栽培树种能否密集生长和生长过程如何有关。如泡桐自然状况下多散生，只有在桐粮间作时才能很好地发挥其丰产特征；又如毛白杨在良好的立地条件上，能够达到速生丰产，但前期生长慢，前 6 年用作短轮伐期纸浆材就不如其他一些早期速生的树种。

③优质。培育不同的材种，对木材质量的要求不同；同一树种不同品种亦不同，如桉树适宜于作纸浆用材林。又如有人研究认为，在生产中可采用短轮伐期（7 ~ 9 年生）和大密度（4m × 4m）来培育优质高产的纸浆用材林。

④抗性强。速生丰产林多为纯林，易导致病虫害蔓延和林地肥力衰退，必须选择抗性强的树种，最好进行多树种混交。

从上可看出，培育速生丰产的优良品种，对建设好人工速生丰产用材林至关重要。

2. 造林地

要培育速生丰产用材林，必须选择良好的立地条件，水土流失轻微的造林地，如退耕地、弃耕地和坡度缓、土层厚、草被覆盖好的坡面。可选择耕地营造短轮伐期用材林，或进行农林间作。有好的速生树种，而没有好的立地条件，也是不能达到速生丰产效果的。

### （二）其他技术要求

①合理密度。一般大径材宜稀，小径材宜稠；轮伐期长宜稀，轮伐期短宜稠；进行中间利用宜稠，反之宜稀。

②混交林。人工速生丰产用材林，因培育周期短，采取集约经营，一般不采用混交

林；培育一般用材林应尽量采用混交林。

③整地与栽植技术。整地标准要高，苗木质量要好，栽植时应浇水以保证成活、培育大径材应采用大苗、大坑的整地和栽植技术。

④抚育与采伐更新。速生丰产林应特别注重抚育。实践证明，除采用普通的抚育措施外，加强除草、灌水和施肥可以大大提高其生物产量。速生丰产用材林的采伐与培育目标有关，培育大径材可多次采用中间采伐利用；短轮伐期用材林则可一次性皆伐更新。

## 第三节　经济林

经济林是以生产果品、食用油料、饮料、调料、工业原料和药材等为主要目的的林木。经济林产品包括果实、种子、花、叶、皮、根、树脂、树液、虫胶、虫蜡等，发展经济林生产不但可为工业、农业生产提供原料，为人民生活直接或间接地提供各种产品，发展区域经济，而且可以使丘陵、山区的土地资源和生物资源得到合理的利用，是建设山区、脱贫致富的重要途径。营造经济林还兼有绿化荒山、美化国土、改善生态环境的作用。因此说，经济林是生态经济型林业生态工程最主要的类型。限于篇幅，仅简单介绍我国经济林生产概况、经济林基地建设及低产经济林的改造，有关经济林的具体栽培技术，请读者参考有关专著。

### 一、我国经济林生产概况

新中国成立 40 多年后，经济林生产建设取得了巨大的成绩，已成为林业产业的重要组成部分。20 世纪 50 年代初期，全国经济林不足 35.3 万 $hm^2$，80 年代已超过了 93.3 万 $hm^2$，经济林在全国森林总面积中所占的比例提高到 10% 以上。近 10 年来，每年经济林人工造林面积的增长量都在 4.67 万 $hm^2$ 以上。经济林产品的产量也在迅速提高，与 50 年代相比较，干鲜果品总产量增长了 9 倍，人均果品占有量增长 2.5 倍，经济林产品每年出口创汇额占全国林特产品出口创汇总额的 1/2 以上，在经济林的科学研究与技术推广等方面，先后完成了主要经济林树种、品种的资源调查，筛选出一批优良品种类型，引进了一些国外的优良经济树种，如油橄榄、黑荆树、希蒙得木等，推广了以良种嫁接、土壤管理、防治病虫害为主的集约栽培措施，已形成了一套较为完整、科学的丰产经营管理技术。

当前我国经济林生产中存在的问题主要是大面积平均单产偏低，或是高产低质，经济效益不高，甚至有些地方的发展导致了经济林产品滞销，给群众带来很大的经济损失。为此必须加强经济林生产的长远规划、方针政策、科学研究与技术推广，有计划、有步骤地发展高产优质高效经济林，以形成规模化商品生产，适应国家经济建设和人民生活不断增长的需求。

## 二、经济林资源与分布

我国土地辽阔，气候与土质多样，适宜各种树木生长，经济林资源极为丰富，已发现的经济林树种在1000种以上，其中果实含油量在20%以上的有300多种，含淀粉在20%以上的有90多种，还有上百种营养价值很高的干鲜果品和野生浆果，以及珍贵的木本药材、木本香料和木本纤维。目前，已形成生产规模的仅几十种，还有大量资源有待开发利用。

## 三、经济林基地建设

所谓经济林基地，就是某一特定区的某种（或某几种）经济林生产达到了相当的规模，生产的某种产品占到全国（或全省）的相当的比例，且效益可观，可能成为当地的一种支柱产业。我国从20世纪50年代开始建设经济林基地，经过几十年的努力，目前我国各主要经济林产品，均有一批具有一定生产规模的基地。例如，河北燕山地区，板栗年产量和出口量分别占全国板栗总产量3%，总出口量的60%以上，其中迁西市板栗面积已发展至8300hm$^2$，年产优质板栗1.2万t，占全国板栗总产量的1/8，全县板栗年出口量9000t，占全国板栗年总出口量的1/4以上，已成为该县支柱产业。又如山西省临县、柳林的红枣，汾阳孝义的核桃等，都是当地的支柱产业。

### （一）指导思想

为了切实把经济林生产基地建设好，国家林业局提出，经济林基地建设主要是以发展名特优树种或品种为重点，坚持统一规划，合理布局，强化管理，应用科技新成果，提高产品产量、质量和效益，为推进全国经济林生产建设向优质高效方向发展树立典型和样板，以生产出大量优质产品，满足国内外市场需求。

### （二）基地建设的原则

经济林基地，原则上要在上一级统一编制的名特优基地县规划的范围内进行。应坚持：①因地制宜，合理布局，统筹安排，分批、分期实施的原则。②以现有经济林的改造和挖潜为主，新造与改造相结合，基地建设与丰产林试验示范相结合的原则。③以科技为依托，良种为条件，综合技术措施配套，强化技术服务，提高科技水平的原则。④利用和开发相结合，生产、加工、销售“一条龙”，以提高经济效益的原则。⑤国家、集体、个人相结合的原则。国家投资的，应按工程管理的程序实施，资金与建设任务挂钩，充分调动地方积极性。

根据我国各地自然条件，应对重点发展的经济林树种做出统筹安排。南方以木本油料、工业原料树种为主；北方以木本粮食树种为主。同时大力发展南北干鲜用品、木本纤维、木本药材、香料调料等。在品种安排上，除必须是名特优品种外，还须根据市场需求，合理安排大宗品种和小宗品种，早、中、晚熟品种，鲜食、制干、加工品种的搭配比例。每一个项目在充分进行可行性分析的基础上，先编制基地项目建议书、报上级林业主管单位审批备案，分别轻重缓急，综合平衡后，分期分批安排实施。

### （三）选建基地的条件

①基地建设。以县或国营林杨、集体林场为单位选择自然条件适宜发展某种名特优产品，或在资源上有明显优势，增产潜力大，常年商品量和平均单产量居全省前列的重点县和“两场”。

②主产品在国内外市场有竞争能力。目前大宗产品已达至国家、部或省、自治区，直辖市颁布的优质产品标准。基地建设项目具有“短、平、快”的特点，短期内可形成生产力，建成后产量能达到预定的指标。

③建设规模在 667hm$^2$ 以上。适于发展的主要大宗品种，其面积必须大于 667hm$^2$，且相对集中连片，交通方便，劳力充足，最好有水、电和灌溉等设施条件。

④有投资保证和有一定的技术基础。建设基地的县（或林场）有相应的建设配套资金以及所需物资保证，并具有偿还贷款的能力。领导和群众对建设基地有迫切要求和较丰富的生产经验，当地林业部门有较强的技术力量和经营管理人员。

### （四）栽培管理技术要求

①选择林地。根据本地区林业区划成果，选择地形比较平缓，土壤较肥沃，排水良好，土层厚度在 80cm 以上的退耕地或山脚缓坡地带。在山地建设基地，其坡度不宜大于 25°　。

②细致整地和施肥。按不同品种和地形、地势，分别采用全垦或 1m 见方大穴整地，施肥应有机、无机肥合理搭配。施基肥并间种绿肥和豆科植物，以提高土壤肥力，改良土壤理化性质。植株生长各阶段，应分批使用无机肥，以促进开花结实。

③选用良种壮苗。凡是基地营造的各种名特优经济林树种，都应选用优良品种（品系）。对引进的品种，必须经过一定面积的试种，并经省级以上科研单位技术鉴定后，才能大面积推广。基地建设所用苗木，都要采用优良品种的嫁接苗或无性系苗木，其质量标准不得低于国家林业局经济林苗木质量规定的一级苗标准，并实行就地育苗。

④密度合理。要因地、因树制宜地确定合理密度。对立地条件好、技术力量强、有较好水肥条件的地方，可采取矮化和合理密植；对丘陵山地，可采取宽行窄距栽种。

⑤灌溉设施。经济林基地应建设灌溉设施，并做到适时灌溉，合理施肥，确保产品的产量和质量，对暂时尚不具备灌溉条件的基地，要推广树盘覆草、地膜覆盖和穴储肥水技术。大型成片的经济林基地，尤其是大型果园，还应设置防护林带，以减少风害和早期落果的损失，保证丰产丰收。

⑥加强抚育管理。根据树种、树龄和立地条件等的不同，制订出每年抚育、施肥、灌

溉、整修梯土、培蔸砌坝、改良土壤、保持水土、防治病虫害及定干、修枝整形、疏花疏果等的计划和方案。对原有的低产林和老残林，要分别采取高接换种或更新覆土等措施，不断提高经营水平。

## 四、低产经济林的改造

我国经济林生产发展迅速，但集约化程度很低，低产林面积过大，如核桃、板栗等低产老林占 50% 左右；油茶、油桐则高达 70%。低产林形成的原因很多，但大多数低产林只要加强管理和进行技术改造，产量就会成倍增长。如辽宁省丹东市对低产板栗林实行全面改造，10 年来取得了突出成效，板栗总产量由 300t 上升至 12000t，板栗年收入 2500 万元，占全市林业总收入的 1/3。由于经济林低产林的改造是一个“短、平、快”项目，比新造林投资少、见效快、效益高。

### （一）经济林低产的成因

经济林低产的成因主要有：

①立地条件差，水肥不足。现有林绝大多数分布在瘠薄的山地上，有的地方坡度已超过 25°，且没有水土保持工程，无灌溉设施或设备不配套，经济林木由于长期缺水肥而营养不足，长势衰弱。

②老残林比例大。多数为实生老树，品种低劣、混杂，产量、质量低。如核桃、板栗、油茶等多系未经嫁接的实生树，年龄很大。

③技术力量薄弱，管理水平低。我国经济林专业的技术人员少，基层指导生产的人就更少了，多数产区仍是粗放经营，管理水平很低。

### （二）改造低产林的措施

我国经济林低产林面积大，种类多，情况各异。准备改造前，须摸清现有资源情况，在调查研究的基础上，确定改造重点，制订改造方案，明确奋斗目标。国家（或行业）应尽快制订高产、中产、低产林的产植标准（已制订了油桐、油茶、板栗、枣、柿、山檀等树种的国家或行业丰产林标准），以便于分类指导，实行综合改造。

根据我国国情，当前在改造低产林的技术工作中，主要是依靠常规综合配套技术和最新的科研成果，要重点抓好以下三个方面。

1. 土、肥、水管理

①灌溉设施建设。绝大多数低产林内没有水利灌溉设施，尤其是北方山地经济林更为突出。有条件的地区可修渠引水或采用先进的喷灌、滴灌；暂时没有条件的地区，也应修树坪、垒坝堰、筑梯田、开蓄水沟等，多雨或低洼地区的低产林还应有排水工程。低产林的灌水，在北方全年不应少于 4 次，即浇催芽水、催梢水、保果水和封冻水，分别在 3、5、6、10 月份进行；在南方雨水充足的季节，浇水次数可酌减。

②土壤耕作。低产林的土壤耕作，一般每年应进行3次，即春耕、中耕和秋耕。春耕在立春土壤解冻后进行；中耕在6—7月雨季到来前进行。两次耕作的深度在10cm左右；秋耕在采收后至封冻前进行，深30cm左右。土壤耕作最好与施肥结合进行。

③合理施肥。一般冬施基肥，夏施追肥。基肥施用要早，做到“果下树，肥入土”；施追肥要巧，在树木生长的各个阶段及时进行，可地下施肥也可叶面喷肥。低产林内施肥量的大小和肥料成分应根据土壤肥力、树木品种、生长势、树龄等情况而确定。

2. 树体管理

①改劣换优。在粗放经营条件下的经济林分，丰产及较丰产的树，通常只占林分株数的15% ~ 20%，但70%的产量是靠这些树提供的；另外65% ~ 75%的树只提供30%的产量；再有10% ~ 15%的树，则是不结实的或结果甚微的劣株。不结实的树年年都不结，施肥后也只长枝、叶、树干。对于这些劣株，如树龄过老，应分年逐步更新，用嫁接的良种壮苗取而代之；对其中的中壮、幼龄树，则可采用高接换冠的办法，进行品种改良，复壮改优。高接换冠，一要采用良种接穗；二要采用合理的嫁接方法；三要保证嫁接成活。对于某些不适合高接换冠的树种，必须更换成良种。

②合理修剪。低产林修剪的主要任务是保持树冠结构大小合理，清除病枝、弱枝和徒长枝。一般使用短剪、缩剪、疏剪三种剪法，其中又分轻、中、重剪。为控制花期养分下运，促进花芽分化，提高结实率，对一些果树还可实行环割、扭枝、拧枝等技术。

③授粉和疏花疏果。为了提高坐果率，还可在林内养蜂、补植授粉树，高接授粉枝或人工辅助授粉。避免果实密集、树体负载过重、果实大小不齐、质量差和大小年现象，对于一些开花、结实量过大的树种或品种，以及生长势弱、负载能力低的树木，要进行疏花疏果。疏除强度因树木品种、树势、树龄、土壤肥力而异。

3. 防治病虫害

低产林因多年荒芜或管理粗放，一般病虫害较为严重，必须作为重点予以防治，并坚持预防为主，综合防治的方针。一要搞好病虫害的预测预报，做到防治时间准确，以提高防治效果；二要合理选用农药，农药品种和用量大小应力求做到保枝、保干、保叶、保果；三是尽量采用生物防治措施，既要保证产品的产量和质量，又能保护天敌、节约开支、减少污染。此外，改造低产林是一项复杂的任务，要加强组织领导，搞好生产管理与技术服务，树立先进样板，以点带面，发挥辐射效应。

# 参考文献

[1] 黄守孝．小康林业建设研究 [M]．太原：山西经济出版社，2005.

[2] 雍文涛．林业建设问题研究 [M]．北京：中国林业出版社，1986.

[3] 王照平．河南林业生态省建设纪实 2010[M]．郑州：黄河水利出版社，2015.

[4] 杨大三．湖北林业生态建设与造林模式 [M]．武汉：湖北科学技术出版社，2009.

[5] 张佩昌．中国林业生态环境评价、区划与建设 [M]．北京：中国经济出版社，1996.

[6] 程鹏．现代林业生态工程建设理论与实践 [M]．合肥：安徽科学技术出版社，2003.

[7] 杨俊平．中国西部地区林业生态建设理论与实践 [M]．北京：中国林业出版社，2001.

[8] 张佩昌．中国林业生态环境评价与天然林保护工程建设 [M]．哈尔滨：东北林业大学出版社，2000.

[9] 胡运宏，贺俊杰．当代中国的林业建设与开发 [M]．镇江：江苏大学出版社，2013.

[10] 罗振新．中国生态林业建设与可持续发展 [M]．北京：新华出版社，2005.

[11] 徐有芳．面向 21 世纪的中国林业建设 [M]．北京：人民出版社，1998.

[12] 张鼎华．城市林业 [M]．北京：中国环境科学出版社，2001.

[13] 石效贵．实用林业管理法 [M]．北京：中国法制出版社，2007.

[14] 李智勇．林业生态建设驱动力耦合与管理创新 [M]．北京：科学出版社，2017.